개정판

대학일반수학

수학교재편찬위원회 지음

KyoWooSa 敎友社

머 리 말

제6차 교육과정에 비하여 현재 고등학교에서 가르치고 있는 내용을 보면 상위 개념의 많은 부분이 제외됐고, 대학 입시에 교차지원이 허용되어 이공계 학과에 진학한 학생들 중 상당수가 고등학교에서 이수해야 할 수학II와 미분적분학을 배우지 않고 대학에 진학하게 되었다. 그 결과 이공계 학과의 전공은 물론이고 교양 수학 강의를 진행하는데 많은 어려움을 겪고 있다. 이것이 최근에 대학수학교육에서 큰 문제로 제기되어 활발하게 논의되기 시작하였다.

이 책의 목적은 위와 같은 교육환경으로 인하여 어려움을 겪는 학생들에게 적합한 교재를 제공하는 것이다. 이 책에서는 제7차 교육과정의 수학I의 수준에서 출발하여 수학II의 수준에 중점을 두고 대학수학의 초급 정도를 목표로 하여 함수의 극한과 연속, 미분, 적분, 무한급수, 행렬, 평면좌표기하를 취급하였고, 정리의 증명도 어려운 것은 생략하였고, 예제도 가급적 쉬운 것으로 하였다. 연습문제는 본문의 내용을 이해하였는가를 확인하고 응용력을 기르는 데 도움이 될 만한 문제를 선별하여 실었으며, 대부분의 문제에 대한 풀이나 정답을 제공함으로써 자신의 학습정도를 스스로 평가할 수 있도록 하였다.

끝으로 기본적인 수학 개념을 이해하고 이를 보다 상급과정에서 응용하고자 하는 학생들에게 이 책이 많은 도움이 되기를 기대하며, 본서의 내용 중에서 부족한 부분이 있을 것이라 생각되는데 항상 독자들의 조언과 충고를 받아들여 개선할 것을 약속합니다. 그리고 여러 가지 어려운 여건 속에서도 이 책의 출판을 맡아 애써주신 교우사의 오판근 사장님을 비롯한 직원 여러분들께 심심한 감사를 드립니다.

2009년 2월

지은이 일동

차 례

제 1 장

함수의 극한과 연속

1.1 함수의 극한

집합 X와 Y가 있을 때, X의 각 원소 x를 Y의 단 하나의 원소 y에 대응시키는 대응관계 f를 집합 X에서 Y로의 **함수**(function)라고 하고, 이것을 $f : X \to Y$, $y = f(x)$, 또는 $X \xrightarrow{f} Y$ 등으로 나타낸다. 이 때 X를 함수 f의 **정의역**(domain)이라 하고, Y를 f의 **공역**(codomain)이라고 한다. 함수 $f : X \to Y$에 의해 원소 $x \in X$가 대응된 공역의 원소를 $f(x)$로 나타내고, f에 의한 x의 **상**(image)이라 한다. 그리고 f에 의한 상 전체의 집합 $\{f(x) \mid x \in X\}$를 f의 **치역**(range)이라 하고 $f(X)$로 나타낸다.

함수 $f : X \to Y$에 대하여 $x_1 \neq x_2$일 때 $f(x_1) \neq f(x_2)$, 즉 논리적 대우관계로서 $f(x_1) = f(x_2)$일 때 $x_1 = x_2$이면, f를 **단사**(injective)함수라 하고, $f(X) = Y$일 때 f를 **전사**(surjective)함수라 한다. 단사이면서 전사인 함수를 **전단사**(bijective)함수라고 한다. 함수 $f : X \to Y$에 대하여 순서쌍의 집합

$\{(x, f(x)) \mid x \in \mathbb{R}\}$ 를 함수 f 의 **그래프**(graph)라 한다.

$f(x) = f(-x)$ 이면 f 를 **우함수**(even function)라 하고 $f(-x) = -f(x)$ 이면 f 를 **기함수**(odd function)라 한다. 이를테면 $f(x) = x^4 - 5x^2 + 4$ 는 우함수이고, $f(x) = x^3 - 4x$ 는 기함수이다.

함수 f 에 대하여 $f(x+p) = f(x)$ 인 양수 p 가 존재할 때 f 를 **주기함수**(periodic function)라 하며, 이 때 존재하는 최소의 양수 p 를 f 의 **주기**(period)라 한다. 이러한 의미에서 $\sin x$, $\cos x$ 와 같은 함수는 모두 주기가 2π 인 주기함수임을 알 수 있다.

집합 X에서 Y로의 함수 $y = f(x)$와 집합 Y에서 Z로의 함수 $z = g(y)$ 에 대하여 $z = g(f(x))$ 는 집합 X에서 Z로의 함수가 된다. 이 함수를 f 와 g 의 **합성함수**(composite function)라 하고, $g \circ f$ 로 나타낸다. 즉, $z = (g \circ f)(x) = g(f(x))$ 이다. 예를 들어 $f(x) = (1/x) + 1$, $g(x) = x^2 - 5$ 일 때, f 와 g 의 합성함수는 $(g \circ f)(x) = g(f(x)) = ((1/x) + 1)^2 - 5$ 이다.

함수 $f : X \to Y$ 가 전단사함수이면 모든 $x \in X$, $y \in Y$ 에 대하여 $g(f(x)) = x$ 와 $f(g(y)) = y$ 가 성립하는 함수 $g : Y \to X$ 가 단 하나 존재한다. 이를 f 의 **역함수**(inverse function)라 하며 f^{-1} 로 나타낸다. 예를 들면 X 와 Y 가 $\mathbb{R}$ 일 때, $f(x) = x^3$ 은 전단사함수이므로 역함수가 존재하고 $f^{-1}(x) = x^{\frac{1}{3}}$ 임을 알 수 있다.

함수 f 가 전단사 함수일 때, 공역의 모든 원소 $y = f(x)$ 에 대하여 $f^{-1}(y) = f^{-1}(f(x)) = x$ 이므로 f^{-1} 의 그래프는 점 $(f(x), x)$ 들의 집합이고, f 의 그래프는 점 $(x, f(x))$ 이다. 따라서 f 와 f^{-1} 의 그래프는 직선 $y = x$ 에 대하여 대칭이다.

$y = \sin x$, $y = \cos x$ 와 같은 삼각함수는 주기함수이므로 단사함수가 아니다. 따라서 전단사함수가 아니므로 역함수를 가질 수 없다. 그러나 정의역과 공역을 적절히 제한함으로써 전단사함수로 만들 수 있다. $y = \sin x$ 의 경우에 정의역을

$[-\pi/2,\ \pi/2]$, 공역을 $[-1,\ 1]$로 제한하여 역함수를 정의하고, $y=\sin x$의 역함수를 기호로 $y=\sin^{-1}x$와 같이 나타낸다. 나머지 삼각함수들의 역함수도 정의역과 공역을 적절히 제한함으로써 전단사함수를 만들어 역함수를 정의할 수 있다. 역삼각함수에 대한 구체적인 정의 내용은 다음과 같다.

(1) $y=\sin x \quad (-\pi/2 \le x \le \pi/2, \quad -1 \le y \le 1)$

$$\Longleftrightarrow \quad y=\sin^{-1}x \quad (-1 \le x \le 1, \quad -\pi/2 \le y \le \pi/2)$$

(2) $y=\cos x \quad (0 \le x \le \pi, \quad -1 \le y \le 1)$

$$\Longleftrightarrow \quad y=\cos^{-1}x \quad (-1 \le x \le 1, \quad 0 \le y \le \pi)$$

(3) $y=\tan x \quad (-\pi/2 < x < \pi/2, \quad -\infty < y < \infty)$

$$\Longleftrightarrow \quad y=\tan^{-1}x \quad (-\infty < x < \infty, \quad -\pi/2 < y < \pi/2)$$

역함수의 정의로 부터 $\sin(\sin^{-1}x)=x \ (x \in [-1,\ 1])$, $\sin^{-1}(\sin x)=x \ (x \in [-\pi/2,\ \pi/2])$임을 알 수 있다.

예 제 1. 다음이 성립함을 보여라.

(1) $\sin(\cos^{-1}x)=\sqrt{1-x^2}$ (2) $\cot(\cos^{-1}x)=\dfrac{x}{\sqrt{1-x^2}}$

(3) $\cos(\sin^{-1}x)=\sqrt{1-x^2}$ (4) $\tan(\sin^{-1}x)=\dfrac{x}{\sqrt{1-x^2}}$

[**풀이**] (1) $y=\cos^{-1}x$일 때 $x=\cos y \ (0 \le y \le \pi)$이다. 따라서

$$\sin(\cos^{-1}x)=\sin y=\sqrt{1-\cos^2 y}=\sqrt{1-x^2}$$

이다.

(2) $y=\cos^{-1}x$일 때 $x=\cos y \ (0 \le y \le \pi)$이다. 따라서

$$\cot(\cos^{-1}x)=\cot y=\frac{\cos y}{\sin y}=\frac{x}{\sqrt{1-x^2}}$$

이다.

(3) $y = \sin^{-1} x$ 일 때 $x = \sin y \ (-\pi/2 \le y \le \pi/2)$ 이다. 따라서

$$\cos(\sin^{-1} x) = \cos y = \sqrt{1 - \sin^2 y} = \sqrt{1 - x^2}$$

이다.

(4) $y = \sin^{-1} x$ 일 때 $x = \sin y \ (-\pi/2 \le y \le \pi/2)$ 이다. 따라서

$$\tan(\sin^{-1} x) = \tan y = \frac{\sin y}{\cos y} = \frac{x}{\sqrt{1 - x^2}}$$

이다.

역함수의 그래프는 주어진 함수의 그래프와 $y = x$ 에 대하여 대칭이므로 역삼각함수의 그래프는 그림 1-1 과 같다.

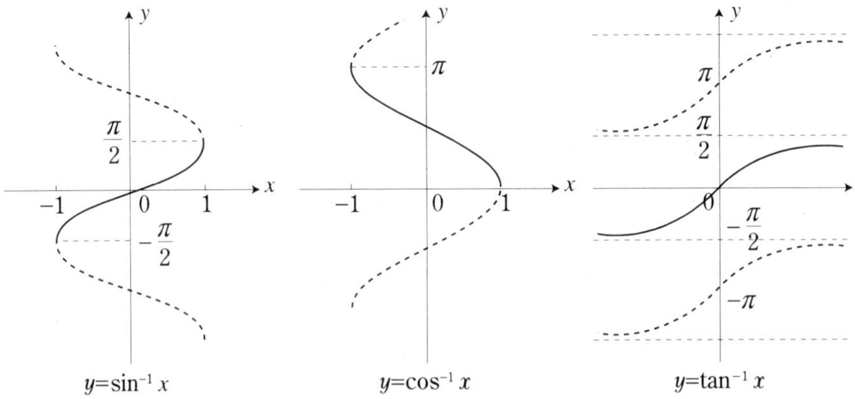

[**그림 1-1**]

예 제 2. 다음의 값을 구하여라.

(1) $\sin^{-1}(1/2)$ (2) $\cos^{-1}(1/2)$ (3) $\tan^{-1}(1)$

[**풀이**] (1) $x = \sin^{-1}(1/2)$ 일 때, $\sin x = 1/2 \ (-\pi/2 \le x \le \pi/2)$ 이다. 따라서 $x = \pi/6$ 이다.

(2) $x = \cos^{-1}(1/2)$ 이면 $\cos x = 1/2 \ (0 \le x \le \pi)$ 이므로 $x = \pi/3$ 이다.

(3) $x = \tan^{-1}(1)$ 이면 $\tan x = 1$ $(-\pi/2 < x < \pi/2)$ 이므로 $x = \pi/4$ 이다.

단위원 상의 점의 x, y 좌표는 각각 코사인과 사인의 값이 되므로 삼각함수를 원함수라고 하는 것과 같이 $(e^x + e^{-x})/2$, $(e^x - e^{-x})/2$ 로 쌍곡선 $x^2 - y^2 = 1$ 위의 점 (x, y)의 좌표를 나타낼 수 있으므로 **쌍곡선함수**(hyperbolic function)를 다음과 같이 정의한다.

$$\sinh x = \frac{e^x - e^{-x}}{2} \qquad \cosh x = \frac{e^x + e^{-x}}{2}$$

$$\tanh x = \frac{\sinh x}{\cosh x} \qquad \coth x = \frac{1}{\tanh x}$$

$$\operatorname{sech} x = \frac{1}{\cosh x} \qquad \operatorname{csch} x = \frac{1}{\sinh x}$$

쌍곡선함수의 그래프는 지수함수의 그래프를 이용하여 쉽게 그릴 수 있다. $y = \sinh x = (e^x - e^{-x})/2$ 이므로 단조증가함수이고 기함수이며, 따라서 원점에 관하여 대칭이다. $y = \cosh x$, $y = \tanh x$ 도 같은 방법으로 그래프를 그릴 수 있다(그림 1-2).

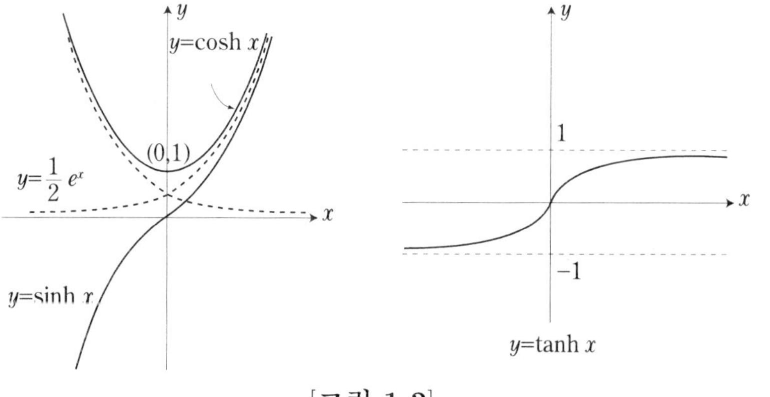

[그림 1-2]

정 리 **1.1.1.** (1) $\cosh^2 x - \sinh^2 x = 1$

(2) $\sinh 2x = 2\sinh x \cosh x$

(3) $\cosh 2x = \cosh^2 x + \sinh^2 x$

(4) $\tanh^2 x + \mathrm{sech}^2 x = 1$

(5) $\coth^2 x - \mathrm{csch}^2 x = 1$

(6) $\sinh(x \pm y) = \sinh x \cosh y \pm \cosh x \sinh y$

(7) $\cosh(x \pm y) = \cosh x \cosh y \pm \sinh x \sinh y$

[**증명**] (1)을 증명하면 나머지는 같은 방법으로 쉽게 증명된다.

$$\begin{aligned}\cosh^2 x - \sinh^2 x &= \left(\frac{e^x + e^{-x}}{2}\right)^2 - \left(\frac{e^x - e^{-x}}{2}\right)^2 \\ &= \frac{e^{2x} + 2 + e^{-2x}}{4} - \frac{e^{2x} - 2 + e^{-2x}}{4} \\ &= 1\end{aligned}$$

역삼각함수를 정의할 때와 같은 방법으로 쌍곡선함수의 정의역과 공역을 제한하여 역쌍곡선함수를 다음과 같이 정의할 수 있다.

$$y = \sinh^{-1} x \quad (-\infty < x < \infty), \qquad y = \cosh^{-1} x \quad (x \geq 1)$$

$$y = \tanh^{-1} x \quad (-1 < x < 1)$$

정 리 1.1.2. (1) $\sinh^{-1} x = \ln\left(x + \sqrt{x^2+1}\right) \qquad (-\infty < x < \infty)$

(2) $\cosh^{-1} x = \ln\left(x + \sqrt{x^2-1}\right) \qquad (x \geq 1)$

(3) $\tanh^{-1} x = \dfrac{1}{2}\ln\left(\dfrac{1+x}{1-x}\right) \qquad (|x| < 1)$

[**증명**] (1) $y = \sinh^{-1} x$ 라 두면 $x = \sinh y = (e^y - e^{-y})/2$ 이다. 따라서 $e^{2y} - 2x \cdot e^y - 1 = 0$ 으로부터 $e^y = x \pm \sqrt{x^2+1}$ 이다. 여기서 $e^y > 0$ 이므로 $e^y = x + \sqrt{x^2+1}$ 이다. 따라서 $y = \ln\left(x + \sqrt{x^2+1}\right)$ 이다.

나머지도 같은 방법으로 증명된다.

다음은 함수의 극한에 대하여 알아보자. 함수의 극한은 미적분학의 필수적인 도구이다. 따라서 미적분의 모든 개념을 정확하게 이해하기 위해서는 극한 개념을 잘 이해하여야 한다. 극한 개념을 쉽게 이해하기 위하여 예를 통해서 직관적인 방법으로 설명하고, 그 다음 엄밀한 정의를 통해서 이 개념을 알아보자.

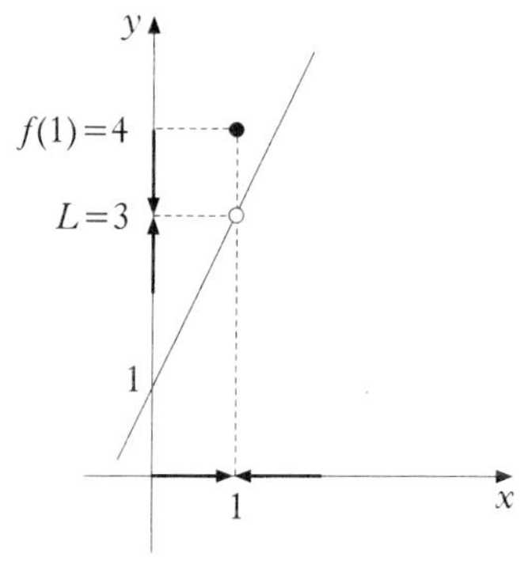

[**그림 1-3**]

다음과 같이 정의된 함수 f 를 생각하여 보자.

$$f(x) = \begin{cases} 2x+1, & (x \neq 1) \\ 4, & (x = 1) \end{cases}$$

함수 f 는 그림 1-3 에서 보는바와 같이 x 의 값이 1 로 접근할 때, 함수값 $f(x)$ 는 3으로 접근해 감을 알 수 있다. 실제로 표 2-1 은 실수 1 의 좌우편에 있는 가까운 점 x 에 대한 함수값 $f(x)$ 를 계산한 것이다.

[표 2-1]

x	0.9	0.99	0.999	0.9999	$\dots$	1.0001	1.001	1.01	1.1
$f(x)$	2.8	2.98	2.998	2.9998	$\dots$	3.0002	3.002	3.02	3.2

표 2-1 에 의하면 x 가 1 에 가까울수록 $f(x)$ 는 점점 3 으로 접근하는 것을 알 수 있다.

위의 예를 토대로 하여 다음과 같이 극한값을 정의할 수 있다.

함수 $f(x)$ 가 $x = a$ 를 제외한 근방에서 정의되었다고 하자. x 가 a 로 가까이 접근할 때 함수값 $f(x)$ 가 유일한 수 L 에 접근하거나 L 인 경우 L 을 $x = a$ 에서 함수 f 의 **극한값**(limit value)이라 하고, 이를

$$x \to a \text{ 일 때 } f(x) \to L, \quad \text{또는} \quad \lim_{x \to a} f(x) = L$$

로 나타낸다.

극한을 생각할 때 극한값과 $x = a$ 에서의 함수값 $f(a)$ 는 관계가 없다는 것을 주의해야 한다. 즉, 위의 예에서 $f(1) = 4$ 이지만 $\lim_{x \to 1} f(x) = 3$ 이다.

예 제 3. 다음과 같이 정의된 함수 f 의 $x = 2$ 에서의 극한값을 구하여라.

$$f(x) = \frac{x^2 - 4}{x - 2}$$

[**풀이**] 함수 $f(x)$ 는 $x = 2$ 에서의 함수값이 정의되지 않는다. 그러나 $x \neq 2$ 일 때,

$$f(x) = \frac{(x+2)(x-2)}{x-2} = x + 2$$

이므로, 그림 1-4 와 같이 $x = 2$ 에서의 함수값에 관계없이 x 가 2 로 접근할수록 $f(x)$ 는 점점 4 에 접근해 간다. 따라서 $\lim_{x \to 2} \frac{x^2 - 4}{x - 2} = 4$ 이다.

위의 예에서 알 수 있듯이 함수의 극한값은 함수값의 존재와도 관계가 없음을 알 수 있다.

$x < a$ 인 x 가 a 로 가까이 접근할 때, $f(x)$ 가 L 에 가까워지거나 L 이면 L 을 $x = a$ 에서 **좌극한값**(left-hand limit)이라 하고, 기호로 $\lim_{x \to a^-} f(x) = L$ 로 나타낸

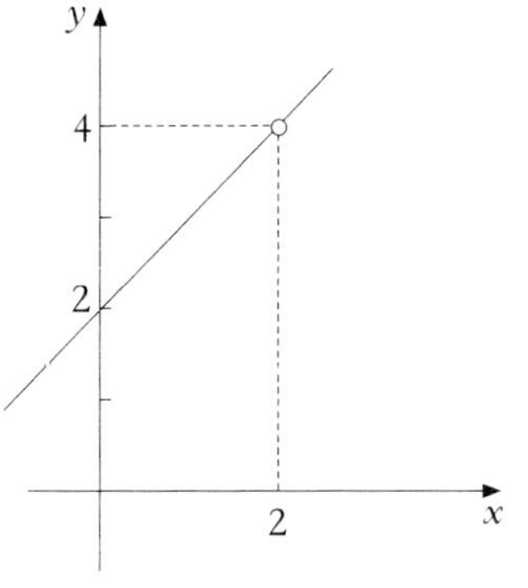

[**그림 1-4**]

다. 반면, $a < x$ 인 x 가 a 로 가까이 접근할 때, $f(x)$ 가 L 에 가까워지거나 L 이면 L 을 $x = a$ 에서 **우극한값**(right-hand limit)이라 하고, 기호로 $\lim_{x \to a^+} f(x) = L$ 로 나타낸다.

이 때, $\lim_{x \to a^+} f(x) = L$, $\lim_{x \to a^-} (x) = L$ 이 동시에 성립하기 위한 필요충분조건은 $\lim_{x \to a} f(x) = L$ 이다. 이것은 $\varepsilon - \delta$ 방법에 의하여 극한의 정의를 내린 후에 증명하기로 하자.

예 제 4. 함수 f 의 그래프가 그림 1-5과 같을 때 $x = 1$ 과 $x = 3$ 에서의 극한값을 구하여라.

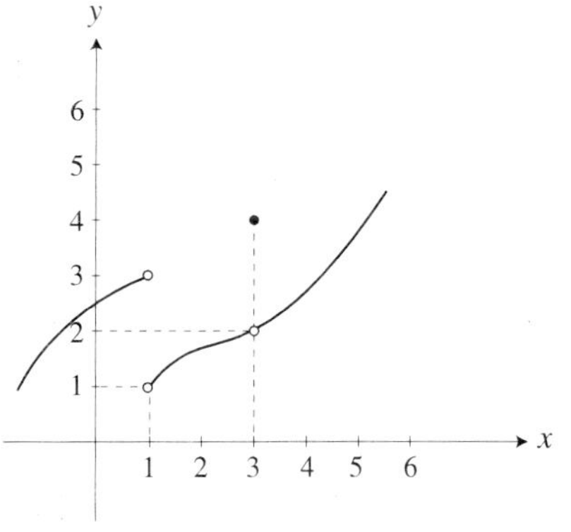

[**그림 1-5**]

[**풀이**] $x = 1$ 에서의 좌극한은 $\lim_{x \to 1^-} f(x) = 3$ 이고 우극한은 $\lim_{x \to 1^+} f(x) = 1$ 이므로 $x = 1$ 에서의 극한값은 존재하지 않는다. 반면에 $\lim_{x \to 3^-} f(x) = 2$, $\lim_{x \to 3^+} f(x) = 2$ 이

므로, $\lim_{x\to 3} f(x) = 2$ 이다.

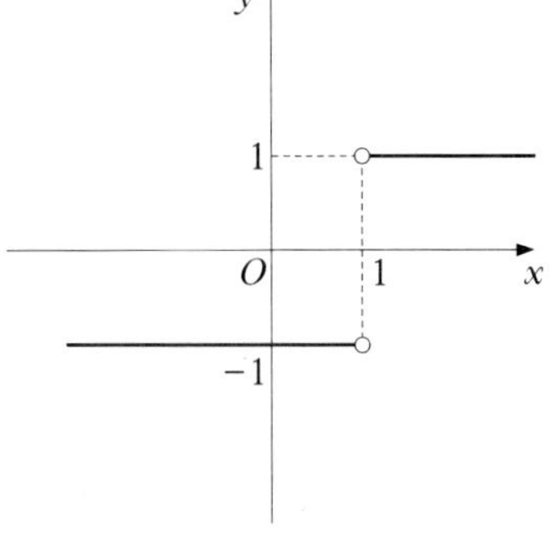

[그림 1-6]

예 제 **5.** 다음과 같이 정의된 함수 f 의 $x = 1$에서의 좌극한 값과 우극한값을 구하시오.

$$f(x) = \frac{x-1}{|x-1|}$$

[**풀이**] $x < 1$ 이면 $x - 1 < 0$이므로 $f(x) = -\frac{x-1}{x-1} = -1$ 이고, $x > 1$ 이면 $x - 1 > 0$이므로 $f(x) = \frac{x-1}{x-1} = 1$ 이다. 따라서 f 의 그래프는 그림 1-6과 같다. 따라서 $\lim_{x\to 1^-} f(x) = -1$, $\lim_{x\to 1^+} f(x) = 1$ 이고, $x = 1$ 에서의 극한값은 존재하지 않는다.

이상의 예를 통해서 우리는 함수 f 가 극한을 갖는 경우와 갖지 않는 경우를 직관적으로 확인해 보았다.

$x \to a$ 일 때 $f(x) \to L$ 이라는 것은 x 가 a 에 가까울수록 $f(x)$ 를 L 에 충분히 접근시킬 수 있다는 뜻이다. 즉 $f(x)$ 와 L 과의 거리 $|f(x) - L|$ 을 얼마든지 우리가 원하는 대로 작게 할 수 있다는 뜻이다. $|f(x) - L|$ 을 우리가 원하는 만큼 작게 하기 위해서 x 를 a 로부터 어느 정도 가까운 점으로 선택해야 하는가를 생각해 보자. $f(x)$ 를 L 에 충분히 가까이 접근시키기 위해서는 x 도 a 에 충분히 가까

운 점을 택해야 할 것이다. 예를 들어, 함수

$$f(x) = \begin{cases} 2x+1, & (x \neq 1) \\ 4, & (x = 1) \end{cases}$$

은 $x \to 1$ 이면 $f(x) \to 3$ 이 되었다. 여기에서 $|f(x) - 3| < 0.01$이 되게 하려면 $|(2x+1) - 3| < 0.01$ 이어야 하므로

$$0 < |x - 1| < 0.005$$

를 만족하는 x를 선택해야 한다. 즉

$$1 - 0.005 < x < 1 + 0.005, \qquad x \neq 1$$

인 모든 x에 대해서는 반드시 $|f(x) - 3| < 0.01$ 이 성립되는 것을 확인할 수 있다. 마찬가지로 $|f(x) - 3| < 0.0002$ 이 되게 하려면 $1 - 0.0001 < x < 1 + 0.0001$, $(x \neq 1)$을 만족하는 x를 잡으면 된다. 일반적으로 임의의 양수 ε에 대하여

$$|f(x) - 3| < \varepsilon$$

이 되게 하려면

$$0 < |x - 1| < \frac{\varepsilon}{2}$$

을 만족하는 x를 택하면 된다. 위의 설명을 요약하면, 함수 f는 임의의 양수 ε(아무리 작은 수라도 상관없다)에 대하여 $\delta = \varepsilon/2$로 놓으면

$$0 < |x - 1| < \delta$$

를 만족하는 모든 x 에 대하여

$$|f(x) - 3| < \varepsilon$$

이 되는 것을 알 수 있다. 여기서 δ 는 ε 에 의해서 결정되는 양수이다.

$\varepsilon > 0$ 일 때 $(a - \varepsilon,\ a + \varepsilon)$ 을 점 a 의 ε-**근방**(ε-neighborhood)이라 하고, $(a - \varepsilon,\ a + \varepsilon) - \{a\} = (a - \varepsilon, a) \cup (a,\ a + \varepsilon)$ 을 a 의 **자신을 제외한** ε-**근방**(deleted ε-neighborhood)이라 한다.

이제 지금까지 논의한 극한 개념을 $\varepsilon - \delta$ 법에 의해 정의하여 보자. 함수 f 가 점 a 를 제외한 근방 $(a - \varepsilon,\ a) \cup (a,\ a + \varepsilon)$ ($x = a$ 에서 정의되든 안되든 관계없음)에서 정의되었다고 하자.

정 의 1. 임의의 양수 ε 에 대하여 적당한 양수 δ 가 존재하여

$$0 < |x - a| < \delta \quad \Longrightarrow \quad |f(x) - L| < \varepsilon$$

일 때, 함수 f 는 $x = a$ 에서 극한값 L 을 갖는다, 또는 x 가 a 에 접근할 때 $f(x)$ 의 극한이 L 이다 라고 정의하고, 기호로 $\lim_{x \to a} f(x) = L$ 또는 $x \to a$ 일 때 $f(x) \to L$ 로 나타낸다.

위 정의에서 $0 < |x - a|$ 는 $x \neq a$ 를 의미한다. 따라서, f 가 $x = a$ 에서 극한 L 을 갖는다는 것은 구간 $(L - \varepsilon,\ L + \varepsilon)$ 을 임의로 택하면 이 구간에 따라 적당한 δ 가 존재하여 구간 $(a - \delta,\ a + \delta)$ 안에 있는 a 를 제외한 모든 x 에 대하여 $f(x)$ 가 구간 $(L - \varepsilon,\ L + \varepsilon)$ 안에 있음을 의미한다. 여기서 $x = a$ 에서의 함수값 $f(a)$ 의 존재 여부와는 아무런 관계가 없다. 그리고 그림 1-7 에서와 같이 δ 의 선택은 ε 에 따라 결정된다.

예 제 6. $\lim_{x \to 3}(4x - 7) = 5$ 임을 증명하여라.

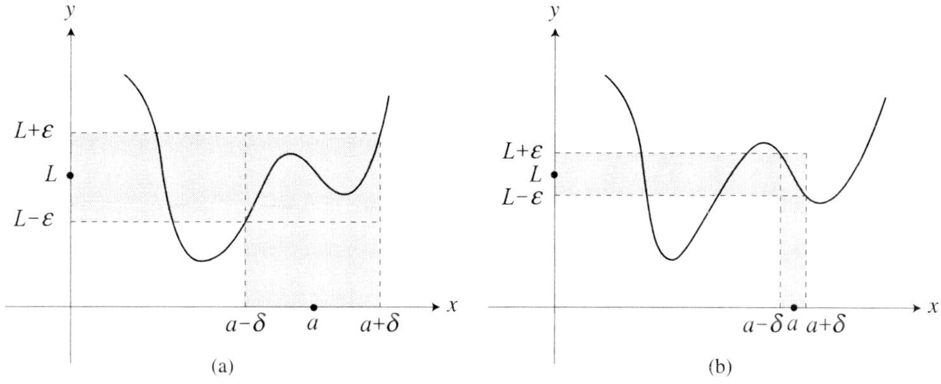

[그림 1-7]

[**풀이**] 임의의 양수 ε에 대하여

$$|(4x-7)-5| < \varepsilon \quad \Longleftrightarrow \quad |x-3| < \frac{\varepsilon}{4}$$

이므로 $\delta = \varepsilon/4$을 택하면

$$0 < |x-3| < \delta \quad \Longrightarrow \quad |(4x-5)-7| = 4|x-3| < 4 \cdot \delta = 4 \cdot \frac{\varepsilon}{4} = \varepsilon$$

이다. 따라서 극한의 정의에 의해 $\lim_{x \to 3}(4x-7) = 5$이다.

예 제 7. c가 상수일 때 $\lim_{x \to a} c = c$임을 증명하여라.

[**풀이**] 임의의 양수 ε과 δ에 대하여 $0 < |x-a| < \delta$이면 $|c-c| = 0 < \varepsilon$이므로

$$\lim_{x \to a} c = c$$

이다.

앞서 정의한 함수의 극한과 관련하여 $\lim_{x \to a} f(x) = L$은 다음의 방법으로 표현

할 수 있다.

$$\lim_{x \to a} f(x) = L \iff \lim_{x \to a}(f(x) - L) = 0$$
$$\iff \lim_{h \to 0} f(a+h) = L$$

정 리 1.1.3. $\lim_{x \to a} f(x) = L$, $\lim_{x \to a} f(x) = M$ 이면 $L = M$ 이다.

즉, 함수의 극한이 존재하면 그 극한은 유일하다.

[**증명**] $\varepsilon > 0$ 이라고 하자. 그러면 $\frac{\varepsilon}{2}$ 에 대하여 적당한 양수 δ_1 과 δ_2 가 존재하여

$$\begin{aligned} 0 < |x-a| < \delta_1 &\implies |f(x) - L| < \frac{\varepsilon}{2} \\ 0 < |x-a| < \delta_2 &\implies |f(x) - M| < \frac{\varepsilon}{2} \end{aligned} \tag{1.1}$$

이 된다. $\delta = \min\{\delta_1, \delta_2\}$ 라 하면 $0 < |x-a| < \delta$ 인 모든 x 에 대하여 식 (1.1) 이 성립한다. 따라서, $0 < |x-a| < \delta$ 이면

$$|L - M| = |L - f(x) + f(x) - M| \le |L - f(x)| + |f(x) - M| < \frac{\varepsilon}{2} + \frac{\varepsilon}{2} = \varepsilon$$

이 된다. 그런데 ε 은 임의의 양수이므로 $L = M$ 이 성립한다.

정 의 2. 임의의 양수 ε 에 대하여 적당한 양수 δ 가 존재하여

$$0 < x - a < \delta \implies |f(x) - L| < \varepsilon$$

일 때, L 을 $x = a$ 에서 함수 f 의 **우극한값**(right-hand limit)이라 하고 $\lim_{x \to a^+} f(x) = L$ 로 표시한다.

정 의 **3.** 임의의 양수 ε 에 대하여 적당한 양수 δ 가 존재하여

$$-\delta < x - a < 0 \quad \Longrightarrow \quad |f(x) - L| < \varepsilon$$

일 때, L 을 $x = a$ 에서 함수 f 의 **좌극한값**(left-hand limit)이라 하고 $\lim_{x \to a^-} f(x) = L$ 로 표시한다.

정 리 **1.1.4.** 함수 f 가 a 의 어떤 근방(a 는 제외되어도 좋다)에서 정의되었을 때 $\lim_{x \to a} f(x) = L$ 이기 위한 필요충분조건은

$$\lim_{x \to a^-} f(x) = \lim_{x \to a^+} f(x) = L$$

이다.

[증명] 먼저 $\lim_{x \to a} f(x) = L$ 이라고 가정하자. 그러면 임의의 양수 ε 에 대하여 적당한 양수 δ 가 존재하여 $0 < |x - a| < \delta$ 인 모든 x 에 대하여 $|f(x) - L| < \varepsilon$ 이므로

$$\lim_{x \to a^+} f(x) = \lim_{x \to a^-} f(x) = L$$

이다. 역으로, $\lim_{x \to a^+} f(x) = \lim_{x \to a^-} f(x) = L$ 이라고 가정하자. $\lim_{x \to a^+} f(x) = L$ 이고 $\lim_{x \to a^-} f(x) = L$ 이므로 임의의 $\varepsilon > 0$ 에 대하여 양수 δ_1 과 δ_2 가 존재하여 $0 < x - a < \delta_1$ 인 모든 x 에 대하여 $|f(x) - L| < \varepsilon$ 이고 $-\delta_2 < x - a < 0$ 인 모든 x 에 대하여 $|f(x) - L| < \varepsilon$ 이 된다. 여기서 $\delta = \min\{\delta_1, \delta_2\}$ 로 잡으면, $0 < |x - a| < \delta$ 인 모든 x 에 대하여 $|f(x) - L| < \varepsilon$ 을 만족한다. 그러므로

$$\lim_{x \to a} f(x) = L$$

이다.

예 제 **8.** $f(x) = \dfrac{x}{|x|}$ 일 때 $\lim_{x\to 0^-} f(x)$ 와 $\lim_{x\to 0^+} f(x)$ 을 구하여라.

[**풀이**] 임의로 주어진 양수 ε 에 대해서 $\delta = \varepsilon$ 을 택하면 $-\delta < x < 0$ 인 모든 x 에 대하여

$$\left|\frac{x}{|x|} - (-1)\right| = |-1+1| = 0 < \varepsilon$$

이고, $0 < x < \delta$ 인 모든 x 에 대하여

$$\left|\frac{x}{|x|} - 1\right| = |1-1| = 0 < \varepsilon$$

이다. 따라서

$$\lim_{x\to 0^-} \frac{x}{|x|} = -1, \qquad \lim_{x\to 0^+} \frac{x}{|x|} = 1$$

이다. 정리 1.1.4 에 의하여 $\lim_{x\to 0} f(x)$ 는 존재하지 않는다.

예 제 **9.** $\lim_{x\to 4} \sqrt{x} = 2$ 임을 증명하여라.

[**풀이**] 임의의 양수 ε 에 대하여 적당한 양수 δ 가 존재하여 $0 < |x-4| < \delta$ 인 모든 x 에 대하여 $|\sqrt{x}-2| < \varepsilon$ 이 성립함을 보여야 한다. $2 \le |\sqrt{x}+2|$ 이므로

$$2|\sqrt{x}-2| \le |(\sqrt{x}+2)(\sqrt{x}-2)| = |x-4|$$

이다. 따라서 $\delta = 2\varepsilon$ 으로 놓으면 $0 < |x-4| < \delta$ 인 모든 x 에 대하여 $|\sqrt{x}-2| < \varepsilon$ 을 만족한다. 이것으로 $\lim_{x\to 4} \sqrt{x} = 2$ 임을 증명하였다.

함수 $f(x) = 1/x$ 은 그림 1-8 에서 보는 것처럼 x 가 오른쪽에서 0 으로 접근하면 한없이 커지고, 왼쪽에서 0 으로 접근하면 한없이 감소하는데 각각 기호를 써서 $\lim_{x\to 0^+} (1/x) = +\infty$, $\lim_{x\to 0^-} (1/x) = -\infty$ 로 나타낸다.

$\varepsilon - \delta$ 방법을 통하여 극한을 정의하고 극한을 $\varepsilon - \delta$ 방법을 통하여 증명했지만, 실제로 극한을 구할 때는 다음의 정리를 이용한다.

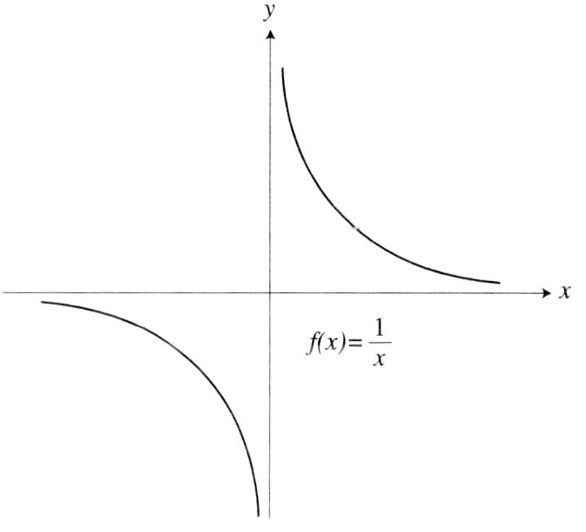

[그림 1-8]

정 리 **1.1.5.** $\lim_{x\to a} f(x) = L$, $\lim_{x\to a} g(x) = M$ 이면 다음 성질이 성립한다.

(1) $\lim_{x\to a}(f(x)+g(x)) = L+M$

(2) $\lim_{x\to a}(\alpha f(x)) = \alpha L \quad (\alpha$: 실수)

(3) $\lim_{x\to a}(f(x)g(x)) = LM$

(4) $\lim_{x\to a} g(x) = M \neq 0$ 이면, $\quad \lim_{x\to a}\dfrac{f(x)}{g(x)} = \dfrac{L}{M}$

[**증명**] (1) $\lim_{x\to a} f(x) = L$, $\lim_{x\to a} g(x) = M$ 이므로, 임의의 양수 ε 에 대하여 다음을 만족하는 양수 δ_1, δ_2 가 존재한다.

$$0 < |x-a| < \delta_1 \quad \Longrightarrow \quad |f(x) - L| < \frac{\varepsilon}{2}$$

$$0 < |x-a| < \delta_2 \quad \Longrightarrow \quad |g(x) - M| < \frac{\varepsilon}{2}.$$

따라서 $\delta = \min\{\delta_1, \delta_2\}$ 라 놓으면, $0 < |x-a| < \delta$ 인 모든 x 에 대해

$$|(f(x)+g(x)) - (L+M)| \le |f(x) - L| + |g(x) - M| < \varepsilon$$

이다. 그러므로

$$\lim_{x\to a}(f(x)+g(x)) = L+M$$

이다.

(2) $\alpha = 0$ 의 경우는 자명하므로 $\alpha \neq 0$ 이라 하자. $\lim_{x\to a} f(x) = L$ 이므로, 양수 ε 이 주어지면 다음을 만족하는 양수 δ 가 존재한다.

$$0<|x-a|<\delta \quad \Longrightarrow \quad |f(x)-L| < \frac{\varepsilon}{|\alpha|}.$$

따라서, $0<|x-a|<\delta$ 인 모든 x 에 대하여

$$|\alpha(f(x)-L)| = |\alpha||f(x)-L| < \varepsilon$$

이다. 그러므로

$$\lim_{x\to a}(\alpha f(x)) = \alpha L$$

이다.

(3), (4) 생략.

예 제 10. 임의의 실수 a 에 대하여 $\lim_{x\to a} x^n = a^n$ 임을 증명하여라.

[풀이] $\lim_{x\to a} x = a$ 이고 $x^n = x \cdot x \cdot \cdots \cdot x$ (n 개의 곱)이므로, 정리 1.1.5 의 (3)에 의하여

$$\lim_{x\to a} x^n = \left(\lim_{x\to a} x\right)^n = a\cdot a\cdot a \cdots a = a^n$$

이다.

예 제 11. $\lim_{x\to 2} \dfrac{3x^3-4x+2}{x-1}$ 의 극한값을 구하여라.

[풀이] $$\lim_{x\to 2} \frac{3x^3-4x+2}{x-1} = \frac{\lim_{x\to 2}(3x^3)+\lim_{x\to 2}(-4x)+\lim_{x\to 2}(2)}{\lim_{x\to 2} x + \lim_{x\to 2}(-1)}$$

$$= \frac{24 - 8 + 2}{2 - 1}$$
$$= 18.$$

정 리 1.1.6. $c > 0$ 이고 $0 < |x - a| < c$ 인 모든 x 에 대하여

$$f(x) \le g(x) \le h(x)$$

이고, $\lim_{x \to a} f(x) = \lim_{x \to a} h(x) = L$ 이면 $\lim_{x \to a} g(x) = L$ 이다.

[증명] $\varepsilon > 0$ 이라 하자. $\lim_{x \to a} f(x) = \lim_{x \to a} h(x) = L$ 이므로, 다음을 만족하는 양수 δ_1, δ_2 가 존재한다.

$$0 < |x - a| < \delta_1 \implies L - \varepsilon < f(x) < L + \varepsilon$$

$$0 < |x - a| < \delta_2 \implies L - \varepsilon < h(x) < L + \varepsilon.$$

여기서 $\delta = \min\{\delta_1, \delta_2\}$ 라 놓으면, $0 < |x - a| < \delta$ 인 모든 x 에 대하여

$$L - \varepsilon < f(x) \le g(x) \le h(x) < L + \varepsilon$$

이므로 $|g(x) - L| < \varepsilon$ 이다. 따라서, $\lim_{x \to a} g(x) = L$ 이다.

예 제 12. $\lim_{x \to 0} \frac{\sin x}{x} = 1$ 임을 증명하여라.

[풀이] (i) $0 < x < \frac{\pi}{2}$ 일 때:

$$S_1 = (\text{삼각형 OPR의 면적}) = \frac{1}{2} \sin x$$

$$S_2 = (\text{부채꼴 OPR의 면적}) = \frac{x}{2\pi} \cdot \pi = \frac{x}{2}$$

$$S_3 = (\text{삼각형 ORS의 면적}) = \frac{1}{2} \cdot \tan x = \frac{\sin x}{2 \cos x}$$

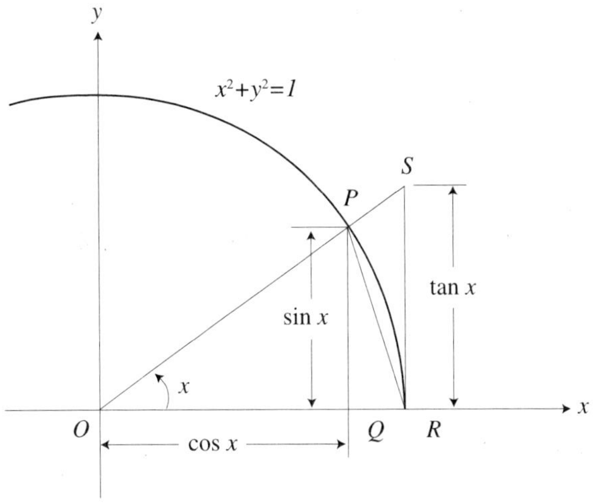

[그림 1-9]

를 얻는다. 이들 면적 사이에는 $S_1 < S_2 < S_3$ 의 관계가 있으므로

$$\frac{\sin x}{2} < \frac{x}{2} < \frac{\sin x}{2\cos x}, \qquad \left(0 < x < \frac{\pi}{2}\right) \tag{1.2}$$

이다. 따라서 식 (1.2) 로부터 부등식

$$\cos x < \frac{\sin x}{x} < 1 \qquad \left(0 < x < \frac{\pi}{2}\right) \tag{1.3}$$

를 얻는다. 그런데 $\lim_{x \to 0^+} \cos x = 1$, $\lim_{x \to 0^+} (1) = 1$ 이므로, 식 (1.3) 에 정리 1.1.6 을 적용하면

$$\lim_{x \to 0^+} \frac{\sin x}{x} = 1$$

이다.

(ii) $-\frac{\pi}{2} < x < 0$ 일 때:

$\theta = -x$ 라 놓고 (i)의 결과를 이용하면

$$\lim_{x \to 0^-} \frac{\sin x}{x} = \lim_{\theta \to 0^+} \frac{\sin(-\theta)}{-\theta} = \lim_{\theta \to 0^+} \frac{-\sin\theta}{-\theta} = \lim_{\theta \to 0^+} \frac{\sin\theta}{\theta} = 1$$

이다.

따라서 (i)과 (ii)에 의하여 $\lim_{x\to 0}\frac{\sin x}{x}=1$ 이다.

예 제 13. $\lim_{x\to 0}\frac{\sin 3x}{2x}$ 를 구하여라.

[풀이] $\lim_{x\to 0}\frac{\sin 3x}{2x}=\lim_{x\to 0}\frac{\sin 3x}{3x}\cdot\frac{3}{2}=\frac{3}{2}\lim_{3x\to 0}\frac{\sin 3x}{3x}=\frac{3}{2}.$

예 제 14. 다음 극한값을 구하여라.

(1) $\lim_{x\to 0}\frac{\tan x}{x}$ (2) $\lim_{x\to 0}\frac{\cos x-1}{x}$

[풀이] (1) $\lim_{x\to 0}\frac{\tan x}{x}=\lim_{x\to 0}\left(\frac{\sin x}{x}\cdot\frac{1}{\cos x}\right)=\lim_{x\to 0}\frac{\sin x}{x}\cdot\lim_{x\to 0}\frac{1}{\cos x}=1.$

(2)
$$\begin{aligned}\lim_{x\to 0}\frac{\cos x-1}{x}&=\lim_{x\to 0}\frac{(\cos x-1)(\cos x+1)}{x(\cos x+1)}\\&=\lim_{x\to 0}\frac{-\sin^2 x}{x(1+\cos x)}\\&=\lim_{x\to 0}\frac{\sin x}{x}\cdot\lim_{x\to 0}\frac{-\sin x}{1+\cos x}\\&=0.\end{aligned}$$

연습문제 1-1

1. 다음 각각의 함수에 대한 정의역과 공역이 주어져 있다. 역함수가 존재하는 함수는 역함수를 구하고, 역함수가 존재하지 않는다면 그 이유를 적어라. (단, $\mathbb{R}$: 실수전체, $\mathbb{R}^+$: 양의 실수전체, $\mathbb{R}^-$: 음의 실수전체를 의미한다.)

   (1) $f(x) = x^2$ [정의역: $\mathbb{R}$, 공역: $\mathbb{R} - \mathbb{R}^-$]

   (2) $f(x) = x^3$ [정의역: $\mathbb{R}$, 공역: $\mathbb{R}$]

   (3) $f(x) = \dfrac{1}{1-x}$ [정의역: $\mathbb{R} - \{1\}$, 공역: $\mathbb{R} - \{0\}$]

   (4) $f(x) = e^x$ [정의역: $\mathbb{R}$, 공역: $\mathbb{R}^+$]

2. 다음 극한을 구하여라.

   (1) $\lim_{x\to 1}(2x+5)(x^2-1)$ (2) $\lim_{x\to 1}\dfrac{x^2-1}{x-1}$

   (3) $\lim_{x\to 1}(x^2+2x-5)$ (4) $\lim_{x\to a}\dfrac{x^4-a^4}{x^3-a^3}$

   (5) $\lim_{x\to 0}\dfrac{\sin 5x}{\sin 3x}$ (6) $\lim_{x\to 0}\dfrac{\sin^2 x}{1-\cos x}$

   (7) $\lim_{x\to \pi}\dfrac{\cos x - 1}{x}$ (8) $\lim_{x\to 0} x \sin\dfrac{1}{x}$

3. $-\pi/2 < x < \pi/2$ 에서 $1 \le \dfrac{\tan x}{x} < \dfrac{1}{\cos x}$ 이 성립함을 이용하여 $\lim_{x\to 0}\dfrac{\tan x}{x}$ 의 값을 구하여라.

4. $\lim_{x\to a} f(x) = L$ 이면 $\lim_{x\to a}|f(x)| = |L|$ 임을 증명하여라 (힌트: $||x| - |y|| \le |x-y|$ 을 이용하라).

5. $\lim_{x\to a} f(x) = A$ 이고 $\lim_{x\to a} g(x) = B$ 이다. 만약 모든 x 에 대하여 $f(x) \le g(x)$ 이면 $A \le B$ 임을 보여라.

1.2 함수의 연속성

함수 f 에 대하여 $\lim_{x \to a} f(x) = f(a)$ 일 때 f 는 $x = a$ **에서 연속**(continuous at $x = a$)이라 한다. 즉, f 가 다음 세 조건을 모두 만족하면 f 는 $x = a$ 에서 연속이다.

(i) $\lim_{x \to a} f(x) = L$ 이 존재한다.

(ii) $f(a)$ 가 존재한다.

(iii) $L = f(a)$ 이다.

함수 f 가 어떤 구간에 있는 모든 점에서 연속이면 f 는 그 구간에서 연속인 함수라 하고 f 가 정의역의 모든 실수에 대하여 연속이면 f 를 **연속함수**(continuous function)라고 부른다. f 가 $x = a$ 에서 연속이 아닐 때 f 는 $x = a$ **에서 불연속**(discontinuous at $x = a$)이라고 한다.

예 제 1. 상수함수 $f(x) = c\,(c:$ 상수$)$와 항등함수 $f(x) = x$ 는 연속함수이다.

[**풀이**] 상수함수 $f(x) = c$ 는 임의의 실수 a 에 대하여

$$\lim_{x \to a} x = \lim_{x \to a} c = c = f(a)$$

이고, 항등함수 $f(x) = x$ 는 임의의 실수 a 에 대하여

$$\lim_{x \to a} x = a = f(a)$$

이므로 두 함수는 모두 연속함수이다.

예 제 2. 다음의 함수 f 는 $x = 1$ 에서 불연속이다.

$$f(x) = \begin{cases} 2x + 1, & (x \neq 1) \\ 4, & (x = 1) \end{cases}$$

[**풀이**] $f(1) = 4$ 이고 $\lim_{x\to 1} f(x) = 3$ 으로 $\lim_{x\to 1} f(x) \neq f(1)$ 이므로 $f(x)$ 는 $x = 1$ 에서 불연속이다.

위의 예에서와 같이 $\lim_{x\to a} \sin x = \sin a$, $\lim_{x\to a} \cos x = \cos a$ 이므로 $\sin x$ 와 $\cos x$ 는 정의역의 모든 점에서 연속, 즉 연속함수이다..

우리는 함수의 극한을 $\varepsilon - \delta$ 방법에 의하여 정의하는 것을 배웠다. $x = a$ 에서 f 의 연속성을 $\varepsilon - \delta$ 방법에 의해 정의하면 다음과 같다.

정 의 1. 임의의 양수 ε 에 대하여 적당한 양수 δ 가 존재하여

$$|x - a| < \delta \quad \Longrightarrow \quad |f(x) - f(a)| < \varepsilon$$

일 때, 함수 f 는 $x = a$ **에서 연속**(continuous at a)이라 한다.

극한 정리 1.1.5를 이용하여 연속에 관한 다음 정리를 얻을 수 있다.

정 리 1.2.1. 함수 f 와 g 가 $x = a$ 에서 연속이라 하자. 다음 각 함수는 $x = a$ 에서 연속이다.

(1) $f + g$ (2) αf (α : 상수)

(3) fg (4) f/g (단, $g(a) \neq 0$)

예 제 3. (1) 다항함수 $f(x) = a_n x^n + a_{n-1}x^{n-1} + \cdots + a_0$ 는 실수의 모든 점에서 연속이다.

(2) 유리함수 $\dfrac{f(x)}{g(x)}$ ($f(x), g(x)$: 다항함수)는 분모 $g(x)$ 가 0 이 아닌 모든 점에서 연속이다.

[**풀이**] 예제 1과 정리1.2.1로 부터 증명된다.

정 리 **1.2.2.** 함수 g 가 a 에서 연속이고, 함수 f 가 $g(a)$ 에서 연속이면 합성함수 $f \circ g$ 도 a 에서 연속이다.

[**증명**] f 가 $g(a)$ 에서 연속이므로 임의의 양수 ε 에 대하여 적당한 양수 δ_1 이 존재하여 $|t-g(a)| < \delta_1$ 이면 $|f(t)-f(g(a))| < \varepsilon$ 이다. 이 양수 δ_1 에 대하여 g 가 a 에서 연속이므로 적당한 양수 δ 가 존재하여 $|x-a| < \delta$ 이면 $|g(x)-g(a)| < \delta_1$ 이다. 따라서 $|x-a| < \delta$ 이면 모든 x 에 대하여 $|g(x)-g(a)| < \delta_1$ 이고 $|f(g(x))-f(g(a))| < \varepsilon$ 이 성립한다.

따름정리 **1.2.3.** 함수 f 가 b 에서 연속이고, $\lim_{x\to a} g(x) = b$ 이면

$$\lim_{x\to a} f(g(x)) = f\left(\lim_{x\to a} g(x)\right) = f(b)$$

가 성립한다.

예 제 **4.** $f(x) = \cos\left(\dfrac{x^3-1}{x-1}\right)$ 일 때, $\lim_{x\to 1} f(x)$ 을 구하여라.

[**풀이**] $\lim_{x\to 1} \dfrac{x^3-1}{x-1} = \lim_{x\to 1}(x^2+x+1) = 3$ 이고 $\cos x$ 는 $x=3$ 에서 연속이므로 따름정리 1.2.3 으로부터

$$\lim_{x\to 1} \cos\left(\frac{x^3-1}{x-1}\right) = \cos\left(\lim_{x\to 1}\frac{x^3-1}{x-1}\right) = \cos 3$$

이다.

정 의 **2.** $\lim_{x\to a^-} f(x) = f(a)$ 일 때 함수 f 는 $x=a$ 에서 **좌측으로부터 연속**(continuous from the left)이라 하고, $\lim_{x\to a^+} f(x) = f(a)$ 일 때 f 는 $x=a$ 에서 **우측으로부터 연속**(continuous from the right)이라 한다. 특히 폐구간 $[a, b]$ 에서 정의된 함수 $f(x)$ 가 다음을 만족할 때 f 가 $[a, b]$ 에서 연속이라 한다.

(i) 개구간 (a, b) 의 각 점에서 연속

(ii) f 가 $x = a$ 에서 우측으로부터 연속

(iii) f 가 $x = b$ 에서 좌측으로부터 연속

폐구간에서 연속인 함수 f 는 다음의 중요한 성질을 갖는다. 이에 대한 증명은 생략한다.

정 리 **1.2.4.** [**중간값의 정리**(intermediate value theorem)] 함수 f 가 폐구간 $[a, b]$ 에서 연속이고 $f(a) \neq f(b)$ 라 하자. K 가 $f(a)$ 와 $f(b)$ 사이의 값이면 $f(c) = K$ 가 되는 c 가 a 와 b 사이에 $(a < c < b)$ 적어도 하나 존재한다.

정 리 **1.2.5.** [**최대 최소의 정리**(extreme value theorem)] 함수 f 가 폐구간 $[a, b]$ 에서 연속이면 f 는 $[a, b]$ 에서 최대값과 최소값을 갖는다.

예 제 **5.** 함수

$$f(x) = \begin{cases} -1, & (x < 0 \text{ 일 때}) \\ 1, & (x \geq 0 \text{ 일 때}) \end{cases}$$

는 $f(-1) < 0 < f(1)$ 을 만족하지만 $f(c) = 0$ 을 만족하는 점이 존재하지 않는다. 이것은 함수 $f(x)$ 가 $[-1, 1]$ 에서 연속이 아니므로 중간값의 정리가 적용되지 않기 때문이다.

예 제 **6.** $x^3 - x^2 + 3x - 5 = 0$ 의 근이 1 과 2 사이에 적어도 하나 존재함을 보여라.

[**풀이**] $f(x) = x^3 - x^2 + 3x - 5$ 라 두자. $f(x)$ 는 $[1, 2]$ 에서 연속이고

$$f(1) = 1 - 1 + 3 - 5 = -2 < 0, \qquad f(2) = 8 - 4 + 6 - 5 = 5 > 0$$

이다. 따라서, $f(1) < 0 < f(2)$ 이므로, 중간값의 정리에 의해서 $f(c) = 0$ 이 되는 c 가 $(1, 2)$ 에 적어도 하나 존재한다.

연습문제 1-2

1. 다음 극한을 구하여라.

   (1) $\lim_{x \to 1} (x + 2x^3)^4$ (2) $\lim_{x \to 3} \sqrt{2x - 5}$

2. 다음 함수에서 불연속인 점을 구하여라. 또 그 점에서 연속이 되게 하려면 어떻게 함수값을 정의하여야 하는가?

   (1) $f(x) = \dfrac{3 - \sqrt{x}}{9 - x}$ (2) $f(x) = \dfrac{x^3 + 64}{x + 4}$

3. 다음 함수 f 가 $x = 0$ 에서 연속임을 보여라.

$$f(x) = \begin{cases} x \sin \dfrac{1}{x}, & (x \neq 0 \text{ 일 때}) \\ 0, & (x = 0 \text{ 일 때}) \end{cases}$$

4. $x^3 + 3x - 2 = 0$ 의 해가 0 과 1 사이에 적어도 하나 존재함을 보여라.

5. $f(x) = x^3 - x^2 + x$ 일 때 $f(c) = 10$ 이 되는 c 가 존재함을 보여라.

제 1 장 연습문제 풀이

연습문제 1-1 풀이

1. (1) 단사함수가 아니므로 전단사함수가 될 수 없다. 따라서 역함수는 존재하지 않는다.

(2) 전단사함수로서 역함수는 $f^{-1}(x) = \sqrt[3]{x}$ 이다.

(3) 전단사함수로서 역함수는 $f^{-1}(x) = -\frac{1}{x} + 1$ 이다.

(4) 전단사함수로서 역함수는 $f^{-1}(x) = \ln x$ 이다.

2. (1) $\lim_{x\to 1}\big((2x+5)(x^2-1)\big) = \lim_{x\to 1}(2x+5)\cdot\lim_{x\to 1}(x^2-1) = 7\cdot 0 = 0$

(2) $\lim_{x\to 1}\dfrac{x^2-1}{x-1} = \lim_{x\to 1}(x+1) = 2$

(3) $\lim_{x\to 1}(x^2+2x-5) = \lim_{x\to 1}x^2 + 2\lim_{x\to 1}x - \lim_{x\to 1}(5) = 1+2-5 = -2$

(4) $\lim_{x\to a}\dfrac{x^4-a^4}{x^3-a^3} = \lim_{x\to a}\dfrac{(x-a)(x+a)(x^2+a^2)}{(x-a)(x^2+ax+a^2)} = \dfrac{2a\cdot 2a^2}{3a^2} = \dfrac{4}{3}a$

(5) $\lim_{x\to 0}\dfrac{\sin 5x}{\sin 3x} = \lim_{x\to 0}\left(\dfrac{\frac{\sin 5x}{5x}}{\frac{\sin 3x}{3x}}\cdot\dfrac{5}{3}\right) = \dfrac{5}{3}\cdot\dfrac{\lim_{x\to 0}\frac{\sin 5x}{5x}}{\lim_{x\to 0}\frac{\sin 3x}{3x}} = \dfrac{5}{3}\cdot\dfrac{1}{1} = \dfrac{5}{3}$

(6) $\lim_{x\to 0}\dfrac{\sin^2 x}{1-\cos x} = \lim_{x\to 0}\dfrac{(1-\cos x)(1+\cos x)}{1-\cos x} = \lim_{x\to 0}(1+\cos x) = 2$

(7) $\lim_{x\to \pi}\dfrac{\cos x - 1}{x} = \dfrac{\lim_{x\to\pi}(\cos x - 1)}{\lim_{x\to\pi}x} = -\dfrac{2}{\pi}$

(8) $\lim_{x\to 0}\sin\dfrac{1}{x}$ 의 극한이 존재하지 않으므로

$$\lim_{x\to 0}x\sin\frac{1}{x} = \lim_{x\to 0}x\cdot\lim_{x\to 0}\sin\frac{1}{x}$$

와 같이 생각하는 것은 잘못이다. 그러나

$$-1 \le \sin\frac{1}{x} \le 1 \text{ 이므로 } -|x| \le x\sin\frac{1}{x} \le |x|$$

와 같은 부등식을 만족한다. 또한 $\lim_{x\to 0}(-|x|) = 0$ 이고 $\lim_{x\to 0}|x| = 0$ 이므로 극한의 압축정리로부터 $\lim_{x\to 0}x\sin\dfrac{1}{x} = 0$ 임을 알 수 있다.

3. 부등식 $1 \le \dfrac{\tan x}{x} \le \dfrac{1}{\cos x}$ 에서 $\lim\limits_{x\to 0} 1 = 1$ 이고 $\lim\limits_{x\to 0} \dfrac{1}{\cos x} = 1$ 이므로 극한의 압축정리로부터 $\lim\limits_{x\to 0} \dfrac{\tan x}{x} = 1$ 이다.

4. $\lim\limits_{x\to a} f(x) = L$ 이므로 함수에 관한 극한의 정의로부터

$$\forall \varepsilon > 0,\ \ \exists \delta > 0 \text{ s.t. } (0 < |x-a| < \delta \Rightarrow |f(x) - L| < \varepsilon)$$

이다. 그런데 $||f(x)| - |L|| \le |f(x) - L|$ 이므로

$$\forall \varepsilon > 0,\ \ \exists \delta > 0 \text{ s.t. } (0 < |x-a| < \delta \Rightarrow ||f(x)| - |L|| < \varepsilon)$$

이다. 따라서 $\lim\limits_{x\to a} |f(x)| = |L|$ 이다.

5. 주어진 조건으로부터

$$A - B = \lim_{x\to a} f(x) - \lim_{x\to a} g(x) = \lim_{x\to a}(f(x) - g(x)) \le 0$$

이므로 $A \le B$ 이다.

연습문제 1-2 풀이

1. (1) $\lim\limits_{x\to 1}(x+2x^3)^4 = \left(\lim\limits_{x\to 1}(x+2x^3)\right)^4 = 3^4 = 81$

(2) $\lim\limits_{x\to 3}(2x-5) = 1$ 이므로 $\lim\limits_{x\to 3}\sqrt{2x-5} = \sqrt{\lim\limits_{x\to 3}(2x-5)} = \sqrt{1} = 1$

2. (1) 함수 f 는 분모를 0 으로 하는 $x = 9$ 인 점에서 불연속이다. 따라서 $x \to 9$ 일 때의 극한값을 힘수값으로 정의하면 함수 f 는 $x = 9$ 에서 연속이다. 실제로 $x \to 9$ 일 때의 극한값을 계산하면

$$\lim_{x\to 9}\frac{3-\sqrt{x}}{9-x} = \lim_{x\to 9}\frac{(3-\sqrt{x})(3+\sqrt{x})}{(9-x)(3+\sqrt{x})} = \lim_{x\to 9}\frac{1}{3+\sqrt{x}} = \frac{1}{6}$$

이므로 $f(9) = 1/6$ 으로 정의하면 $x \ge 0$ 인 범위에서 함수 f 는 연속이다.

(2) 함수 f는 분모를 0으로 하는 $x = -4$인 점에서 불연속이다. 따라서 $x \to -4$일 때의 극한값을 함수값으로 정의하면 함수 f는 $x = -4$에서 연속이다. 실제로 $x \to -4$일 때의 극한값은

$$\lim_{x \to -4} \frac{x^3 + 64}{x + 4} = \lim_{x \to -4} \frac{(x+4)(x^2 - 4x + 16)}{x + 4} = 48$$

이므로 $f(-4) = 48$으로 정의하면 함수 f는 모든 실수 범위에서 연속이다.

3. 주어진 함수 f와 관련하여 $\lim_{x \to 0} f(x) = \lim_{x \to 0} x \sin \frac{1}{x} = 0 = f(0)$ 이므로 함수 f는 $x = 0$에서 연속이다.

4. $f(x) = x^3 + 3x - 2$라 놓으면, $f(x)$는 $[0, 1]$에서 연속이고 $f(0) = -2 < 0$, $f(1) = 2 > 0$이다. 따라서 $f(0) < 0 < f(1)$이므로 중간값의 정리로부터 $f(c) = 0$이 되는 $c \in (0, 1)$가 적어도 하나 존재함을 알 수 있다.

5. 주어진 함수 f와 관련하여 함수 g를 $g(x) = f(x) - 10 = x^3 - x^2 + x - 10$으로 놓으면, 함수 g는 $[0, 3]$에서 연속이고 $g(0) = -10 < 0$, $g(3) = 11 > 0$이다. 따라서 $g(0) < 0 < g(3)$이므로 중간값의 정리로부터 $g(c) = 0$이 되는 c가 $(0, 3)$에 적어도 하나 존재한다. 따라서 $g(c) = f(c) - 10 = 0$로부터 $f(c) = 10$인 c가 $(0, 3)$에 적어도 하나 존재한다.

제 2 장

미분법 및 응용

2.1 도함수의 정의

함수 $y = f(x)$ 에서 x 의 값이 한 점 x_0 에서 $x_0 + \Delta x$ 까지 변할 때 y 의 값은 $f(x_0)$ 에서 $f(x_0 + \Delta x)$ 까지 변한다. 여기에서 x 의 변화량인 Δx 를 x 의 증분이라 하고 이에 대응하는 y 의 변화량인 $f(x_0 + \Delta x) - f(x_0)$ 의 값을 y 의 증분이라 하며 Δy 로 나타낸다. 이 때 y 의 증분 Δy 를 x 의 증분인 Δx 로 나눈

$$\frac{\Delta y}{\Delta x} = \frac{f(x_0 + \Delta x) - f(x_0)}{\Delta x}$$

을 구간 $[x_0, x_0 + \Delta x]$ 에서의 $f(x)$ 의 **평균변화율**(average rate of change)이라 한다. 또한 Δx가 0 에 한없이 가까이 갈 때, 평균변화율의 극한값

$$\lim_{\Delta x \to 0} \frac{\Delta y}{\Delta x} = \lim_{\Delta x \to 0} \frac{f(x_0 + \Delta x) - f(x_0)}{\Delta x} \tag{2.1}$$

가 존재하면 이 값을 $x = x_0$ 에서 함수 $f(x)$ 의 **미분계수**(differential coefficient)라 하고 $f'(x_0)$ 로 나타낸다. 아울러 $f'(x_0)$ 가 존재할 때 함수 $f(x)$ 는 $x = x_0$ 에서 **미분가능**(differentiable)이라 하고, 반면에 $f'(x_0)$ 가 존재하지 않을 때 함수 $f(x)$ 는 $x = x_0$ 에서 **미분불가능**(not differentiable)이라 한다. 특히 어떤 함수 $f(x)$ 가 구간 (a, b) 의 모든 점에서 미분가능이면 그 함수 $f(x)$ 는 구간 (a, b) 에서 미분가능이라 말하고, 함수 $f(x)$ 의 정의역에 있는 모든 점에서 미분가능일 때 그 함수 $f(x)$ 를 일컬어 **미분가능한 함수**(differentiable function)라고 말한다.

예 제 1. 함수 $f(x) = x^2$ 에 대하여 미분계수의 정의로부터 $f'(a)$ 를 구하여라.

[**풀이**] 미분계수의 정의로부터

$$f'(a) = \lim_{\Delta x \to 0} \frac{f(a + \Delta x) - f(a)}{\Delta x} = \lim_{\Delta x \to 0} (2a + \Delta x) = 2a$$

이다.

예 제 2. 함수 $f(x) = |\,x\,|$ 에 대하여 $x = 0$ 에서의 미분가능성을 조사하라.

[**풀이**] 주어진 함수 $f(x)$ 에 대하여 구간 $[0,\, 0 + \Delta x]$ 에서의 평균변화율은

$$\frac{\Delta y}{\Delta x} = \frac{f(0 + \Delta x) - f(0)}{\Delta x} = \frac{|\Delta x|}{\Delta x}$$

이다. 그런데

$$\lim_{\Delta x \to 0^+} \frac{\Delta y}{\Delta x} = \lim_{\Delta x \to 0^+} \frac{\Delta x}{\Delta x} = 1, \qquad \lim_{\Delta x \to 0^-} \frac{\Delta y}{\Delta x} = \lim_{\Delta x \to 0^-} \frac{-\Delta x}{\Delta x} = -1$$

이므로 $f'(0)$ 는 존재하지 않는다. 따라서 주어진 함수 $f(x)$ 는 $x = 0$ 에서 미분불가능이다.

식 (2.1) 에서 보는 바와 같이 미분계수는 함수의 극한을 통하여 정의된다. 따

라서 식 (2.1) 에서 양수인 Δx 로 제한한 경우에 우극한

$$\lim_{\Delta x \to 0^+} \frac{f(x_0 + \Delta x) - f(x_0)}{\Delta x}$$

이 존재하면 이 극한값을 $x = x_0$ 에서의 $f(x)$ 의 **우미분계수**(right differential coefficient)라 하고 $f'_+(x_0)$ 로 나타낸다. 반면에 식 (2.1) 에서 음수인 Δx 로 제한한 경우에 좌극한

$$\lim_{\Delta x \to 0^-} \frac{f(x_0 + \Delta x) - f(x_0)}{\Delta x}$$

가 존재하면 이 극한값을 $x = x_0$ 에서의 $f(x)$ 의 **좌미분계수**(left differential coefficient)라 하고 $f'_-(x_0)$ 로 나타낸다.

예를 들어 예제 2 에서 함수 $f(x) = |x|$ 은 $x = 0$ 에서의 미분계수 $f'(0)$ 는 존재하지 않지만, 우미분계수는 $f'_+(0) = 1$ 이고 좌미분계수는 $f'_-(0) = -1$ 로 존재한다.

앞서 언급한 함수의 극한, 우미분계수, 좌미분계수의 정의로부터 함수 $f(x)$ 가 $x = x_0$ 에서 미분가능이기 위한 필요충분조건은 $f'_+(x_0)$ 와 $f'_-(x_0)$ 가 각각 존재하고 $f'_+(x_0) = f'_-(x_0)$ 가 되는 것임을 쉽게 알 수 있고, 이러한 경우에 $f'_-(x_0) = f'(x_0) = f'_+(x_0)$ 임을 확인할 수 있다.

미분계수의 정의와 관련한 식 (2.1) 을 또 다른 표현으로 나타내기 위하여 $x = x_0 + \Delta x$ 라 놓으면 $\Delta x = x - x_0$ 이므로

$$\lim_{\Delta x \to 0} \frac{\Delta y}{\Delta x} = \lim_{\Delta x \to 0} \frac{f(x_0 + \Delta x) - f(x_0)}{\Delta x} = \lim_{x \to x_0} \frac{f(x) - f(x_0)}{x - x_0}$$

이다. 따라서 $x = x_0$ 에서 함수 $f(x)$ 의 미분계수는

$$f'(x_0) = \lim_{x \to x_0} \frac{f(x) - f(x_0)}{x - x_0}$$

와 같이 나타낼 수도 있다.

정 리 **2.1.1.** 함수 $f(x)$ 가 $x = x_0$ 에서 미분가능이면 함수 $f(x)$ 는 $x = x_0$ 에서 연속이다.

[**증명**] 가정에서 함수 $f(x)$ 가 미분가능이므로

$$\begin{aligned}\lim_{x\to x_0}(f(x)-f(x_0)) &= \lim_{x\to x_0}\left[\left(\frac{f(x)-f(x_0)}{x-x_0}\right)\cdot(x-x_0)\right]\\ &= \lim_{x\to x_0}\frac{f(x)-f(x_0)}{x-x_0}\cdot\lim_{x\to x_0}(x-x_0)\\ &= f'(x_0)\cdot 0\\ &= 0\end{aligned}$$

이 성립한다. 이러한 사실로부터

$$\begin{aligned}\lim_{x\to x_0}f(x) &= \lim_{x\to x_0}[(f(x)-f(x_0))+f(x_0)]\\ &= \lim_{x\to x_0}(f(x)-f(x_0))+\lim_{x\to x_0}f(x_0)\\ &= 0+\lim_{x\to x_0}f(x_0)\\ &= f(x_0)\end{aligned}$$

이 성립함을 알 수 있다. 따라서

$$\lim_{x\to x_0}f(x)=f(x_0)$$

이므로 연속함수의 정의에 의해 함수 $f(x)$ 는 $x = x_0$ 에서 연속이다.

정리 2.1.1 의 역은 성립하지 않는다. 즉 함수 $f(x)$ 가 $x = x_0$ 에서 연속이라

고 해서 반드시 함수 $f(x)$ 가 $x = x_0$ 에서 미분가능은 아니다. 앞서 언급했던 예제 2는 이러한 사실을 보여주는 하나의 예라 할 수 있다.

어떤 함수 $f(x)$ 가 주어졌을 때, 그의 정의역 내에서 함수 $f(x)$ 는 미분가능한 점과 미분불가능한 점이 있을 수 있지만, 미분가능한 점에서의 미분계수는 유일하게 결정된다. 그 이유는 미분계수의 정의 자체가 함수의 극한을 통하여 정의되기 때문이다. 이 때 함수 $f(x)$ 의 정의역 내에 있는 미분가능한 각 점 x 에 대하여 그 점에서의 미분계수 $f'(x)$ 를 대응시키는 함수가 만들어지는데 이 함수를 $f(x)$ 의 **도함수**(derivative)라 하고

$$f', \quad y', \quad \frac{dy}{dx}, \quad D_x y, \quad D_x f$$

등으로 나타낸다. 또한 주어진 함수 $f(x)$ 의 도함수 $f'(x)$ 를 구하는 것을 함수 $f(x)$ 를 **미분한다**(differentiate)고 말하고, 그 계산 방법을 **미분법**(differentiation)이라 한다.

예 제 3. 함수 $f(x) = x^n$ (n: 양의 정수)의 도함수를 구하여라.

[풀이] 도함수의 정의로부터

$$f'(x) = \lim_{\Delta x \to 0} \frac{f(x+\Delta x) - f(x)}{\Delta x} = \lim_{\Delta x \to 0} \frac{(x+\Delta x)^n - x^n}{\Delta x}$$

$$= \lim_{\Delta x \to 0} \frac{\left(x^n + nx^{n-1}\Delta x + \frac{n(n-1)}{2!}x^{n-2}(\Delta x)^2 + \cdots + nx(\Delta x)^{n-1} + (\Delta x)^n\right) - x^n}{\Delta x}$$

$$= \lim_{\Delta x \to 0} \left(nx^{n-1} + \frac{n(n-1)}{2!}x^{n-2}\Delta x + \cdots + nx(\Delta x)^{n-2} + (\Delta x)^{n-1}\right)$$

$$= nx^{n-1}$$

이다. 따라서 $f'(x) = nx^{n-1}$ 이다.

함수 $f(x)$ 가 미분가능이면 그의 도함수 $f'(x)$ 도 또 하나의 함수가 된다. 만일

$f'(x)$ 가 미분가능이면 $f'(x)$ 의 도함수를 $f(x)$ 의 **2계 도함수**(second derivative)라 하고 $f''(x)$ 로 나타낸다. 다시 $f''(x)$ 이 미분가능인 함수이면 $f''(x)$ 의 도함수를 함수 $f(x)$ 의 **3계 도함수**(third derivative)라 하고 $f'''(x)$ 로 나타낸다. 일반적으로 함수 $f(x)$ 가 n 번 미분가능하면 n 번째 얻어지는 도함수를 함수 $f(x)$ 의 **n 계 도함수**(n-th derivative)라 하고 $f^{(n)}(x)$ 로 나타낸다. 2계 도함수 이상의 $f(x)$ 의 도함수를 **고계 도함수**(higher derivative)라고 한다. 고계 도함수를 나타내는 데는 다음과 같은 기호를 쓴다.

$$\frac{d^2f}{dx^2},\ \frac{d^3f}{dx^3},\ \cdots,\ \frac{d^nf}{dx^n} \qquad \text{또는} \qquad D_x^2f,\ D_x^3f,\ \cdots,\ D_x^nf$$

만일 함수 $f(x)$ 가 $y = f(x)$ 로 주어졌을 때는 고계 도함수를

$$y^{(n)},\quad \frac{d^ny}{dx^n},\quad D_x^nf$$

등으로 나타내기도 한다.

예 제 **4.** 함수 $y = x^3 - x^2 + 5x - 3$ 의 모든 고계 도함수를 구하여라.

[**풀이**] 주어진 함수는 3차 다항식으로 연속적으로 미분가능하므로

$$\begin{aligned} y' &= 3x^2 - 2x + 5 \\ y'' &= 6x - 2 \\ y''' &= 6 \\ y^{(4)} &= 0 \\ &\vdots \\ y^{(n)} &= 0, \qquad (n \geq 4) \end{aligned}$$

임을 알 수 있다.

예 제 5. 함수

$$f(x) = \begin{cases} x^2, & (x \geq 0) \\ 0, & (x < 0) \end{cases}$$

에 대하여 $f'(0)$ 은 존재하지만 $f''(0)$ 은 존재하지 않음을 보여라.

[**풀이**] (i) 함수 $f(x)$ 에 대한 $x = 0$ 에서의 좌미분계수는

$$f'_-(0) = \lim_{\Delta x \to 0^-} \frac{f(0+\Delta x) - f(0)}{\Delta x} = \lim_{\Delta x \to 0^-} \frac{0}{\Delta x} = 0$$

이고, 우미분계수는

$$f'_+(0) = \lim_{\Delta x \to 0^+} \frac{f(0+\Delta x) - f(0)}{\Delta x} = \lim_{\Delta x \to 0^+} \Delta x = 0$$

이다. 따라서 $f'_-(0) = f'_+(0) = 0$ 이므로 주어진 함수 $f(x)$ 에 대하여 $x = 0$ 에서의 1계 미분계수는 $f'(0) = 0$ 으로 존재한다.

(ii) $x < 0$ 일 때 $f'(x) = 0$ 이고, $x > 0$ 일 때 $f'(x) = 2x$, i)에 의해 $f'(0) = 0$이므로 결국 함수 $f(x)$ 의 1계 도함수는

$$f'(x) = \begin{cases} 2x, & (x \geq 0) \\ 0, & (x < 0) \end{cases}$$

임은 알 수 있다. 그러나 $x = 0$ 에서의 2계 미분계수와 관련하여

$$f''_-(0) = \lim_{\Delta x \to 0^-} \frac{f'(0+\Delta x) - f'(0)}{\Delta x} = \lim_{\Delta x \to 0^-} \frac{0}{\Delta x} = 0,$$

$$f''_+(0) = \lim_{\Delta x \to 0^+} \frac{f'(0+\Delta x) - f'(0)}{\Delta x} = \lim_{\Delta x \to 0^+} \frac{2\Delta x}{\Delta x} = 2$$

이므로 $f''_-(0) \neq f''_+(0)$ 이다. 따라서 $f''(0)$ 은 존재하지 않는다.

이제 미분계수가 갖는 기하학적인 의미에 대하여 생각해 보자. 그림 2-1 에서 점 P, Q 는 곡선 C 위의 서로 다른 점이라고 가정하자. 이 때 점 P 를 고정시키고

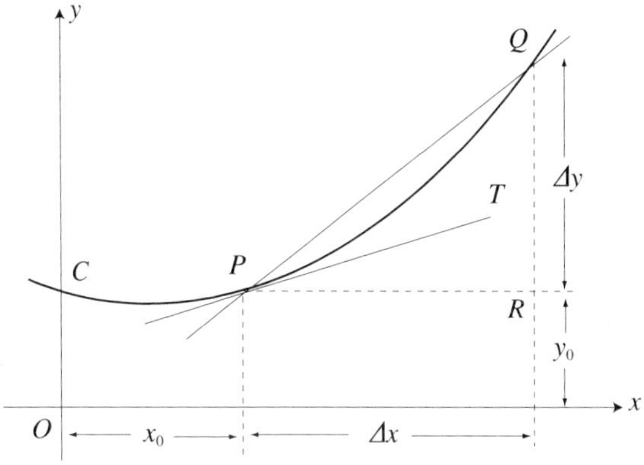

[그림 2-1]

점 Q 를 곡선 C 를 따라 P 에 접근시키면 점 P 와 Q 를 잇는 직선 PQ 는 기울기가 변하여 어떤 직선에 접근하게 된다. 점 Q 가 변함에 따라 만들어지는 직선 PQ 의 극한으로 나타나는 직선 PT 를 곡선 C 위의 점 P 에서의 **접선**(tangent line)이라 한다. $y = f(x)$ 를 곡선 C 의 방정식이라고 하고, (x_0, y_0) 와 $(x_0 + \Delta x, y_0 + \Delta y)$ 를 각각 점 P 와 Q 의 좌표라고 하자. 이 때 두 점 P, Q 를 지나는 직선 PQ 의 기울기는 그림 2-1로부터

$$\frac{|RQ|}{|PR|} = \frac{f(x_0 + \Delta x) - f(x_0)}{\Delta x}$$

이다. 그런데 직선 PT 의 기울기는 점 Q 가 점 P 로 접근할 때 $\dfrac{|RQ|}{|PR|}$ 의 극한이므로

$$f'(x_0) = \lim_{\Delta x \to 0} \frac{f(x_0 + \Delta x) - f(x_0)}{\Delta x} = \lim_{Q \to P} \frac{|RQ|}{|PR|}$$

이다. 즉 곡선 C 위의 한 점 $P(x_0, y_0)$ 에서의 접선은 점 $P(x_0, y_0)$ 를 지나면서 기울기가 $f'(x_0)$ 인 직선이다. 따라서 곡선 C 위의 한 점 $P(x_0, y_0)$ 에서 이 곡선 C 에 접하는 접선의 방정식은

$$y - y_0 = f'(x_0)(x - x_0)$$

이고, 또한 점 $P(x_0, y_0)$ 에서의 법선의 방정식은 $f'(x_0) \neq 0$ 일 때

$$y - y_0 = -\frac{1}{f'(x_0)}(x - x_0)$$

이나.

예 제 6. 곡선 $f(x) = x^2 + 5$ 위의 한 점 $(1, 6)$ 에서의 접선의 방정식과 법선의 방정식을 구하여라.

[**풀이**] 주어진 함수 $f(x)$ 의 도함수는 $f'(x) = 2x$ 이므로 $f'(1) = 2$ 이다. 따라서 구하는 접선의 식은 점 $(1, 6)$ 을 지나면서 기울기가 2 인 직선이므로

$$y - 6 = 2(x - 1), \quad \text{즉} \quad y = 2x + 4$$

이다. 또한 법선의 방정식은 점 $(1, 6)$ 을 지나면서 기울기가 $-\frac{1}{2}$ 인 직선이므로

$$y - 6 = -\frac{1}{2}(x - 1), \quad \text{즉} \quad y = -\frac{1}{2}x + \frac{13}{2}$$

이다.

연습문제 2-1

1. 도함수의 정의를 이용하여 $f'(x)$ 를 구하여라.

   (1) $f(x) = \sqrt{3x}$ (2) $f(x) = x^2 - 2x$ (3) $f(x) = \sqrt{2 - x}$

2. 함수 $f(x)$ 가 다음과 같이 정의되었을 때 $x = 0$ 에서의 함수 $f(x)$ 의 미분가능성을 조사하고, 미분가능이면 $f'(0)$ 을 구하여라.

(1) $f(x) = \begin{cases} x^2 \sin \dfrac{1}{x}, & (x \neq 0) \\ 0, & (x = 0) \end{cases}$ (2) $f(x) = \begin{cases} \sin \dfrac{1}{x}, & (x \neq 0) \\ 0, & (x = 0) \end{cases}$

3. 다음 함수 $f(x)$ 에 대하여 $f'(1)$ 이 존재하는지를 조사하여라.

(1) $f(x) = \begin{cases} x^3, & (x \geq 1) \\ x^2, & (x < 1) \end{cases}$ (2) $f(x) = \begin{cases} (x-1)^3, & (x \geq 1) \\ (x-1)^2, & (x < 1) \end{cases}$

4. 다음 주어진 점에서의 접선과 법선의 방정식을 구하여라.

(1) $f(x) = \sqrt{x}$, (4, 2) (2) $f(x) = \dfrac{1}{x-1}$, (3, 1/2)

5. 함수 $f(x)$ 가 정의역의 모든 점에서 미분가능일 때 도함수의 정의를 적용하여 다음 등식이 성립함을 보여라.

(1) $\displaystyle\lim_{x \to 2} \frac{f(x^2) - f(4)}{x-2} = 4f'(4)$

(2) $\displaystyle\lim_{x \to 1} \frac{x^2 f(1) - f(x^2)}{x-1} = 2(f(1) - f'(1))$

2.2 미분법

앞 절에서는 도함수를 정의하고 그 정의에 의하여 도함수를 구하였다. 이 절에서는 몇 가지 미분공식을 제시함으로써 도함수와 미분계수를 보다 쉽게 효율적으로 구할 수 있는 방법들에 대하여 살펴보자.

정 리 **2.2.1.** $f(x) = c$ (c는 상수)이면 $f'(x) = 0$ 이다.

[**증명**] 도함수의 정의로부터

$$f'(x) = \lim_{\Delta x \to 0} \frac{f(x + \Delta x) - f(x)}{\Delta x} = \lim_{\Delta x \to 0} \frac{c - c}{\Delta x} = 0$$

이다.

정 리 **2.2.2.** $f(x) = x^n$ (n: 양의 정수)이면 $f'(x) = nx^{n-1}$ 이다.

[**증명**] 2.1 절의 예제 3를 참고하여라.

정 리 **2.2.3.** 함수 $f(x)$ 와 $g(x)$ 가 각각 미분가능이면

(1) $(kf(x))' = kf'(x), \qquad (k:$ 상수$)$

(2) $(f(x) \pm g(x))' = f'(x) \pm g'(x), \qquad$ (복호동순)

(3) $(f(x)g(x))' = f'(x)g(x) + f(x)g'(x)$

(4) $\left(\dfrac{f(x)}{g(x)}\right)' = \dfrac{f'(x)g(x) - f(x)g'(x)}{(g(x))^2}, \qquad (g(x) \neq 0)$

이 성립한다.

[**증명**] 도함수의 정의로부터

(1) $$(kf(x))' = \lim_{\Delta x \to 0} \frac{kf(x + \Delta x) - kf(x)}{\Delta x}$$
$$= k \lim_{\Delta x \to 0} \frac{f(x + \Delta x) - f(x)}{\Delta x} = kf'(x)$$

(2) $$(f(x) \pm g(x))' = \lim_{\Delta x \to 0} \frac{(f(x+\Delta x) \pm g(x+\Delta x)) - (f(x) \pm g(x))}{\Delta x}$$
$$= \lim_{\Delta x \to 0} \frac{f(x+\Delta x) - f(x)}{\Delta x} \pm \lim_{\Delta x \to 0} \frac{g(x+\Delta x) - g(x)}{\Delta x}$$
$$= f'(x) \pm g'(x)$$

(3) $$(f(x)g(x))' = \lim_{\Delta x \to 0} \frac{f(x+\Delta x)g(x+\Delta x) - f(x)g(x)}{\Delta x}$$
$$= \lim_{\Delta x \to 0} \frac{f(x+\Delta x)g(x+\Delta x) - f(x)g(x+\Delta x) + f(x)g(x+\Delta x) - f(x)g(x)}{\Delta x}$$
$$= \lim_{\Delta x \to 0} \frac{f(x+\Delta x) - f(x)}{\Delta x} g(x+\Delta x) + \lim_{\Delta x \to 0} f(x) \frac{g(x+\Delta x) - g(x)}{\Delta x}$$

여기서 $g(x)$는 미분가능이므로 연속이다. 따라서 $\lim_{\Delta x \to 0} g(x+\Delta x) = g(x)$ 이므로

$$(f(x)g(x))' = f'(x)g(x) + f(x)g'(x)$$

이다.

(4) $$\left(\frac{f(x)}{g(x)}\right)' = \lim_{\Delta x \to 0} \frac{\dfrac{f(x+\Delta x)}{g(x+\Delta x)} - \dfrac{f(x)}{g(x)}}{\Delta x}$$
$$= \lim_{\Delta x \to 0} \frac{f(x+\Delta x)g(x) - f(x)g(x+\Delta x)}{\Delta x\, g(x)\, g(x+\Delta x)}$$
$$= \lim_{\Delta x \to 0} \frac{f(x+\Delta x)g(x) - f(x)g(x) + f(x)g(x) - f(x)g(x+\Delta x)}{\Delta x\, g(x)\, g(x+\Delta x)}$$
$$= \lim_{\Delta x \to 0} \frac{g(x)(f(x+\Delta x) - f(x))}{\Delta x\, g(x)\, g(x+\Delta x)} - \lim_{\Delta x \to 0} \frac{f(x)(g(x+\Delta x) - g(x))}{\Delta x\, g(x)\, g(x+\Delta x)}$$
$$= \frac{f'(x)g(x) - f(x)g'(x)}{(g(x))^2}$$

예 제 1. 다음 함수의 도함수를 구하여라.

(1) $f(x) = (2x+1)(x^2-2x+3)$ (2) $f(x) = 5x^3 + 4x^2 - 3x + 2$

(3) $f(x) = \dfrac{x^2+1}{x^4+3x}$ (4) $f(x) = x^n$, (n: 음의 정수)

[**풀이**] (1) $f'(x) = 2(x^2 - 2x + 3) + (2x+1)(2x-2) = 6x^2 - 6x + 4$

(2) $f'(x) = 15x^2 + 8x - 3$

(3) $$f'(x) = \frac{(x^4+3x)(x^2+1)' - (x^2+1)(x^4+3x)'}{(x^4+3x)^2}$$
$$= \frac{(x^4+3x)(2x) - (x^2+1)(4x^3+3)}{(x^4+3x)^2}$$
$$= \frac{-2x^5 - 4x^3 + 3x^2 - 3}{(x^4+3x)^2}$$

(4) $n = -m$ (m: 양의 정수)라 놓으면 $f(x) = x^n = x^{-m} = 1/x^m$ 이므로

$$f'(x) = \frac{(1)'x^m - 1\cdot(x^m)'}{(x^m)^2} = \frac{-mx^{m-1}}{x^{2m}} = -mx^{-m-1} = nx^{n-1}$$

이다.

정 리 **2.2.4.** [**연쇄법칙**(chain rule)] $y = f(u)$ 와 $u = g(x)$ 가 미분가능이면

$$\frac{dy}{dx} = \frac{dy}{du}\frac{du}{dx}$$

이 성립한다.

[**증명**] x 의 증분 Δx 에 대한 u 의 증분을 Δu 라 하고, Δu 에 대한 y 의 증분을 Δy 라 하자. 그러면

$$\Delta y = f(g(x+\Delta x)) - f(g(x)) = f(u+\Delta u) - f(u)$$

이고 $u = g(x)$ 가 연속이므로, $\Delta x \to 0$ 이면 $\Delta u \to 0$ 이다. 따라서

$$\frac{dy}{dx} = \lim_{\Delta x \to 0} \frac{\Delta y}{\Delta x}$$

$$
\begin{aligned}
&= \lim_{\Delta x \to 0} \frac{f(u+\Delta u) - f(u)}{\Delta x} \\
&= \lim_{\Delta x \to 0} \left[\frac{f(u+\Delta u) - f(u)}{\Delta u} \cdot \frac{\Delta u}{\Delta x} \right] \\
&= \lim_{\Delta u \to 0} \frac{f(u+\Delta u) - f(u)}{\Delta u} \lim_{\Delta x \to 0} \frac{\Delta u}{\Delta x} \\
&= \frac{dy}{du} \frac{du}{dx}
\end{aligned}
$$

이 성립한다.

예 제 **2.** $y = (x^3 - x + 1)^4$의 도함수를 구하여라.

[**풀이**] $u = x^3 - x + 1$ 이라 두면 $y = u^4$ 이므로 연쇄법칙에 의해

$$\frac{dy}{dx} = \frac{dy}{du}\frac{du}{dx} = 4u^3(3x^2 - 1) = 4(x^3 - x + 1)^3(3x^2 - 1)$$

이다.

예 제 **3.** $y = x^n$ (n: 유리수)의 도함수가 $y' = nx^{n-1}$ 임을 보여라.

[**풀이**] n 이 유리수이므로 $n = p/q$ (p, q 는 정수이고 $q \neq 0$)로 쓸 수 있다. 그러므로

$$\frac{dy}{dx} = \frac{dx^n}{dx} = \frac{d}{dx}(x^{p/q})$$

와 같이 나타낼 수 있고, 여기서

$$\frac{d}{dx}(x^{1/q})^q = \frac{d}{dx}(x^{q/q}) = \frac{dx}{dx} = 1 \tag{2.2}$$

이다. 그런데 연쇄법칙을 이용하면

$$\frac{d}{dx}(x^{1/q})^q = q(x^{1/q})^{q-1}\frac{d}{dx}x^{1/q} \tag{2.3}$$

이다. 따라서 식 (2.2) 와 (2.3) 로부터 $q(x^{1/q})^{q-1}\dfrac{d}{dx}x^{1/q} = 1$ 이 된다. 즉

$$\frac{d}{dx}x^{1/q} = \frac{1}{q(x^{1/q})^{q-1}} = \frac{1}{q}(x^{1/q})^{1-q} = \frac{1}{q}x^{(1-q)/q} = \frac{1}{q}x^{1/q-1} \tag{2.4}$$

이다. 따라서 식 (2.4) 를 이용하면

$$\begin{aligned}\frac{d}{dx}x^{p/q} &= \frac{d}{dx}(x^{1/q})^p = p(x^{1/q})^{p-1}\frac{d}{dx}x^{1/q}\\ &= p(x^{(p-1)/q})\frac{1}{q}x^{(1/q)-1} = px^{(p/q)-(1/q)}\frac{1}{q}x^{(1/q)-1}\\ &= \frac{p}{q}x^{(p/q)-(1/q)+(1/q)-1} = \frac{p}{q}x^{(p/q)-1}\\ &= nx^{n-1}\end{aligned}$$

이므로 $y' = \dfrac{d}{dx}x^n = nx^{n-1}$ 이다.

정 리 2.2.5. 미분가능한 함수 $y = f(x)$ 가 역함수를 가지고 $\dfrac{dy}{dx} \neq 0$ 이면

$$\frac{dx}{dy} = \frac{1}{\dfrac{dy}{dx}}$$

이 성립한다.

[증명] 먼저 $y = f(x)$ 가 역함수를 가지므로

$$x = f^{-1}(y)$$

이다. 따라서 양변을 x에 대하여 미분하면, 연쇄법칙에 의하여

$$1 = \frac{dx}{dx} = \frac{d}{dx}f^{-1}(y) = \frac{df^{-1}(y)}{dy}\frac{dy}{dx}$$

이다. 그러므로 위 식에 $f^{-1}(y) = x$ 을 대입하면

$$\frac{dx}{dy}\frac{dy}{dx} = 1$$

을 얻는다. 그런데 가정에서 $\frac{dy}{dx} \neq 0$ 이므로

$$\frac{dx}{dy} = \frac{1}{\frac{dy}{dx}}$$

이 성립한다.

예 제 **4.** 다음의 $\frac{dy}{dx}$ 를 구하여라.

(1) $x = \sqrt[3]{y+1}$ (2) $y = \sqrt{x^2+1}$

[풀이] (1) $\frac{dx}{dy} = \frac{1}{3}(y+1)^{-\frac{2}{3}}$ 이므로

$$\frac{dy}{dx} = 3(y+1)^{\frac{2}{3}}$$

이다.

(2) $u = x^2 + 1$ 이라 두면 $y = \sqrt{u}$ 이다. 따라서 연쇄법칙에 의하여

$$\frac{dy}{dx} = \frac{dy}{du}\frac{du}{dx} = \left(\frac{1}{2\sqrt{u}}\right)(2x) = \frac{x}{\sqrt{x^2+1}}$$

이다.

정 리 **2.2.6.** $x = f(t)$, $y = g(t)$ 이 모두 미분가능이고 역함수 $t = f^{-1}(x)$ 가 존재할 때, $\frac{dx}{dt} \neq 0$ 이면

$$\frac{dy}{dx} = \frac{\frac{dy}{dt}}{\frac{dx}{dt}}$$

이 성립한다.

[**증명**] 정리 2.2.5 에서 $\dfrac{dt}{dx} = \dfrac{1}{\frac{dx}{dt}}$ 이므로

$$\frac{dy}{dx} = \frac{dy}{dt}\frac{dt}{dx} = \frac{dy}{dt}\frac{1}{\frac{dx}{dt}} = \frac{\frac{dy}{dt}}{\frac{dx}{dt}}$$

이 성립한다.

예 제 **5.** $x = t^2 + t, \;\; y = 2t - 5$ 일 때 $\dfrac{dy}{dx}$ 를 구하여라.

[**풀이**] $\dfrac{dx}{dt} = 2t + 1$ 이고 $\dfrac{dy}{dt} = 2$ 이므로 정리 2.2.6 에 위하여

$$\frac{dy}{dx} = \frac{\frac{dy}{dt}}{\frac{dx}{dt}} = \frac{2}{2t+1}$$

이다.

일반적으로 $y = f(x)$ 의 형태로 정의된 함수를 **양함수**(explicit function)라 하고, $f(x, y) = 0$ 의 형태로 정의된 함수를 **음함수**(implicit function)라 한다. $f(x, y) = 0$ 에서 y' 를 구하기 위해서 y 를 x 의 함수로 생각하고, $f(x, y) = 0$ 의 양변을 x 에 관해서 미분한 다음 y' 에 관해서 정의하면 되는데 이와 같은 미분법을 **음함수의 미분법**(implicit differentiation)이라 한다.

예 제 **6.** $x^2 + y^2 = xy$ 에서 $\dfrac{dy}{dx}$ 를 구하여라.

[**풀이**] y 를 x 에 관한 함수로 보고 양변을 x 에 관해서 미분하면

$$\frac{d}{dx}(x^2 + y^2) = \frac{d}{dx}(xy)$$

$$\begin{aligned} 2x + 2y\frac{dy}{dx} &= y + x\frac{dy}{dx} \\ (2y - x)\frac{dy}{dx} &= y - 2x \\ \frac{dy}{dx} &= \frac{y - 2x}{2y - x}, \qquad (2y - x \neq 0) \end{aligned}$$

이다.

예 제 7. 곡선 $y^3 + 7y - x^3 = 0$ 위의 한 점 (2, 1) 에서의 접선의 방정식을 구하여라.

[**풀이**] y를 x의 함수로 보고 양변을 x에 관해서 미분하면

$$\begin{aligned} \frac{d}{dx}(y^3 + 7y - x^3) &= 0 \\ 3y^2\frac{dy}{dx} + 7\frac{dy}{dx} - 3x^2 &= 0 \end{aligned}$$

이므로

$$\frac{dy}{dx} = \frac{3x^2}{3y^2 + 7}$$

이다. 따라서 점 (2, 1) 에서의 접선의 기울기는 $\left(\frac{dy}{dx}\right)_{(2,\,1)} = \frac{6}{5}$ 이므로 구하려는 접선의 방정식은

$$y - 1 = \frac{6}{5}(x - 2), \qquad \text{즉} \qquad y = \frac{6}{5}x - \frac{7}{5}$$

이다.

연습문제 2-2

1. 다음 함수의 도함수를 구하여라.

(1) $f(x) = (\sqrt{x} + x)(3x^2 + 2x)$　　(2) $f(x) = \left(\dfrac{x+1}{x-1}\right)^4$

(3) $f(x) = \dfrac{\sqrt[3]{x+1}}{\sqrt{x^2-1}}$　　(4) $f(x) = (x^2+1)^{\frac{2}{3}}$

(5) $f(x) = (x-1)^3(2x+4)^4$　　(6) $f(x) = \sqrt{2x + \sqrt{x^2+1}}$

2. 음함수 미분법을 적용하여 $\dfrac{dy}{dx}$ 를 구하여라. (단, a, b, r 은 상수)

(1) $x^2 - xy + y^2 = 1$　　(2) $x^3 + y^3 = 3xy$

(3) $a^2x^2 + b^2y^2 = r^2$　　(4) $\sqrt{xy} = 1 + x^2y$

(5) $\dfrac{y}{x-y} = x^2 + 1$　　(6) $y^4 + x^2y^2 + yx^4 = y + 1$

3. $2x^3 - 3y^2 = 7$ 일 때 $\dfrac{d^2y}{dx^2}$ 를 구하여라.

4. 연쇄법칙을 이용하여 $\dfrac{dy}{dt}$ 를 구하여라.

(1) $y = \dfrac{x-1}{x+1}, \quad x = \sqrt{1+t^2}$　　(2) $y = (x^2+x+1)^3, \quad x = \sqrt{t}$

5. 주어진 점에서의 접선의 방정식을 구하여라.

(1) $(y-x)^2 = 2x+4, \quad (6,\ 2)$　　(2) $x^2y = -18, \quad (3,\ -2)$

2.3 초월함수의 미분법

이 절에서는 삼각함수, 로그함수, 지수함수의 도함수에 대하여 고찰해 보기로 하자. 우리는 극한에서 $\lim_{x\to 0}\frac{\sin x}{x}=1$ 임을 잘 알고 있다. 이것을 이용하면 삼각함수의 미분공식을 쉽게 유도할 수 있다.

정 리 2.3.1. [**삼각함수의 도함수**]

(1) $\frac{d}{dx}(\sin x)=\cos x$　　(2) $\frac{d}{dx}(\cos x)=-\sin x$

(3) $\frac{d}{dx}(\tan x)=\sec^2 x$　　(4) $\frac{d}{dx}(\sec x)=\sec x\tan x$

(5) $\frac{d}{dx}(\csc x)=-\csc x\cot x$　　(6) $\frac{d}{dx}(\cot x)=-\csc^2 x$

[**증명**] (1) $$\begin{aligned}\frac{d}{dx}(\sin x)&=\lim_{\Delta x\to 0}\frac{\sin(x+\Delta x)-\sin x}{\Delta x}\\&=\lim_{\Delta x\to 0}\frac{2\cos(x+\Delta x/2)\sin(\Delta x/2)}{\Delta x}\\&=\lim_{\Delta x\to 0}\frac{\sin(\Delta x/2)}{\Delta x/2}\cdot\lim_{\Delta x\to 0}\cos\left(x+\frac{\Delta x}{2}\right)=\cos x\end{aligned}$$

(2) $$\frac{d}{dx}(\cos x)=\frac{d}{dx}\left(\sin\left(x+\frac{\pi}{2}\right)\right)=\cos\left(x+\frac{\pi}{2}\right)\left(x+\frac{\pi}{2}\right)'=-\sin x$$

(3) $$\begin{aligned}\frac{d}{dx}(\tan x)&=\frac{d}{dx}\left(\frac{\sin x}{\cos x}\right)=\frac{(\sin x)'\cos x-\sin x(\cos x)'}{\cos^2 x}\\&=\frac{\cos^2 x+\sin^2 x}{\cos^2 x}=\frac{1}{\cos^2 x}=\sec^2 x\end{aligned}$$

(4) $$\frac{d}{dx}(\sec x)=\frac{d}{dx}\left(\frac{1}{\cos x}\right)=\frac{\sin x}{\cos^2 x}=\sec x\tan x$$

(5) $$\frac{d}{dx}(\csc x)=\frac{d}{dx}\left(\frac{1}{\sin x}\right)=-\frac{\cos x}{\sin^2 x}=-\csc x\cot x$$

(6) $\dfrac{d}{dx}(\cot x) = \dfrac{d}{dx}\left(\dfrac{\cos x}{\sin x}\right) = \dfrac{(\cos x)'\sin x - \cos x(\sin x)'}{\sin^2 x}$

$$= -\frac{\sin^2 x + \cos^2 x}{\sin^2 x} = -\frac{1}{\sin^2 x} = -\csc^2 x$$

예 제 1. 다음 도함수를 구하여라.

(1) $y = \cos 2x$ (2) $y = \cot^2 2x$

(3) $y = \csc(2x^2 + 1)$ (4) $y = \sec\sqrt{x^3+1}$

[풀이] 삼각함수의 미분공식으로부터

(1) $y' = -\sin 2x(2x)' = -2\sin 2x$

(2) $y' = 2\cot 2x(\cot 2x)' = 2\cot 2x(-\csc^2 2x)(2x)' = -4\cot 2x\csc^2 2x$

(3) $y' = -\csc(2x^2+1)\cot(2x^2+1)(2x^2+1)' = -4x\csc(2x^2+1)\cot(2x^2+1)$

(4) $y' = \sec\sqrt{x^3+1}\,\tan\sqrt{x^3+1}(\sqrt{x^3+1})' = \dfrac{3}{2}\dfrac{x^2}{\sqrt{x^3+1}}\sec\sqrt{x^3+1}\,\tan\sqrt{x^3+1}$

다음의 정리 2.3.2는 정리 2.3.5에서 지수함수와 로그함수의 도함수를 유도하는데 간접적으로 이용되므로 증명 없이 소개한다.

정 리 2.3.2. $\displaystyle\lim_{x\to\pm\infty}\left(1+\frac{1}{x}\right)^x = e, \qquad (e = 2.718281828459045 2354\cdots)$

따름정리 2.3.3. (1) $\displaystyle\lim_{x\to 0}(1+x)^{\frac{1}{x}} = e$ (2) $\displaystyle\lim_{x\to 0}\frac{\log_a(1+x)}{x} = \log_a e$

[증명] (1) 정리 2.3.2에 의하여

$$\lim_{y\to\pm\infty}\left(1+\frac{1}{y}\right)^y = e$$

이다. 여기서 $x = \dfrac{1}{y}$ 라 놓으면, $y \to \infty$ 일 때 $x \to 0$ 이다. 따라서

$$\lim_{x\to 0}(1+x)^{\frac{1}{x}} = e$$

이다.

(2) (1) 의 결과와 로그함수의 연속성으로부터

$$\lim_{x\to 0}\frac{\log_a(1+x)}{x} = \lim_{x\to 0}\log_a(1+x)^{\frac{1}{x}} = \log_a\left(\lim_{x\to 0}(1+x)^{\frac{1}{x}}\right) = \log_a e$$

이 성립한다.

따름정리 2.3.4. (1) $\displaystyle\lim_{x\to 0}\frac{a^x-1}{x} = \ln a$ (2) $\displaystyle\lim_{x\to 0}\frac{e^x-1}{x} = 1$

[증명] (1) $a^x - 1 = t$ 라 놓으면 $a^x = 1+t$ 이므로 $x = \log_a(1+t)$ 이다. 따라서 $x \to 0$ 이면 $t \to 0$ 이므로

$$\lim_{x\to 0}\frac{a^x-1}{x} = \lim_{t\to 0}\frac{1}{\frac{\log_a(1+t)}{t}} = \lim_{t\to 0}\frac{1}{\log_a(1+t)^{\frac{1}{t}}} = \frac{1}{\log_a e} = \ln a$$

이다.

(2) (1) 의 결과로부터 특히 $a = e$ 이면

$$\lim_{x\to 0}\frac{e^x-1}{x} = \ln e = 1$$

이 성립한다.

정 리 2.3.5. [**지수함수와 로그함수의 도함수**]

(1) $\frac{d}{dx}(a^x) = a^x \ln a, \quad (a \neq 1,\ a > 0)$ (2) $\frac{d}{dx}(e^x) = e^x$

(3) $\frac{d}{dx}(\log_a x) = \frac{1}{x \ln a}, \quad (a \neq 1,\ a > 0)$ (4) $\frac{d}{dx}(\ln x) = \frac{1}{x}$

[**증명**] (1) 따름정리 2.3.4의 (1)에 의해

$$\frac{d}{dx}(a^x) = \lim_{\Delta x \to 0} \frac{a^{x+\Delta x} - a^x}{\Delta x} = a^x \lim_{\Delta x \to 0} \frac{a^{\Delta x} - 1}{\Delta x} = a^x \ln a$$

이 성립한다.

(2) (1)에서 $a = e$ 인 경우이다.

(3) 도함수의 정의로부터

$$\begin{aligned}\frac{d}{dx}(\log_a x) &= \lim_{\Delta x \to 0} \frac{\log_a(x+\Delta x) - \log_a x}{\Delta x} = \lim_{\Delta x \to 0} \frac{\log_a\left(1 + \frac{\Delta x}{x}\right)}{\Delta x} \\ &= \lim_{\Delta x \to 0} \frac{1}{x}\frac{x}{\Delta x} \log_a\left(1 + \frac{\Delta x}{x}\right) = \frac{1}{x} \lim_{\Delta x \to 0} \log_a\left(1 + \frac{\Delta x}{x}\right)^{\frac{x}{\Delta x}}\end{aligned}$$

이다. 여기서 $t = \frac{\Delta x}{x}$ 라 놓으면 따름정리 2.3.3의 (1)에 의해

$$\lim_{\Delta x \to 0} \log_a\left(1 + \frac{\Delta x}{x}\right)^{\frac{x}{\Delta x}} = \lim_{t \to 0} \log_a(1+t)^{\frac{1}{t}} = \log_a e$$

이고, 또한 로그함수의 성질로부터 $\log_a e = \frac{1}{\log_e a} = \frac{1}{\ln a}$ 이다. 따라서 위의 내용을 종합하면

$$\frac{d}{dx}(\log_a x) = \frac{1}{x} \lim_{\Delta x \to 0} \log_a\left(1 + \frac{\Delta x}{x}\right)^{\frac{x}{\Delta x}} = \frac{1}{x}\log_a e = \frac{1}{x \ln a}$$

이다.

(4) (3)에서 $a = e$ 인 경우이다.

예 제 **2.** 다음 함수의 도함수를 구하여라.

(1) $y = \log_2(x^2+5)$ (2) $y = 5^{3x^2+2x+1}$

[**풀이**] (1) $y' = \dfrac{1}{(x^2+5)\ln 2}(x^2+5)' = \dfrac{2x}{(x^2+5)\ln 2}$.

(2) $y' = (5^{3x^2+2x+1})' = 5^{3x^2+2x+1} \cdot \ln 5 \cdot (3x^2+2x+1)'$
$= (6x+2) \cdot \ln 5 \cdot 5^{3x^2+2x+1}$.

예 제 **3.** n 이 임의의 실수일 때 $\dfrac{d}{dx}(x^n) = nx^{n-1}$ 임을 증명하여라.

[**풀이**] $y = x^n$ 이라 놓고, 양변에 자연로그를 취하면 $\ln y = n \ln x$ 이다. 이 식의 양변을 x 로 미분하여 정리하면

$$\frac{1}{y}\frac{dy}{dx} = n\frac{1}{x}, \qquad \frac{dy}{dx} = y\left(n\frac{1}{x}\right) = nyx^{-1} = nx^n x^{-1} = nx^{n-1}$$

을 얻는다.

위의 예제 3에서와 같이 주어진 함수의 양변에 로그를 취하여 그것을 미분하는 방법을 **로그미분법**(logarithmic differentiation)이라 한다.

예 제 **4.** $y = x^x$ 의 도함수를 구하여라.

[**풀이**] $y = x^x$ 의 양변에 자연로그를 취하면 $\ln y = x \ln x$ 이다. 따라서 이 식의 양변을 x 로 미분하여 정리하면

$$\frac{1}{y}\frac{dy}{dx} = \ln x + 1, \qquad \frac{dy}{dx} = y(1+\ln x) = x^x(1+\ln x)$$

이다.

연습문제 2-3

1. 다음 함수의 도함수를 구하여라.

(1) $y = \sin(x^2)$ (2) $y = \dfrac{\sin x}{x}$ (3) $y = \tan x \sin x$

(4) $y = \dfrac{1}{\sin x + \cos x}$ (5) $y = \sqrt{\sin^2 2x}$ (6) $y = \csc x \cot x$

2. 다음 함수의 도함수를 구하여라.

(1) $y = \ln \dfrac{1}{x^2}$ (2) $y = \ln(\sin 3x)$ (3) $y = \ln\sqrt{x^3}$

(4) $y = \ln(\ln x)$ (5) $y = \dfrac{\ln x}{x}$ (6) $y = x \ln x$

3. 로그미분법을 적용하여 다음 함수의 도함수를 구하여라.

(1) $y = x^{\frac{1}{x}}$ (2) $y^x = x^y$ (3) $y = 5^x$

(4) $y = e^{\sqrt{1+\sin^2 x}}$ (5) $y = (\ln x)^{\sqrt{x}}$ (6) $y = x^{\ln x}$

2.4 평균값의 정리

이 절에서는 미분학의 가장 기본적인 정리인 롤의 정리와 평균값의 정리를 다룬다. 이들 정리는 다음 절에서 다루게 될 함수의 극치를 구하는데 있어서 아주 유용하다.

정 리 2.4.1. [**롤의 정리**(Rolle's theorem)] 함수 $f(x)$ 가 폐구간 $[a, b]$ 에서 연속이고 개구간 (a, b) 에서 미분가능하며 $f(a) = f(b)$ 이면,

$$f'(\xi) = 0$$

이 되는 점 ξ 가 개구간 (a, b) 내에 존재한다.

[**증명**] (i) $[a, b]$ 에서 $f(x)$ 가 상수함수이면 모든 $\xi \in (a, b)$ 에 대해서도 $f'(\xi) = 0$ 이므로 성립된다.

(ii) $f(a) = f(b) < f(c)$ 이고 $a < c < b$ 인 c 가 존재하는 경우를 생각해 보자. 최대 최소의 정리에 의해서 $f(x)$ 는 $[a, b]$ 에서 최댓값을 갖는다. 최댓값을 갖는 점을 ξ 라고 하면, $f(a) = f(b) < f(c) \le f(\xi)$ 이므로 $a < \xi < b$ 이다. 또 h 를 충분히 작은 양수라고 하면

$$\frac{f(\xi+h)-f(\xi)}{h} \le 0, \qquad \frac{f(\xi-h)-f(\xi)}{-h} \ge 0$$

이고, $f(x)$ 는 $x = \xi$ 에서 미분가능하므로

$$0 \le \lim_{h\to 0} \frac{f(\xi-h)-f(\xi)}{-h} = f'(\xi) = \lim_{h\to 0} \frac{f(\xi+h)-f(\xi)}{h} \le 0$$

이다. 따라서 $f'(\xi) = 0$ 이다(그림 2-2).

(iii) $f(x)$ 가 위의 두 가지 경우가 아니면 $f(a) = f(b) > f(d)$ 인 $d \in (a, b)$ 가 존재하고, 이 때는 최솟값 $f(\xi)$ $(a < \xi < b)$ 를 갖는다. 따라서 (ii)의 경우와 마찬가지로 $f'(\xi) = 0$ 이다. 그러므로

$$f'(\xi) = 0, \qquad a < \xi < b$$

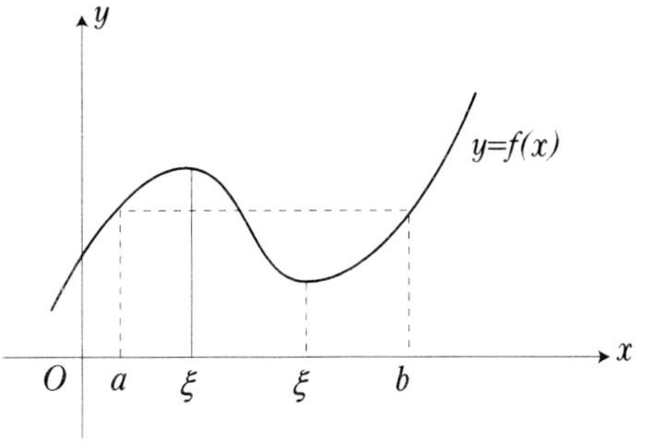

[그림 2-2]

인 ξ가 존재한다.

정 리 2.4.2. [**평균값의 정리**(mean value theorem)] 함수 $f(x)$가 폐구간 $[a, b]$에서 연속이고 개구간 (a, b)에서 미분가능이면

$$\frac{f(b)-f(a)}{b-a}=f'(\xi)$$

인 점 ξ가 개구간 (a, b) 내에 존재한다.

[**증명**] $F(x)=f(b)-f(x)-\dfrac{f(b)-f(a)}{b-a}(b-x)$ 라고 놓으면, $F(x)$는 폐구간 $[a, b]$에서 연속이고 개구간 (a, b)에서 미분가능이며 $F(a)=F(b)$이므로 롤의 정리에 의하여

$$F'(\xi)=0$$

인 점 ξ가 개구간 (a, b) 내에 존재한다. 그런데 $F(x)$의 도함수는

$$F'(x)=-f'(x)+\frac{f(b)-f(a)}{b-a}$$

이므로 $x=\xi$에 대하여

$$0=F'(\xi)=-f'(\xi)+\frac{f(b)-f(a)}{b-a}$$

이 성립한다. 따라서 위의 관계식을 정리하면

$$f'(\xi) = \frac{f(b) - f(a)}{b - a}$$

인 점 ξ가 개구간 (a, b)에 존재한다.

평균값의 정리는 롤의 정리를 일반화한 것으로 기하학적으로 설명하면 어떤 폐구간 $[a, b]$에서 연속이고 개구간 (a, b)에서 미분가능인 함수 $f(x)$가 있으면 a와 b사이에 적당한 ξ가 존재하여 $(\xi, f(\xi))$에서의 접선의 기울기인 $f'(\xi)$는 점 $(a, f(a))$와 $(b, f(b))$를 연결하는 직선의 기울기 $(f(b) - f(a))/(b - a)$와 같게 된다는 것이다. 여기서 $(\xi - a)/(b - a) = \theta$라 놓으면 θ는 ξ에 의존하고, $0 < \theta < 1$이고 $\xi = a + \theta(b - a)$이다. 이것을 사용하여 평균값의 정리를 다음과 같이 쓸 수 있다.

$$f(b) = f(a) + (b - a)f'(\xi) = f(a) + (b - a)f'\left(a + \theta(b - a)\right)$$

이 때 $b - a = h$라 놓으면 $b = a + h$이므로

$$f(a + h) = f(a) + hf'(a + \theta h), \qquad (0 < \theta < 1)$$

와 같이 쓸 수 있다. 또한 h를 충분히 작은 수라고 하면 $a + \theta h$는 a와 거의 같게 되므로

$$f(a + h) \approx f(a) + hf'(a)$$

이다. 위의 근사 관계식은 함수 $f(x)$가 $x = a$인 점에서 미분가능일 때 그 점에서의 미분계수 $f'(a)$를 이용하여 $f(a + h)$의 근사값을 구하는데 이용할 수 있다.

예 제 1. 함수 $f(x) = 4\sqrt{x}$에 대하여 $[0, 4]$에서 평균값의 정리를 만족하는 ξ를 구하여라.

[**풀이**] 함수 $f(x) = 4\sqrt{x}$는 폐구간 $[0, 4]$에서 연속이고 개구간 $(0, 4)$에서 미분

가능이므로 평균값의 정리의 가정을 만족한다. 따라서 평균값의 정리로부터

$$\frac{f(4)-f(0)}{4-0} = f'(\xi)$$

을 만족하는 ξ 가 개구간 $(0, 4)$ 에 존재한다. 그런데

$$\frac{f(4)-f(0)}{4-0} = 2, \qquad f'(x) = \frac{2}{\sqrt{x}}$$

이므로

$$2 = \frac{2}{\sqrt{\xi}}$$

이다. 따라서 $\xi = 1$ 이다.

예 제 2. 평균값의 정리를 이용하여 $\sqrt{102}$ 의 근사값을 구하여라.

[**풀이**] $f(x) = \sqrt{x}$ 라고 놓자. 그러면 $f'(x) = \dfrac{1}{2\sqrt{x}}$ 이다. 평균값의 정리로부터 유도되는 근사 관계식

$$f(a+h) \approx f(a) + hf'(a)$$

에서 $a = 100$, $h = 2$ 라고 놓으면 $f(100+2) \approx f(100) + 2f'(100)$ 이므로

$$\sqrt{102} = f(100+2) \approx \sqrt{100} + 2 \cdot \frac{1}{2\sqrt{100}} = 10.1$$

이다.

$x \to a$ 또는 $x \to \pm\infty$ 일 때 $f(x) \to 0$, $g(x) \to 0$ 또는 $f(x) \to \pm\infty$, $g(x) \to \pm\infty$ 로 되는 경우에

$$\frac{f(x)}{g(x)}, \qquad f(x)g(x), \qquad f(x) - g(x), \qquad (\,f(x)\,)^{g(x)}$$

와 같은 형태의 극한이

$$\frac{0}{0}, \qquad \frac{\infty}{\infty}, \qquad 0\times\infty, \qquad \infty-\infty, \qquad 1^{\infty}, \qquad 0^{0}, \qquad \infty^{0}$$

인 형태로 주어질 때가 있다. 이러한 형태의 극한을 부정형의 극한이라고 한다. 다음 로피탈의 정리는 부정형의 극한을 구하는데 매우 유용하다. 증명은 생략한다.

정 리 2.4.3. [**로피탈의 정리**(L'Hospital's theorem)] $x = a$ 의 근방에서 함수 f, g 가 미분가능이고, $g'(x) \neq 0$ 이며, 극한

$$\lim_{x\to a}\frac{f'(x)}{g'(x)}$$

이 존재한다고 하자.

(1) [0/0 의 부정형의 극한]

$\lim_{x\to a} f(x) = 0$ 이고 $\lim_{x\to a} g(x) = 0$ 이면

$$\lim_{x\to a}\frac{f(x)}{g(x)} = \lim_{x\to a}\frac{f'(x)}{g'(x)}$$

이 성립한다.

(2) [∞/∞ 의 부정형의 극한]

$\lim_{x\to a} f(x) = \infty$ 이고 $\lim_{x\to a} g(x) = \infty$ 이면

$$\lim_{x\to a}\frac{f(x)}{g(x)} = \lim_{x\to a}\frac{f'(x)}{g'(x)}$$

이 성립한다.

[참 고] 1. 로피탈의 정리는

(1) 극한 $\lim_{x \to a} \frac{f'(x)}{g'(x)}$ 이 $\pm\infty$ 인 경우

(2) $x \to a$ 를 $x \to \pm\infty$ 으로 하는 경우

(3) $f(x) \to \pm\infty$, $g(x) \to +\infty$ 인 경우

와 같은 경우에도 모두 적용이 가능하다.

예 제 3. 다음의 극한값을 구하여라.

(1) $\lim_{x \to 0} \frac{1 - \cos x}{x^2 + 3x^3}$ (2) $\lim_{x \to \infty} \frac{x^3}{e^x}$

[풀이] (1) $\lim_{x \to 0} \frac{1 - \cos x}{x^2 + 3x^3} = \lim_{x \to 0} \frac{\sin x}{2x + 9x^2} = \lim_{x \to 0} \frac{\cos x}{2 + 18x} = \frac{1}{2}$

(2) $\lim_{x \to \infty} \frac{x^3}{e^x} = \lim_{x \to \infty} \frac{3x^2}{e^x} = \lim_{x \to \infty} \frac{6x}{e^x} = \lim_{x \to \infty} \frac{6}{e^x} = 0$

앞서 언급한 부정형의 극한 중에서 $0/0$ 나 ∞/∞ 와 같은 형태는 예제 3 에서와 같이 로피탈의 정리를 반복적으로 적용하여 극한값을 구할 수 있다. 이들을 제외한 나머지 $0 \times \infty$, $\infty - \infty$, 1^∞, 0^0, ∞^0 와 같은 형태의 부정형의 극한에 대해서는 아래와 같은 방법을 통하여 먼저 $0/0$ 또는 ∞/∞ 와 같은 부정형의 극한 형태로 변형시킨 후에 로피탈의 정리를 적용한다.

(1) $g(x)f(x)$ 가 $0 \times \infty$ 와 같은 부정형의 극한일 때에는

$$g(x)f(x) = \frac{g(x)}{\frac{1}{f(x)}}$$

와 같이 변형하면 $0/0$ 형태의 부정형의 극한이 된다.

(2) $f(x) - g(x)$ 가 $\infty - \infty$ 와 같은 부정형의 극한일 때에는

$$f(x) - g(x) = \frac{\frac{1}{g(x)} - \frac{1}{f(x)}}{\frac{1}{f(x)g(x)}}$$

와 같이 변형하면 0/0 형태의 부정형의 극한이 된다.

(3) $(f(x))^{g(x)}$ 가 1^{∞}, 0^0 또는 ∞^0 와 같은 부정형의 극한일 때에는 먼저

$$(f(x))^{g(x)} = e^{g(x)\ln f(x)}$$

와 같이 변형시킨 후에 이것의 지수부분 $g(x)\ln f(x)$ 에 (1)의 방법을 적용한다.

예 제 4. 다음의 극한값을 구하여라.

(1) $\displaystyle\lim_{x\to\pi/2}\left(x-\frac{\pi}{2}\right)\tan x$ (2) $\displaystyle\lim_{x\to 0}\left(\frac{2}{x}-\frac{2}{\sin x}\right)$ (3) $\displaystyle\lim_{x\to 0^+} x^x$

[풀이] (1) $0\times\infty$ 형태의 부정형이다. 따라서 $\left(x-\frac{\pi}{2}\right)\tan x = \dfrac{x-\frac{\pi}{2}}{\cot x}$ 로 변형하면 0/0 형태의 부정형의 극한이다. 그러므로

$$\lim_{x\to\frac{\pi}{2}}\left(x-\frac{\pi}{2}\right)\tan x = \lim_{x\to\frac{\pi}{2}}\frac{x-\frac{\pi}{2}}{\cot x} = \lim_{x\to\frac{\pi}{2}}\frac{1}{-\csc^2 x} = -1$$

이다.

(2) $\infty-\infty$ 형태의 부정형이다. 따라서 $\dfrac{2}{x}-\dfrac{2}{\sin x} = \dfrac{2(\sin x - x)}{x\sin x}$ 로 변형하면 0/0 형태의 부정형의 극한이다. 그러므로

$$\begin{aligned}\lim_{x\to 0}\left(\frac{2}{x}-\frac{2}{\sin x}\right) &= \lim_{x\to 0}\frac{2(\sin x - x)}{x\sin x} = \lim_{x\to 0}\frac{2(\cos x - 1)}{\sin x + x\cos x}\\ &= \lim_{x\to 0}\frac{-2\sin x}{2\cos x - x\sin x} = 0\end{aligned}$$

이다.

(3) 0^0 형태의 부정형이다. 따라서 $x^x = e^{x\ln x}$ 로 변형한 후에 이것의 지수부분에 극한을 취하면

$$\lim_{x\to 0^+} x\ln x = \lim_{x\to 0^+}\frac{\ln x}{\frac{1}{x}} = \lim_{x\to 0^+}\frac{\frac{1}{x}}{-\frac{1}{x^2}} = 0$$

을 얻는다. 그러므로 $\lim_{x \to 0^+} x^x = e^0 = 1$ 이다.

연습문제 2-4

1. $f(x) = x^3 - 6x + 5$ 는 구간 $[1, 4]$ 에서 평균값 정리의 가정을 모두 만족시킴을 보이고 그 정리를 만족하는 점 ξ 를 구하여라.

2. 다음 함수의 주어진 구간에서 평균값의 정리를 만족시키는 점 ξ 를 구하여라.

   (1) $f(x) = 3x^2, \quad [1, 2]$ (2) $f(x) = e^x, \quad [0, 2]$

3. $f(x) = |x - 1|$ 는 구간 $[0, 3]$ 에서 평균값 정리를 만족하는 ξ 가 존재하지 않음을 보이고 그 이유를 말하여라.

4. 평균값 정리를 이용하여 임의의 실수 x, y 에 대하여 $|\cos x - \cos y| \leq |x - y|$ 임을 보여라.

5. 평균값의 정리를 이용하여 다음의 근사값을 구하여라.

   (1) $\sqrt[3]{65}$ (2) $\sqrt{80}$ (3) $\sqrt[3]{61}$

6. 함수 $f(x)$ 가 정의역의 모든 점에서 미분가능일 때 로피탈의 정리를 적용하여 다음 등식이 성립함을 보여라.

   (1) $\displaystyle\lim_{x \to 2} \frac{f(x^2) - f(4)}{x - 2} = 4f'(4)$

(2) $\lim_{x\to 1} \frac{x^2 f(1) - f(x^2)}{x-1} = 2(f(1) - f'(1))$

7. 다음의 극한값을 구하여라.

(1) $\lim_{x\to 0} \frac{e^x - 10^x}{x}$ (2) $\lim_{x\to \frac{\pi}{4}} \frac{\cos x}{\tan x}$ (3) $\lim_{x\to 0} \frac{x - \sin x}{x^3}$

(4) $\lim_{x\to 0} x^{\tan \frac{\pi x}{2}}$ (5) $\lim_{x\to 0} (\cot x)^{\sin x}$ (6) $\lim_{x\to 0} \left(\frac{\sin x}{x}\right)^{1/x^2}$

(7) $\lim_{x\to 0^+} (1+x)^{\cot x}$ (8) $\lim_{x\to 0^+} (x + \sin x)$ (9) $\lim_{x\to 0^+} x \ln x$

2.5 함수의 극치

이 절에서는 도함수를 응용한 문제들에 관하여 다루는데 정리의 증명은 생략하도록 한다.

함수 $f(x)$ 가 구간 I 에서 정의되었다고 할 때, I 의 모든 점 $x \in I$ 에 대하여

$$f(x) \le f(x_M)$$

을 만족하는 x_M 이 I 내에 존재하면 함수 $f(x)$ 는 x_M 에서 **최댓값**(maximum value) $f(x_M)$ 을 갖는다고 하고, 마찬가지로 모든 $x \in I$ 에 대하여

$$f(x_m) \le f(x)$$

을 만족하는 x_m 가 I 내에 존재하면 함수 $f(x)$ 는 x_m 에서 **최솟값**(minimum value) $f(x_m)$ 을 갖는다고 한다.

구간 I 에서 정의된 함수가 최댓값이나 최솟값을 갖지 않을 경우도 있다. 예를 들어 $f(x) = 1/x$ 로 정의된 함수는 구간 $(0, 1]$ 에서 최댓값을 갖지 않으나 $f(1) = 1$ 인 최솟값은 갖는다. 그러나 구간 $(0, 1)$ 에서 $f(x)$ 는 최댓값과 최솟값을 모두 갖지 않는다.

다음 정리는 어떤 경우에 함수가 최댓값과 최솟값을 동시에 갖는지 보여주고 있다.

정 리 2.5.1. 함수 $f(x)$ 가 폐구간 $[a, b]$ 에서 연속이면, $f(x)$ 는 $[a, b]$ 에서 최댓값과 최솟값을 갖는다.

함수 $f(x)$ 의 정의역에 속하는 한 점 $x = x_0$ 에서 $f'(x_0) = 0$ 이거나 혹은 $f'(x_0)$ 가 정의되지 않는 점일 때 점 $x = x_0$ 를 함수 $f(x)$ 의 **임계점**(critical point)이라고 한다.

함수 $f(x)$ 가 점 $x = x_0$ 를 포함하는 어떤 구간 $(x_0-\delta, x_0+\delta)$ 내의 모든 점 x 에 대하여 $f(x) \le f(x_0)$ 을 만족하면 함수 $f(x)$ 는 점 $x = x_0$ 에서 **극댓값**(relative maximum value) $f(x_0)$ 를 갖는다고 하고, 반면에 점 $x = x_0$ 를 포함하는 어떤 구간 $(x_0 - \delta, x_0 + \delta)$ 내의 모든 점 x 에 대하여 $f(x_0) \le f(x)$ 를 만족하면 함수 $f(x)$ 는 점 $x = x_0$ 에서 **극솟값**(relative minimum value) $f(x_0)$ 를 갖는다고 한다. 또한 극댓값과 극솟값을 **극값**(extreme value)이라고 한다(그림 2-3).

정 리 2.5.2. 함수 $f(x)$ 가 $x = x_0$ 에서 극대 또는 극소가 되고 $f'(x_0)$ 가 존재하면 $f'(x_0) = 0$ 이다.

위의 정리 2.5.2 에서 보는 바와 같이 미분가능인 함수 $f(x)$ 가 극값을 갖는 점 $x = x_0$ 에서는 반드시 $f'(x_0) = 0$ 이지만 다음 예제에서 보듯이 점 $x = x_0$ 에서

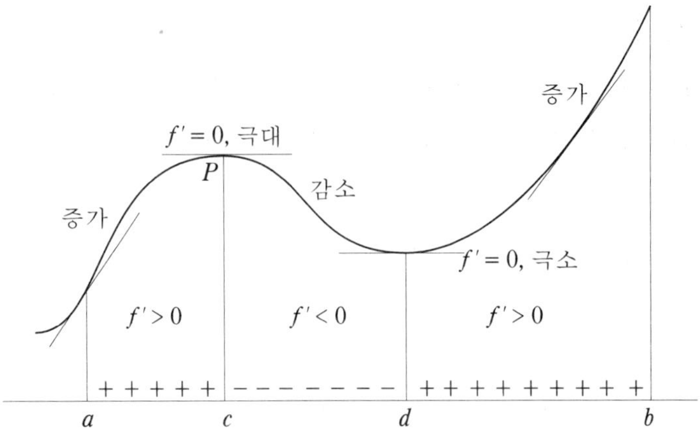

[그림 2-3]

$f'(x_0) = 0$ 을 만족시킨다고 해서 반드시 $x = x_0$ 에서 극값을 갖지는 않는다.

예 제 1. 함수 $f(x) = x^3$ 은 모든 점에서 미분가능하고 $f'(0) = 0$ 이지만, $x = 0$ 에서 극값을 갖지 않는다.

정리 2.5.2 를 이용하면 폐구간 $[a, b]$ 에서 정의된 연속함수의 최댓값과 최솟값을 구할 수 있다. 즉, (a, b) 에서 임계점을 구하고, 임계점에서의 함수값과 $f(a)$, $f(b)$ 를 비교함으로써 구할 수 있다.

예 제 2. $[0, 2]$ 에서 정의된 함수 $f(x) = -x^3 + 3x$ 의 최댓값과 최솟값을 구하여라.

[풀이] 함수 $f(x) = -x^3 + 3x$ 는 $[0, 2]$ 에서 연속함수이므로 정리 2.5.1 에 의하여 최댓값과 최솟값을 갖는다. 구간 $(0, 2)$ 에서 $f(x)$ 는 미분가능하고 $f'(x) = -3(x^2 - 1)$ 이다. 따라서 구간 $(0, 2)$ 에서 $f(x)$ 의 임계점은 $x = 1$ 이다. 따라서 $f(x)$ 의 최댓값과 최솟값은 $x = 0$, $x = 1$, $x = 2$ 의 함수값 중에서 존재한다. 그런데

$$f(0) = 0, \qquad f(1) = 2, \qquad f(2) = -2$$

이므로 최댓값은 $f(1) = 2$ 이고 최솟값은 $f(2) = -2$ 임을 알 수 있다.

함수 $f(x)$ 가 구간 I 에 있는 임의의 두 점 x_1, x_2 에 대하여

$$x_1 < x_2 \text{ 이면 } \ f(x_1) < f(x_2)$$

일 때 $f(x)$ 는 I 에서 **증가**(increasing)한다고 하고, I 에 있는 임의의 두 점 x_1, x_2 에 대하여

$$x_1 < x_2 \text{ 이면 } \ f(x_1) > f(x_2)$$

를 만족할 때 $f(x)$ 는 I 에서 **감소**(decreasing)한다고 한다. 예를 들면, 그림 2-4에서 함수 $f(x) = x^2$ 은 $(-\infty, 0)$ 에서 감소한다. 반면에, 함수 $f(x) = x^3$ 은 $(-\infty, \infty)$ 에서 증가한다.

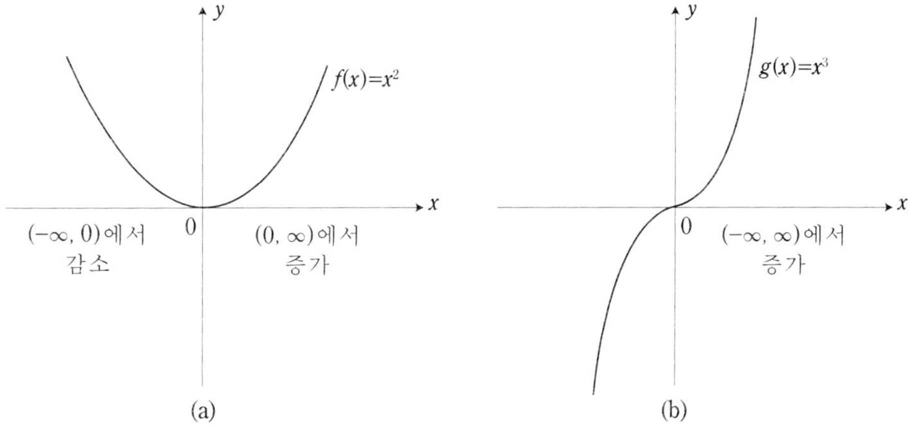

[**그림 2-4**]

정 리 2.5.3. 함수 $f(x)$ 가 폐구간 $[a, b]$ 에서 연속이고, 개구간 (a, b) 에서 미분가능이라 하자.

(1) (a, b) 내의 모든 x 에 대하여 $f'(x) > 0$ 이면 $f(x)$ 는 $[a, b]$ 에서 증가한다.

(2) (a, b) 내의 모든 x 에 대하여 $f'(x) < 0$ 이면 $f(x)$ 는 $[a, b]$ 에서 감소한다.

(3) (a, b) 내의 모든 x 에 대하여 $f'(x) = 0$ 이면 $f(x)$ 는 $[a, b]$ 에서 상수함수이다.

예 제 3. 함수 $f(x) = 2x^3 + 3x^2 - 12x - 3$ 이 증가하는 구간과 감소하는 구간을 구하여라.

[**풀이**] 주어진 함수의 1계 도함수는 $f'(x) = 6x^2 + 6x - 12 = 6(x+2)(x-1)$ 이므로, $f'(x) > 0$ 이면 $x < -2$ 또는 $x > 1$ 이다. 따라서 $x < -2$ 또는 $x > 1$ 에서 함수 $f(x)$ 는 증가한다. 또한 $f'(x) < 0$ 이면 $-2 < x < 1$ 이다. 따라서 $-2 < x < 1$ 에서 함수 $f(x)$ 는 감소한다.

정 리 2.5.4. [**일계 도함수 판정법**] 함수 $f(x)$ 가 c 를 포함하는 구간 $[a, b]$ 에서 연속이고 c 는 $f(x)$ 의 임계점이라 하자.

(1) $a < x < c$ 에 대하여 $f'(x) > 0$ 이고 $c < x < b$ 에 대하여 $f'(x) < 0$ 이면, $f(c)$ 는 함수 $f(x)$ 의 극댓값이다.

(2) $a < x < c$ 에 대하여 $f'(x) < 0$ 이고 $c < x < b$ 에 대하여 $f'(x) > 0$ 이면, $f(c)$ 는 함수 $f(x)$ 의 극솟값이다.

(3) $f'(x)$ 가 c 의 양측에서 부호가 같으면, 함수 $f(x)$ 는 c 에서 극값을 갖지 않는다.

예 제 4. 함수 $f(x) = 2x^3 + 3x^2 + 2$ 의 극값을 구하여라.

[**풀이**] 주어진 함수의 1계 도함수는

$$f'(x) = 6x^2 + 6x = 6x(x+1)$$

이므로 $f'(x) = 0$ 인 점은 $x = 0,\ \ x = -1$ 이다.

x		-1		0	
$f'(x)$	$+$	0	$-$	0	$+$
$f(x)$	↗	극댓값	↘	극솟값	↗

위의 표에 의하여 $x = -1$ 에서 극댓값 $f(-1) = 3$ 을 갖고 $x = 0$ 에서 극솟값 $f(0) = 2$ 을 가짐을 알 수 있다.

정 리 2.5.5. [**이계 도함수 판정법**] 함수 $f(x)$ 가 c 의 근방에서 두 번 미분가능하고 $f'(c) = 0$ 이라 하자.

(1) $f''(c) < 0$ 이면 $f(c)$ 는 $f(x)$ 의 극댓값이다.

(2) $f''(c) > 0$ 이면 $f(c)$ 는 $f(x)$ 의 극솟값이다.

예 제 5. 함수 $f(x) = 2x^3 - 9x^2 + 5$ 의 극댓값과 극솟값을 구하여라.

[**풀이**] 함수 $f(x)$ 에 대하여 $f'(x) = 6x^2 - 18x = 6x(x-3)$, $f''(x) = 12x - 18 = 6(2x-3)$ 이므로 $f'(x) = 0$ 인 점은 $x = 0$ 과 $x = 3$ 이다. 그런데 $f''(0) = -18 < 0$ 이므로 $x = 0$ 에서 극댓값 $f(0) = 5$ 을 갖고, $f''(3) = 18 > 0$ 이므로 $x = 3$ 에서 극솟값 $f(3) = -22$ 을 갖는다.

[참 고] 1. 함수 $f(x)$ 의 극값을 얻고자 할 때 $f'(c) = 0$ 이고 $f''(c) = 0$ 인 경우는 이계 도함수 판정법을 사용할 수 없다. 이 경우는 $f(x)$ 가 c 에서 극솟값 또는 극댓값을 갖거나 둘 다 갖지 않을 수도 있다(그림 2-5(a), (b)).

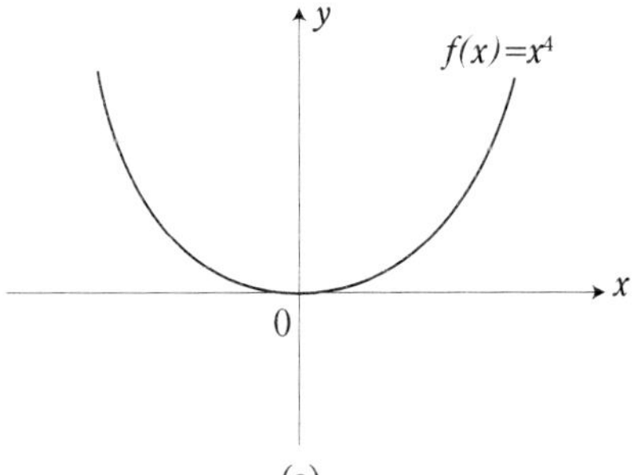

(a)

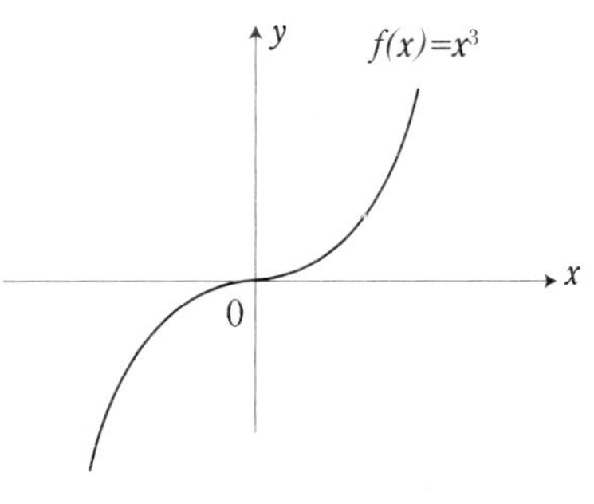

(b)

[**그림 2-5**]

수학이나 수학의 응용분야에서 어떤 양의 최댓값이나 최솟값을 구해야 하는 문제가 나타난다. 이제 이와 같은 응용문제들을 다루어 보자. 정리 2.5.1 에서 $f(x)$ 가 폐구간 $[a, b]$ 에서 연속함수일 때, $f(x)$ 는 최댓값과 최솟값을 갖는다는 것을 알았다. 더욱이 이 값들은 구간의 양 끝점 a, b 또는 (a, b) 내의 임계점들에서만 나타난다는 것을 알 수 있다.

예 제 6. 광고지에 $490\,\mathrm{cm}^2$ 에 해당하는 광고내용을 직사각형으로 인쇄하려고 한다. 이 때 광고지의 위쪽과 아래쪽은 각각 $2\,\mathrm{cm}$ 의 여백을, 좌우는 각각 $5\,\mathrm{cm}$ 의 여백이 있게 하고 싶다. 이 때 종이의 사용을 최소화하는 광고지의 크기를 구하여라.

[**풀이**] 광고지의 가로를 $y\,\mathrm{cm}$ 세로를 $x\,\mathrm{cm}$ 라 두면 광고지의 면적 A 는

$$A = xy$$

로 나타낼 수 있다. 인쇄할 부분은 한 변이 각각 $x-4$ 와 $y-10$ 인 직사각형이므로

$$(x-4)(y-10) = 490, \qquad x > 4, \quad y > 10$$

이다. 따라서

$$y = \frac{490}{x-4} + 10, \qquad x > 4$$

이다. A 를 x 의 식으로 표현하면

$$A(x) = x\left(\frac{490}{x-4} + 10\right) = \frac{490x}{x-4} + 10x, \qquad x > 4$$

와 같다. $x > 4$ 에서 A 는 미분가능이고

$$A'(x) = \frac{10(x-18)(x+10)}{(x-4)^2}, \qquad x > 4$$

이다. 따라서 $A'(x) = 0$ 인 점은 $x = -10$ 또는 $x = 18$ 이다. $x > 4$ 이므로 $x = 18$ 만을 생각한다. $x = 18$ 의 근방에서 $A'(x)$ 의 부호가 음수에서 양수로 변

하므로 A 는 $x = 18$ 에서 극솟값을 갖는다. 따라서 $x = 18\,\mathrm{cm}$, $y = 45\,\mathrm{cm}$ 일 때 A 는 최솟값 $810\,\mathrm{cm}^2$ 를 갖는다.

예 제 7. 반경 r, 높이 h 인 직원뿔에 내접하는 원기둥 가운데 체적이 가장 큰 것의 높이를 구하여라.

[**풀이**] 내접하는 원기둥의 반경과 높이를 각각 x, y 라 하고 원기둥의 체적을 V 라 놓으면

$$V = \pi x^2 y$$

이다. 삼각형의 닮음비를 이용하면

$$\frac{x}{r} = \frac{h-y}{h}, \quad \text{즉} \quad y = \frac{h}{r}(r-x)$$

를 얻는다. V 를 하나의 변수 x 만으로 나타내면

$$V = \pi x^2 y = \pi x^2 \left(\frac{h}{r}(r-x)\right) = \frac{\pi h}{r}(rx^2 - x^3), \qquad 0 \le x \le r$$

이다. $[0, r]$ 에서 V 의 최댓값을 구하기 위하여 $(0, r)$ 에서 V 의 임계점을 구하자.

$$V'(x) = \frac{\pi h}{r}(2rx - 3x^2) = \frac{\pi h}{r}x(2r - 3x)$$

이므로 $V'(x) = 0$ 인 점은 $x = 0$, $x = \frac{2}{3}r$ 이다. 따라서 개구간 $(0, r)$ 에서 V 의 임계점은 $x = \frac{2}{3}r$ 이다. 또한

$$V''(x) = \frac{\pi h}{r}(2r - 6x)$$

이므로

$$V''\left(\frac{2}{3}r\right) = \frac{\pi h}{r}(2r - 4r) = -2\pi h < 0$$

이다. 따라서 $V\left(\frac{2}{3}r\right)$ 은 극댓값이다. $0 \le x \le r$ 에서는 극댓값 $V\left(\frac{2}{3}r\right)$ 이 최댓값

이 된다. 따라서 $x = \frac{2}{3}r$ 에서 V 는 최댓값을 가지므로, 구하고자 하는 높이는

$$y = \frac{h}{r}\left(r - \frac{2}{3}r\right) = \frac{h}{3}$$

이다(그림 2-6).

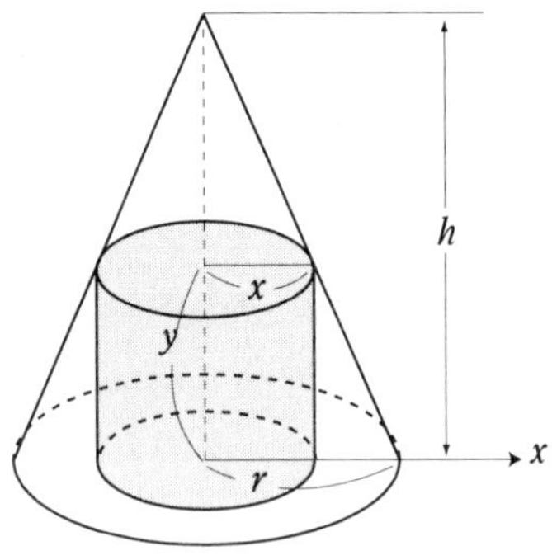

[**그림 2-6**]

예 제 8. 반지름이 r 인 구의 체적을 V 라 하자. 반지름이 초당 0.1 cm 씩 증가한다면 반지름이 5 cm 일 때 구의 체적은 초당 몇 cm^3 로 증가하는가?

[**풀이**] 반지름이 r 인 구의 체적은 $V = \dfrac{4}{3}\pi r^3$ 이다. 이 식을 시간 t 에 대하여 미분하면

$$\frac{dV}{dt} = 4\pi r^2 \cdot \frac{dr}{dt}$$

이다. $r = 5,\quad \dfrac{dr}{dt} = 0.1$ 이므로

$$\frac{dV}{dt} = 4\pi \cdot 5^2 \cdot 0.1 = 10\pi$$

이다. 따라서 체적 V 는 초당 $10\pi\,\text{cm}^3$ 로 증가한다.

함수 $f(x)$ 가 미분가능하고 점 $P(a,\, f(a))$ 를 곡선 $y = f(x)$ 위의 한 점이라 하자. 만일 적당한 실수 $\delta > 0$ 가 있어서 $0 < |x - a| < \delta$ 인 모든 x 에 대하여 점 $Q(x,\, f(x))$ 가 P 에서의 곡선에 대한 접선의 위쪽에 있으면 곡선 $y = f(x)$ 는 점 P 에서 **위로 오목**(concave up)하다고 하고(그림 2-7(a)), 반대로 접선의 아래쪽

에 있으면 곡선은 점 P 에서 **아래로 오목**(concave down)하다고 말한다(그림 2-7(b)). 또 곡선 $y = f(x)$ 가 곡선 위의 어떤 점 P 의 한쪽에서는 위로 오목하고, 다른 한쪽에서는 아래로 오목하면, 즉 점 P 의 좌우에서 곡선의 오목의 방향이 바뀌면 P 를 곡선 $y = f(x)$ 의 **변곡점**(inflection point)이라 한다(그림 2-7(c)).

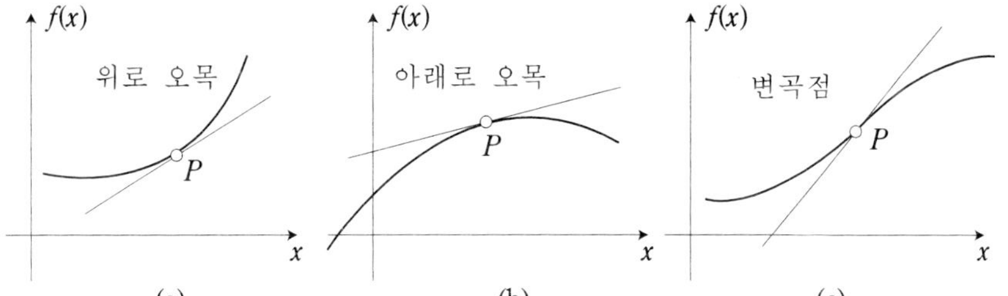

(a) (b) (c)

[그림 2-7]

다음 정리는 2계 도함수를 이용하여 곡선의 오목성을 판정할 수 있는 방법을 말해준다.

정 리 2.5.6. 함수 $f(x)$ 가 점 c 를 포함하는 어떤 개구간 I 에서 미분가능하고 $f''(c)$ 가 존재할 때

(1) $f''(c) > 0$ 이면 곡선 $y = f(x)$ 는 점 $(c,\, f(c))$ 에서 위로 오목하고

(2) $f''(c) < 0$ 이면 곡선 $y = f(x)$ 는 점 $(c,\, f(c))$ 에서 아래로 오목하다.

(3) 점 $(c,\, f(c))$ 가 변곡점이면 $f''(c) = 0$ 이다.

예 제 9. 곡선 $y = \frac{1}{3}x^3 - x^2 + 2$ 가 위로 오목한 구간과 아래로 오목한 구간을 구하여라. 또 곡선의 변곡점을 구하여라.

[**풀이**] 주어진 함수에 대하여 $y' = x^2 - 2x$, $y'' = 2x - 2 = 2(x-1)$ 이므로 $x < 1$ 일 때 $y'' < 0$ 이고, $x > 1$ 일 때 $y'' > 0$ 이다. 따라서 주어진 곡선은 $x < 1$ 인 점에서 아래로 오목하고, $x > 1$ 인 점에서 위로 오목하다. 또한 $x = 1$ 일 때 변곡점 $P(1,\, 4/3)$ 를 얻는다(그림 2-8).

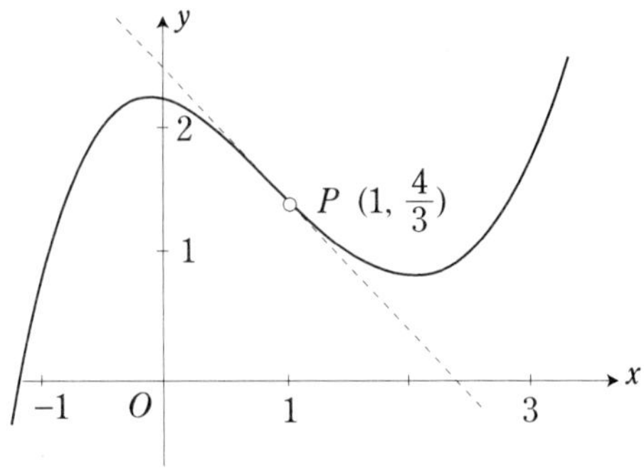

[그림 2-8]

예 제 10. $f(x) = 3x^4 - 4x^3$ 의 극값을 이용하여 그래프의 오목볼록을 그려라.

[**풀이**] 주어진 함수에 대하여 $f'(x) = 12x^3 - 12x^2 = 12x^2(x-1)$, $f''(x) = 36x^2 - 24x$ 이므로, $f'(x) = 0$ 인 점은 $x = 0$, $x = 1$ 이다. 따라서 $f''(1) = 12 > 0$ 이므로 극솟값 $f(1) = -1$ 을 갖는다. 그러나 $f''(0) = 0$ 이므로 이계 도함수 판정법은 사용할 수 없다. 따라서 일계 도함수 판정법을 사용하자. $x < 0$ 일 때 $f'(x) < 0$ 이고, $0 < x < 1$ 일 때도 $f'(x) < 0$ 이므로 $f(x)$ 는 $x = 0$ 에서 극값을 갖지 않는다. $f'(0) = 0$ 이고 0을 제외한 $(-\infty, 1)$ 에서 $f'(x) < 0$ 이므로 $f(x)$ 는 $(-\infty, 1)$ 에서 감소한다(그림 2-9).

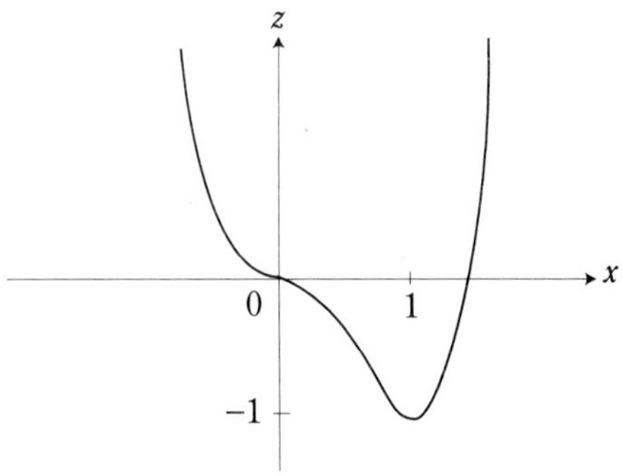

$f(x)=3x^4-4x^3$

[그림 2-9]

[참 고] 2. $f''(c) = 0$ 은 $(c, f(c))$ 가 변곡점이기 위한 필요조건이지만 충분조건은 되지 않는다. 예를 들면, 함수 $f(x) = x^4$ 은 $f''(0) = 0$ 인 조건을 만족하나 점 $(0, 0)$ 은 주어진 곡선의 변곡점이 아니다.

움직이는 어떤 물체의 위치 s는 시간 t에 따라 변하게 된다. 일정한 시간 Δt 사이에 물체의 위치가 Δs 만큼 변한다면 $\frac{\Delta s}{\Delta t}$는 단지 물체의 평균속도를 의미하게 되고, 여기서 $\Delta t \to 0$일 때

$$\lim_{\Delta t \to 0} \frac{\Delta s}{\Delta t}$$

는 물체의 순간속도를 나타내게 된다. 즉, 위치 s의 시간 t에 대한 변화율이 **속도**(velocity)(또는 순간 속도(instantaneous velocity))인 것이다. 따라서 순간속도 v는 시간에 대한 위치의 도함수이고

$$v = \frac{ds}{dt} = \lim_{\Delta t \to 0} \frac{s(t+\Delta t) - s(t)}{\Delta t}$$

로 주어진다. **속력**(speed)은 속도의 절대값 $|v|$을 의미한다. 또한 속도 v의 시간 t에 대한 변화율

$$v' = \frac{dv}{dt} = \lim_{\Delta t \to 0} \frac{v(t+\Delta t) - v(t)}{\Delta t}$$

을 **가속도**(acceleration)라 한다.

예 제 11. 수직선 위의 동점 P의 좌표가 시각 t의 함수로서 $x(t) = 2t^3 - 6t^2 + 4t$로 주어진다고 하자.

(1) 시각 $t = 1$에서의 속도 및 가속도를 구하여라.

(2) 수직선상의 원점을 통과할 때의 속도를 구하여라.

[**풀이**] (1) $x(t) = 2t^3 - 6t^2 + 4t$에 대하여

$$x'(t) = 6t^2 - 12t + 4, \qquad x''(t) = 12(t-1)$$

이므로 $t = 1$일 때 속도는 $x'(1) = -2$이고, 가속도는 $x''(1) = 0$이다.

(2) 원점을 통과할 때의 시각 t는 방정식 $2t^3 - 6t^2 + 4t = 0$으로부터 $t = 0$, $t = 1$, $t = 2$임을 알 수 있다. 따라서

$t = 0$일 때의 속도는 $x'(0) = 4$,

$t = 1$ 일 때의 속도는 $x'(1) = -2$,

$t = 2$ 일 때의 속도는 $x'(2) = 4$

이다.

예 제 12. 길이가 10 m 인 사다리가 수직인 벽면에 기대어 있다. 사다리의 밑을 벽면으로부터 매초 5 cm 의 속력으로 수평으로 잡아당길 때, 사다리의 밑이 벽에서 6 m 떨어질 때의 사다리의 위쪽 끝이 내려오는 속력을 구하라.

[**풀이**] t 초 후에 사다리의 밑이 벽에서 떨어진 거리를 x m 라하고, 사다리의 위쪽 끝에서 지면까지의 거리를 y m 라 놓으면 피타고라스의 정리에 의하여 x 와 y 사이에

$$x^2 + y^2 = 10^2$$

인 관계식이 성립한다. x 와 y 는 시각 t 의 함수이므로 위 식의 양변을 t 에 관하여 미분하면

$$2x\frac{dx}{dt} + 2y\frac{dy}{dt} = 0$$

이다. 문제의 조건에서 $\dfrac{dx}{dt} = 0.05$ 이고, $x = 6$ 일 때 $y = 8$ 이므로

$$2 \cdot 6 \cdot 0.05 + 2 \cdot 8 \cdot \frac{dy}{dt} = 0$$

로부터

$$\frac{dy}{dt} = -\frac{3}{80} = -0.0375$$

을 얻는다. 따라서 사다리의 위쪽 끝이 내려오는 속력은 3.75 cm/sec 이다.

연습문제 2-5

1. 주어진 함수들에 대하여 함수가 증가 또는 감소하는 구간 및 극댓값과 극솟값을 구하여라.

(1) $f(x) = x^3 + x + 5$ (2) $f(x) = x^{\frac{1}{5}}(x+1)$

(3) $f(x) = \sin x + \cos x$ (4) $f(x) = \dfrac{1+x^3}{x}$

2. 주어진 함수의 최댓값과 최솟값 및 극댓값과 극솟값을 구하여라.

(1) $f(x) = x^{\frac{2}{3}},\ -1 \le x \le 1$ (2) $f(x) = |4x-1|,\ 0 \le x \le 2$

3. 함수 $f(x) = x^3 + ax^2 + bx + 1$ 가 $x = -1$ 에서 극솟값, $x = -3$ 에서 극댓값을 가질 때 a 와 b 의 값을 구하여라.

4. 다음 함수에 대하여 극값과 변곡점, 위로 오목과 아래로 오목인 구간을 구하여라.

(1) $f(x) = x^3 + x$ (2) $f(x) = x + \sin x$

(3) $f(x) = x^4 - 6x^2$ (4) $f(x) = (x+1)^3$

5. 함수 $f(x) = x|x|$ 는 $(0, 0)$ 에서 변곡점을 갖지만, $f''(0)$ 는 존재하지 않음을 보여라.

6. 반지름이 R 인 구에 내접하는 원기둥 중에서 부피가 최대가 되는 원기둥의 반지름 r 과 높이 h 를 구하여라.

7. 기체가 둥근 기구 안으로 불어넣어질 때 기구의 부피는 $100\,\mathrm{cm}^3/\mathrm{sec}$ 의 비율로 증가한다. 이 기구의 직경이 $50\,\mathrm{cm}$ 일 때 기구의 반지름은 얼마나 빨리 증가하는지를 구하여라.

8. x 축 위를 움직이는 점 P 의 시각 t 에서의 위치 x 가 다음 식으로 나타내어진다고 한다.

$$x = \frac{1}{3}t^3 - 3t^2 + 5t$$

$t = 1$ 일 때 속도 및 가속도를 구하여라.

제 2 장 연습문제 풀이

연습문제 2-1 풀이

1. (1) 도함수의 정의로부터

$$\begin{aligned} f'(x) &= \lim_{\Delta x \to 0} \frac{f(x+\Delta x)-f(x)}{\Delta x} \\ &= \lim_{\Delta x \to 0} \frac{\sqrt{3(x+\Delta x)}-\sqrt{3x}}{\Delta x} \\ &= \lim_{\Delta x \to 0} \frac{\left(\sqrt{3(x+\Delta x)}-\sqrt{3x}\right)\left(\sqrt{3(x+\Delta x)}+\sqrt{3x}\right)}{\Delta x\left(\sqrt{3(x+\Delta x)}+\sqrt{3x}\right)} \\ &= \lim_{\Delta x \to 0} \frac{3(x+\Delta x)-3x}{\Delta x\left(\sqrt{3(x+\Delta x)}+\sqrt{3x}\right)} \\ &= \lim_{\Delta x \to 0} \frac{3}{\sqrt{3(x+\Delta x)}+\sqrt{3x}} \\ &= \frac{3}{2\sqrt{3x}} \end{aligned}$$

이다.

(2) 도함수의 정의에 의하여

$$\begin{aligned} f'(x) &= \lim_{\Delta x \to 0} \frac{f(x+\Delta x)-f(x)}{\Delta x} \\ &= \lim_{\Delta x \to 0} \frac{((x+\Delta x)^2-2(x+\Delta x))-(x^2-2x)}{\Delta x} \\ &= \lim_{\Delta x \to 0} (\Delta x + 2x - 2) \\ &= 2x-2 \end{aligned}$$

이다.

(3) 도함수의 정의에 의하여

$$\begin{aligned} f'(x) &= \lim_{\Delta x \to 0} \frac{f(x+\Delta x)-f(x)}{\Delta x} \\ &= \lim_{\Delta x \to 0} \frac{\sqrt{2-(x+\Delta x)}-\sqrt{2-x}}{\Delta x} \\ &= \lim_{\Delta x \to 0} \frac{(\sqrt{2-(x+\Delta x)}-\sqrt{2-x})(\sqrt{2-(x+\Delta x)}+\sqrt{2-x})}{\Delta x(\sqrt{2-(x+\Delta x)}+\sqrt{2-x})} \\ &= \lim_{\Delta x \to 0} \frac{-1}{\sqrt{2-x-\Delta x}+\sqrt{2-x}} \\ &= -\frac{1}{2\sqrt{2-x}} \end{aligned}$$

이다.

2. (1) 주어진 함수 $f(x)$ 에 대하여

$$\begin{aligned} f'(0) &= \lim_{\Delta x \to 0} \frac{f(0+\Delta x)-f(0)}{\Delta x} \\ &= \lim_{\Delta x \to 0} \frac{(\Delta x)^2 \sin \frac{1}{\Delta x}}{\Delta x} \\ &= \lim_{\Delta x \to 0} \left(\Delta x \sin \frac{1}{\Delta x}\right) \\ &= 0 \end{aligned}$$

이므로 $x=0$ 에서 미분가능이고 $f'(0)=0$ 임을 알 수 있다.

(2) 주어진 함수 $f(x)$ 에 대하여 $x=0$ 에서 미분가능이기 위해서는 극한

$$\lim_{\Delta x \to 0} \frac{f(0+\Delta x)-f(0)}{\Delta x} = \lim_{\Delta x \to 0} \left(\frac{1}{\Delta x} \sin \frac{1}{\Delta x}\right)$$

이 존재해야 한다. 그러나 위의 극한은 존재하지 않기 때문에 주어진 함수 $f(x)$ 는 $x=0$ 에서 미분불가능이다.

3. (1) 주어진 함수 $f(x)$ 에 대하여 $x=1$ 에서의 좌미분계수는

$$f'_{-}(1) = \lim_{\Delta x \to 0^-} \frac{(1+\Delta x)^2 - 1}{\Delta x} = \lim_{\Delta x \to 0^-} (\Delta x + 2) = 2$$

이고, 우미분계수는

$$f'_{+}(1) = \lim_{\Delta x \to 0^+} \frac{(1+\Delta x)^3 - 1}{\Delta x} = \lim_{\Delta x \to 0^+} \left(3 + 3\Delta x + (\Delta x)^2\right) = 3$$

이다. 따라서 $f'_{-}(1) \neq f'_{+}(1)$ 이므로 $f'(1)$ 은 존재하지 않는다.

(2) 주어진 함수 $f(x)$ 에 대하여 $x=1$ 에서의 좌미분계수는

$$f'_{-}(1) = \lim_{\Delta x \to 0^-} \frac{((1+\Delta x) - 1)^2 - 0}{\Delta x} = \lim_{\Delta x \to 0^-} \Delta x = 0$$

이고, 우미분계수는

$$f'_{+}(1) = \lim_{\Delta x \to 0^+} \frac{((1+\Delta x) - 1)^3 - 0}{\Delta x} = \lim_{\Delta x \to 0^+} (\Delta x)^2 = 0$$

이다. 따라서 $f'_{-}(1) = f'_{+}(1) = 0$ 이므로 $f'(1) = 0$ 으로 존재한다.

4. (1) 주어진 함수 $f(x)$ 에 대하여

$$f'(x) = \lim_{\Delta x \to 0} \frac{\sqrt{x+\Delta x} - \sqrt{x}}{\Delta x} = \lim_{\Delta x \to 0} \frac{1}{\sqrt{x+\Delta x} + \sqrt{x}} = \frac{1}{2\sqrt{x}}$$

이므로, 접선의 기울기는 $f'(4) = 1/4$ 이다. 따라서 접선의 방정식은 기울기가 $1/4$ 이고 점 $(4, 2)$ 을 지나는 직선의 식으로

$$y - 2 = \frac{1}{4}(x-4), \quad \text{즉} \quad y = \frac{1}{4}x + 1$$

이다. 또한 법선의 방정식은 기울기가 -4 이고 점 $(4, 2)$

을 지나는 직선의 식으로

$$y - 2 = -4(x - 4), \quad \text{즉} \quad y = -4x + 18$$

이다.

(2) 주어진 함수 $f(x)$ 에 대하여

$$f'(x) = \lim_{\Delta x \to 0} \frac{-1}{(x + \Delta x - 1)(x - 1)} = -\frac{1}{(x-1)^2}$$

이므로, 구하려는 접선의 방정식은 점 $(3, 1/2)$ 을 지나면서 기울기가 $f'(3) = -1/4$ 이므로

$$y - \frac{1}{2} = -\frac{1}{4}(x - 3), \quad \text{즉} \quad y = -\frac{1}{4}x + \frac{5}{4}$$

이다. 또한 법선의 방정식은 기울기가 4 이고 점 $(3, 1/2)$을 지나는 직선의 식으로

$$y - \frac{1}{2} = 4(x - 3), \quad \text{즉} \quad y = 4x - \frac{23}{2}$$

이다.

5. (1) 함수 $f(x)$ 가 정의역의 모든 점에서 미분가능이므로

$$\begin{aligned}\lim_{x \to 2} \frac{f(x^2) - f(4)}{x - 2} &= \lim_{x \to 2} \frac{f(x^2) - f(4)}{x^2 - 4}(x + 2) \\ &= \lim_{x \to 2} \frac{f(x^2) - f(4)}{x^2 - 4} \cdot \lim_{x \to 2}(x + 2) \\ &= 4f'(4)\end{aligned}$$

이다.

(2) 함수 $f(x)$ 가 정의역의 모든 점에서 미분가능이므로

$$\begin{aligned}\lim_{x\to1}\frac{x^2f(1)-f(x^2)}{x-1} &= \lim_{x\to1}\frac{x^2f(1)-f(1)+f(1)-f(x^2)}{x-1}\\ &= \lim_{x\to1}\left[\frac{(x^2-1)f(1)}{x-1}-\frac{f(x^2)-f(1)}{x^2-1}(x+1)\right]\\ &= 2(f(1)-f'(1))\end{aligned}$$

이다.

연습문제 2-2 풀이

1. (1) $f'(x)=3\sqrt{x}+4x+\dfrac{15}{2}x^{\frac{3}{2}}+9x^2$

(2) $f'(x)=-\dfrac{8(x+1)^3}{(x-1)^5}$

(3) $f'(x)=\dfrac{-2x-1}{3(x-1)(x+1)^{\frac{2}{3}}\sqrt{-1+x^2}}$

(4) $f'(x)=\dfrac{4x}{3(x^2+1)^{\frac{1}{3}}}$

(5) $f'(x)=16(x-1)^2(x+2)^3(7x+2)$

(6) $f'(x)=\dfrac{2+\frac{x}{\sqrt{1+x^2}}}{2\sqrt{2x+\sqrt{1+x^2}}}$

2. (1) 음함수 미분법에 의하여

$$2x-y-xy'+2yy'=0,\qquad (x-2y)y'=2x-y,\qquad y'=\frac{2x-y}{x-2y}$$

이다.

(2) 음함수 미분법에 의하여

$$3x^2+3y^2y'=3y+3xy',\qquad x^2+y^2y'=y+xy',\qquad y'=\frac{y-x^2}{y^2-x}$$

이다.

(3) 음함수 미분법에 의하여

$$2a^2x + 2b^2yy' = 0, \qquad a^2x + b^2yy' = 0, \qquad y' = -\frac{a^2x}{b^2y}$$

이다.

(4) 음함수 미분법에 의하여

$$\frac{y + xy'}{2\sqrt{xy}} = 2xy + x^2y', \qquad y + xy' = 2\sqrt{xy}(2xy + x^2y')$$

이다. 따라서 $y' = \dfrac{y - 4xy\sqrt{xy}}{2x^2\sqrt{xy} - x}$ 이다.

(5) 음함수 미분법에 의하여

$$\frac{y'(x - y) - y(1 - y')}{(x - y)^2} = 2x, \qquad y'(x - y) - y + yy' = 2x(x - y)^2$$

이다. 따라서 $y' = \dfrac{y}{x} + 2(x - y)^2$ 이다.

(6) 음함수 미분법에 의하여

$$4y^3y' + 2xy^2 + 2x^2yy' + x^4y' + 4x^3y = y', \qquad y' = -\frac{2xy(y + 2x^2)}{4y^3 + 2x^2y + x^4 - 1}$$

이다.

3. 음함수 미분법을 적용하면

$$6x^2 - 6yy' = 0, \quad 즉 \quad x^2 - yy' = 0$$

이다. 여기에 음함수 미분법을 한번 더 적용하면

$$2x - (y')^2 - yy'' = 0$$

이다. 따라서 $y \neq 0$ 일 때 $y' = x^2/y$ 이므로

$$y'' = \frac{1}{y}(2x - (y')^2) = \frac{1}{y}\left(2x - \left(\frac{x^2}{y}\right)^2\right) = \frac{2xy^2 - x^4}{y^3}$$

이다.

4. (1) $\dfrac{dy}{dt} = \dfrac{dy}{dx}\dfrac{dx}{dt} = \dfrac{(x+1)-(x-1)}{(x+1)^2}\dfrac{2t}{2\sqrt{1+t^2}} = \dfrac{2t}{\sqrt{1+t^2}\left(1+\sqrt{1+t^2}\right)^2}$

(2) $\dfrac{dy}{dt} = \dfrac{dy}{dx}\dfrac{dx}{dt} = 3(x^2+x+1)^2(2x+1)\dfrac{1}{2\sqrt{t}} = \dfrac{3(t+\sqrt{t}+1)^2(2\sqrt{t}+1)}{2\sqrt{t}}$

5. (1) 음함수 미분법을 적용하면

$$2(y-x)(y'-1) = 2, \quad \text{즉} \quad y' = \frac{1}{y-x} + 1$$

이므로, 접선의 기울기는 $y'_{(6,\,2)} = 3/4$ 이다. 따라서 접선의 방정식은 기울기가 3/4 이고 점 (6, 2) 을 지나는 직선의 식으로

$$y - 2 = \frac{3}{4}(x-6), \quad \text{즉} \quad y = \frac{3}{4}x - \frac{5}{2}$$

이다.

(2) 음함수 미분법을 적용하면

$$2xy + x^2y' = 0, \quad \text{즉} \quad y' = -\frac{2y}{x}$$

이므로, 접선의 기울기는 $y'_{(3,\,-2)} = 4/3$ 이다. 따라서 접선의 방정식은 기울기가 4/3 이고 점 (3, −2) 을 지나는 직선의 식으로

$$y - (-2) = \frac{4}{3}(x-3), \quad \text{즉} \quad y = \frac{4}{3}x - 6$$

이다.

연습문제 2-3 풀이

1. (1) $y' = \cos(x^2) \cdot (x^2)' = 2x\cos(x^2)$

(2) $y' = \dfrac{(\sin x)'x - \sin x(x)'}{x^2} = \dfrac{x\cos x - \sin x}{x^2}$

(3) $y' = (\tan x)'\sin x + \tan x(\sin x)' = \dfrac{\sin x}{\cos^2 x} + \sin x$

(4) $y' = \dfrac{-(\sin x + \cos x)'}{(\sin x + \cos x)^2} = \dfrac{-(\cos x - \sin x)}{(\sin x + \cos x)^2} = \dfrac{(\sin x - \cos x)}{(\sin x + \cos x)^2}$

(5) $y' = \dfrac{1}{2\sqrt{\sin^2 2x}}(\sin^2 2x)' = \dfrac{1}{2\sqrt{\sin^2 2x}}(2\sin 2x)(\sin 2x)'$

$= \dfrac{1}{2\sqrt{\sin^2 2x}}(2\sin 2x)(\cos 2x)(2x)' = \dfrac{4\sin 2x\cos 2x}{2|\sin 2x|} = \dfrac{\sin 4x}{|\sin 2x|}$

(6) $y' = (\csc x)'\cot x + \csc x(\cot x)'$

$= (-\csc x\cot x)\cot x + \csc x(-\csc^2 x) = -\csc x(\cot^2 x + \csc^2 x)$

2. (1) $y = \ln\dfrac{1}{x^2} = \ln x^{-2} = -2\ln x$ 이므로 $y' = -2 \cdot \dfrac{1}{x} = -\dfrac{2}{x}$ 이다.

(2) $y' = \dfrac{1}{\sin 3x}(\sin 3x)' = \dfrac{1}{\sin 3x} \cdot \cos 3x \cdot (3x)' = 3\cot 3x$.

(3) $y = \ln\sqrt{x^3} = \ln x^{\frac{3}{2}} = \dfrac{3}{2}\ln x$ 이므로 $y' = \dfrac{3}{2} \cdot \dfrac{1}{x} = \dfrac{3}{2x}$ 이다.

(4) $y' = \dfrac{1}{\ln x}(\ln x)' = \dfrac{1}{\ln x} \cdot \dfrac{1}{x} = \dfrac{1}{x\ln x}$.

(5) $y' = \dfrac{(\ln x)' \cdot x - (\ln x) \cdot (x)'}{x^2} = \dfrac{\frac{1}{x} \cdot x - (\ln x) \cdot 1}{x^2} = \dfrac{1 - \ln x}{x^2}$.

(6) $y' = x'\ln x + x(\ln x)' = \ln x + x \cdot \dfrac{1}{x} = 1 + \ln x$

3. (1) 양변에 자연로그를 취하면 $\ln y = \dfrac{1}{x}\ln x$ 이므로, 양변을 x 에 관하여 미분하면

$$\frac{1}{y}y' = \left(\frac{1}{x}\right)'\ln x + \frac{1}{x}(\ln x)' = \frac{1}{x^2}(1 - \ln x)$$

이다. 따라서 $y' = y\dfrac{1}{x^2}(1 - \ln x) = x^{\frac{1}{x}-2}(1 - \ln x)$ 이다.

(2) $y^x = x^y$ 의 양변에 자연로그를 취하면 $x \ln y = y \ln x$ 이다. 여기에 음함수 미분법을 적용하면

$$x' \ln y + x(\ln y)' = y' \ln x + y(\ln x)', \qquad \left(\frac{x - y\ln y}{y}\right) y' = \frac{y - x\ln y}{x},$$

이다. 따라서

$$y' = \frac{y(y - x\ln y)}{x(x - y\ln x)}$$

이다.

(3) 양변에 자연로그를 취하면 $\ln y = x \ln 5$ 이므로, 양변을 x 에 관하여 미분하면

$$\frac{1}{y} y' = \ln 5$$

이다. 따라서 $y' = y \ln 5 = 5^x \ln 5$ 이다.

(4) 양변에 자연로그를 취하면 $\ln y = \sqrt{1 + \sin^2 x}$ 이므로, 양변을 x 에 관하여 미분하면

$$\frac{1}{y} y' = \frac{1}{2}(1 + \sin^2 x)^{-\frac{1}{2}}(1 + \sin^2 x)' = \frac{\sin x \cos x}{\sqrt{1 + \sin^2 x}}$$

이다. 따라서

$$y' = y \frac{\sin x \cos x}{\sqrt{1 + \sin^2 x}} = e^{\sqrt{1 + \sin^2 x}} \frac{\sin x \cos x}{\sqrt{1 + \sin^2 x}}$$

이다.

(5) 양변에 자연로그를 취하면 $\ln y = \sqrt{x} \ln(\ln x)$ 이므로, 양변을 x 에 관하여 미분하면

$$\frac{1}{y} y' = (\sqrt{x})' \ln(\ln x) + \sqrt{x}(\ln(\ln x))' = \frac{1}{\sqrt{x}} \left(\frac{1}{2} \ln(\ln x) + \frac{1}{\ln x}\right)$$

이다. 따라서

$$y' = y\frac{1}{\sqrt{x}}\left(\frac{1}{2}\ln(\ln x) + \frac{1}{\ln x}\right) = \frac{1}{\sqrt{x}}(\ln x)^{\sqrt{x}}\left(\frac{1}{2}\ln(\ln x) + \frac{1}{\ln x}\right)$$

이다.

(6) 양변에 자연로그를 취하면 $\ln y = (\ln x)^2$ 이므로, 양변을 x 에 관하여 미분하면

$$\frac{1}{y}y' = 2\ln x(\ln x)' = \frac{2\ln x}{x}$$

이다. 따라서

$$y' = y\frac{2\ln x}{x} = x^{\ln x}\frac{2\ln x}{x} = 2x^{\ln x - 1}\ln x$$

이다.

연습문제 2-4 풀이

1. 함수 $f(x) = x^3 - 6x + 5$ 는 폐구간 $[1, 4]$ 에서 연속이고 개구간 $(1, 4)$ 에서 미분가능이므로 평균값의 정리의 가정을 만족한다. 따라서 평균값의 정리로부터

$$\frac{f(4) - f(1)}{4 - 1} = f'(\xi)$$

을 만족하는 ξ 가 개구간 $(1, 4)$ 에 존재한다. 그런데

$$\frac{f(4) - f(1)}{4 - 1} = 15, \qquad f'(x) = 3x^2 - 6$$

이므로 $15 = 3\xi^2 - 6$ 이다. 따라서 존재하는 $\xi = \sqrt{7}$ 임을 알 수 있다.

2. (1) 함수 $f(x)$ 에 대하여

$$\frac{f(2) - f(1)}{2 - 1} = \frac{12 - 3}{2 - 1} = 9, \qquad f'(x) = 6x$$

이다. 따라서 구간 $(1, 2)$ 에서

$$9 = 6\xi$$

을 만족시키는 ξ 는 $\xi = \dfrac{3}{2}$ 이다.

(2) 함수 $f(x)$ 에 대하여

$$f'(x) = e^x, \qquad \frac{f(2) - f(0)}{2 - 0} = \frac{e^2 - e^0}{2 - 0} = \frac{e^2 - 1}{2}$$

이다. 따라서 구간 $(0, 2)$ 에서

$$e^{\xi} = \frac{e^2 - 1}{2}$$

을 만족시키는 ξ 는

$$e^{\xi} = \frac{e^2 - 1}{2}, \qquad \ln e^{\xi} = \ln\left(\frac{e^2 - 1}{2}\right), \qquad \xi = \ln\left(\frac{e^2 - 1}{2}\right)$$

이다.

3. 함수 $f(x) = |x - 1|$ 가 $[0, 3]$ 에서 평균값의 정리의 가정을 만족시키기 위해서는 $(0, 3)$ 에서 미분가능이어야 하지만 함수 f 는 $x = 1$ 에서

$$\lim_{x \to 1^+} \frac{f(x) - f(1)}{x - 1} = 1, \qquad \lim_{x \to 1^-} \frac{f(x) - f(1)}{x - 1} = -1$$

이므로 미분불가능이다. 따라서 $(0, 3)$ 에서 평균값의 가정을 만족시키는 ξ 는 존재하지 않는다.

4. 임의의 실수 x, y 에 대하여 준 부등식이 성립함을 보이기 위하여 $x = y$, $x < y$, $x > y$ 와 같이 세 가지 경우로 나누어 증명한다.

(i) $x = y$ 일 때

이 경우에 준 부등식의 좌변과 우변이 모두 0 이므로 등식이 성립한다.

(ii) $x < y$ 일 때

$f(x) = \cos x + 1$ 라고 놓자. 그러면 함수 $f(x)$ 는 폐구간 $[x, y]$ 에서 연속이고 개구간 (x, y) 에서 미분가능이므로 평균값의 정리로부터

$$\frac{f(y) - f(x)}{y - x} = f'(\xi)$$

을 만족시키는 ξ 가 개구간 (x, y) 에 존재한다. 그런데

$$\frac{f(y) - f(x)}{y - x} = \frac{(\cos y + 1) - (\cos x + 1)}{y - x}, \qquad f'(\xi) = -\sin \xi$$

이므로

$$\frac{\cos y - \cos x}{y - x} = -\sin \xi$$

이 성립한다. 따라서 양변에 절대값을 취하면

$$\left| \frac{\cos y - \cos x}{y - x} \right| = |-\sin \xi|$$

이다. 여기서 $|-\sin \xi| \leq 1$ 이므로

$$\left| \frac{\cos y - \cos x}{y - x} \right| \leq 1$$

이다. 따라서 $|\cos x - \cos y| \leq |x - y|$ 이 성립한다.

(iii) $x > y$ 일 때

$f(x) = \cos x + 1$ 라고 놓자. 그러면 함수 $f(x)$ 는 폐구간 $[y, x]$ 에서 연속이고 개구간 (y, x) 에서 미분가능이므로 평균값의 정리로부터

$$\frac{f(x) - f(y)}{x - y} = f'(\xi)$$

을 만족시키는 ξ 가 개구간 (y, x) 에 존재한다. 그런데

$$\frac{f(x)-f(y)}{x-y}=\frac{(\cos x+1)-(\cos y+1)}{x-y}, \qquad f'(\xi)=-\sin\xi$$

이므로

$$\frac{\cos x-\cos y}{x-y}=-\sin\xi$$

이 성립한다. 따라서 양변에 절대값을 취하면

$$\left|\frac{\cos x-\cos y}{x-y}\right|=|-\sin\xi|$$

이다. 여기서 $|-\sin\xi|\le 1$ 이므로

$$\left|\frac{\cos x-\cos y}{x-y}\right|\le 1$$

이다. 따라서 $|\cos x-\cos y|\le|x-y|$ 이 성립한다.

(i), (ii), (iii) 으로부터 임의의 실수 x, y 에 대하여 준 부등식 $|\cos x-\cos y|\le |x-y|$ 이 성립함을 알 수 있다.

5. (1) $f(x)=\sqrt[3]{x}$ 라고 놓자. 그러면 $f'(x)=1/(3\sqrt[3]{x^2})$ 이다. 평균값의 정리로부터 유도되는 근사 관계식 $f(a+h)\approx f(a)+hf'(a)$ 에서 $a=64$, $h=1$ 라고 놓으면 $f(64+1)\approx f(64)+1\cdot f'(64)$ 이므로

$$\sqrt[3]{65}=f(64+1)\approx\sqrt[3]{64}+1\cdot\frac{1}{3\sqrt[3]{64^2}}=\frac{193}{48}$$

이다.

(2) $y=f(x)=\sqrt{x}$ 라 놓으면 $f'(x)=1/2\sqrt{x}$ 이다. 또한 $a=81$, $\Delta x=-1$ 라 놓으면

$$\sqrt{80}=\sqrt{81+(-1)}=f(a+\Delta x)$$

이다. 따라서 근사관계식 $f(a+\Delta x) \fallingdotseq f(a) + f'(a)\Delta x$ 으로부터

$$\sqrt{80} = f(81+(-1)) \fallingdotseq f(81) + f'(81)\cdot(-1) = 9 - \frac{1}{18} = \frac{161}{18}$$

이다.

(3) $y = f(x) = \sqrt[3]{x}$ 라 놓으면 $f'(x) = 1/(3\sqrt[3]{x^2})$ 이다. 또한 $a = 64$, $\Delta x = -3$ 라 놓으면

$$\sqrt{61} = \sqrt{64+(-3)} = f(a+\Delta x)$$

이다. 따라서 근사관계식 $f(a+\Delta x) \fallingdotseq f(a) + f'(a)\Delta x$ 으로부터

$$\begin{aligned}\sqrt{61} = f(64+(-3)) \fallingdotseq f(64) + f'(64)\cdot(-3) &= \sqrt[3]{64} + \frac{1}{3\sqrt[3]{64^2}}\cdot(-3) \\ &= 4 + \frac{1}{3}(64)^{-\frac{2}{3}}\cdot(-3) = 4 - \frac{1}{16} \\ &= \frac{63}{16}\end{aligned}$$

이다.

6. (1) $\displaystyle\lim_{x\to2}\frac{f(x^2)-f(4)}{x-2} = \lim_{x\to2}(2xf'(x^2)) = 4f'(4)$

(2) $\displaystyle\lim_{x\to1}\frac{x^2f(1)-f(x^2)}{x-1} = \lim_{x\to1}(2xf(1)-2xf'(x^2)) = 2(f(1)-f'(1))$

7. (1) 주어진 극한은 $\frac{0}{0}$ 형태의 부정형의 극한이다. 따라서 로피탈의 정리를 적용하면 극한

$$\lim_{x\to0}\frac{e^x-10^x}{x} = \lim_{x\to0}\frac{e^x-10^x\ln x}{1} = \lim_{x\to0}(e^x-10^x\ln x) = 1-\ln 10$$

을 얻는다.

(2) 극한의 기본성질로부터

$$\lim_{x\to\frac{\pi}{4}}\frac{\cos x}{\tan x}=\frac{\cos(\pi/4)}{\tan(\pi/4)}=\frac{\frac{1}{\sqrt{2}}}{1}=\frac{1}{\sqrt{2}}$$

을 얻는다.

(3) 주어진 극한은 $\frac{0}{0}$ 형태의 부정형의 극한이다. 따라서 로피탈의 정리를 거듭 적용하면 극한

$$\lim_{x\to 0}\frac{x-\sin x}{x^3}=\lim_{x\to 0}\frac{1-\cos x}{3x^2}=\frac{1}{3}\lim_{x\to 0}\frac{\sin x}{2x}=\frac{1}{3}\cdot\frac{1}{2}\lim_{x\to 0}\frac{\cos x}{1}=\frac{1}{3}\cdot\frac{1}{2}\cdot 1=\frac{1}{6}$$

을 얻는다.

(4) $y=x^{\tan\frac{\pi x}{2}}$ 라 놓고 양변에 자연로그함수를 취하면

$$\ln y=\ln\left(x^{\tan\frac{\pi x}{2}}\right)=\tan\left(\frac{\pi}{2}x\right)\ln x$$

이다. 따라서 양변에 그한을 취하여 로피탈의 정리를 적용하면

$$\lim_{x\to 0}\ln y=\lim_{x\to 0}\left(\tan\left(\frac{\pi}{2}x\right)\cdot\ln x\right)=\lim_{x\to 0}\left(\frac{\ln x}{\frac{1}{\tan\left(\frac{\pi}{2}x\right)}}\right)$$

$$=\lim_{x\to 0}\left(\frac{\frac{1}{x}}{\frac{-\left(\tan\frac{\pi}{2}x\right)'}{\tan^2\frac{\pi}{2}x}}\right)=-\lim_{x\to 0}\left(\frac{\frac{1}{x}}{\frac{\left(\sec^2\frac{\pi}{2}x\right)\frac{\pi}{2}}{\tan^2\frac{\pi}{2}x}}\right)$$

$$=-\lim_{x\to 0}\left(\frac{\tan^2\frac{\pi}{2}x}{\frac{\pi}{2}x\sec^2\frac{\pi}{2}x}\right)=-\frac{2}{\pi}\lim_{x\to 0}\left(\frac{\tan^2\frac{\pi}{2}x}{x\sec^2\frac{\pi}{2}x}\right)$$

$$=-\frac{2}{\pi}\lim_{x\to 0}\left(\frac{1}{x}\cdot\frac{\frac{\sin^2\frac{\pi}{2}x}{\cos^2\frac{\pi}{2}x}}{\frac{1}{\cos^2\frac{\pi}{2}x}}\right)=-\frac{2}{\pi}\lim_{x\to 0}\left(\frac{1}{x}\cdot\sin^2\frac{\pi}{2}x\right)$$

$$=-\frac{2}{\pi}\lim_{x\to 0}\frac{\sin^2\frac{\pi}{2}x}{x}=-\frac{2}{\pi}\lim_{x\to 0}\frac{\left(\sin\frac{\pi}{2}x\right)\left(\sin\frac{\pi}{2}x\right)\frac{\pi}{2}x}{\frac{\pi}{2}x\cdot x}$$

$$= -\frac{2}{\pi} \cdot \frac{\pi}{2} \left(\lim_{x \to 0} \frac{\sin \frac{\pi}{2} x}{\frac{\pi}{2} x} \right) \left(\lim_{x \to 0} \sin \frac{\pi}{2} x \right)$$

$$= -1 \cdot 1 \cdot 0$$

$$= 0$$

을 얻는다. 따라서

$$\lim_{x \to 0} x^{\tan \frac{\pi x}{2}} = \lim_{x \to 0} y = \lim_{x \to 0} e^{\ln y} = e^{\left(\lim_{x \to 0} \ln y \right)} = e^0 = 1$$

이다.

(5) $y = (\cot x)^{\sin x}$ 라 놓고 양변에 자연로그함수를 취하면

$$\ln y = \ln (\cot x)^{\sin x} = \sin x \cdot \ln (\cot x)$$

이다. 따라서 양변에 그한을 취하여 로피탈의 정리를 적용하면

$$\lim_{x \to 0} \ln y = \lim_{x \to 0} (\sin x \cdot \ln (\cot x)) = \lim_{x \to 0} \left(\frac{\ln (\cot x)}{\frac{1}{\sin x}} \right)$$

$$= \lim_{x \to 0} \left(\frac{\frac{1}{\cot x} (-\csc^2 x)}{\frac{-\cos x}{\sin^2 x}} \right) = \lim_{x \to 0} \left(\frac{\sin^2 x \cdot \csc^2 x}{\cos x \cdot \cot x} \right)$$

$$= \lim_{x \to 0} \left(\frac{\sin^2 x \cdot \frac{1}{\sin^2 x}}{\cos x \cdot \frac{\cos x}{\sin x}} \right) = \lim_{x \to 0} \left(\frac{\sin x}{\cos^2 x} \right)$$

$$= 0$$

을 얻는다. 따라서

$$\lim_{x \to 0} (\cot x)^{\sin x} = \lim_{x \to 0} y = \lim_{x \to 0} e^{\ln y} = e^{\left(\lim_{x \to 0} \ln y \right)} = e^0 = 1$$

이다.

(6) 주어진 극한은 1^∞ 꼴의 부정형이다. 따라서 로피탈의 정리를 이용할 수 있도록 변형한다. 먼저 $y = \left(\dfrac{\sin x}{x}\right)^{1/x^2}$ 로 놓고 양변에 자연로그를 취하면

$$\ln y = \frac{1}{x^2}\ln\left(\frac{\sin x}{x}\right) = \frac{\ln\left(\frac{\sin x}{x}\right)}{x^2}$$

이므로

$$\begin{aligned}
\lim_{x\to 0}\ln y &= \lim_{x\to 0}\frac{\ln\left(\dfrac{\sin x}{x}\right)}{x^2} && \left[\ \frac{0}{0}\text{꼴의 부정형의 극한}\ \right]\\
&= \lim_{x\to 0}\frac{\dfrac{1}{\frac{\sin x}{x}}\cdot\left(\dfrac{\sin x}{x}\right)'}{2x} && [\ \text{로피탈의 법칙 적용}\ ]\\
&= \lim_{x\to 0}\frac{x\cos x-\sin x}{2x^2\sin x} && \left[\ \frac{0}{0}\text{꼴의 부정형의 극한}\ \right]\\
&= \lim_{x\to 0}\frac{\cos x - x\sin x-\cos x}{4x\sin x+2x^2\cos x} && [\ \text{로피탈의 법칙 적용}\ ]\\
&= \lim_{x\to 0}\frac{-\sin x}{4\sin x+2x\cos x}\\
&= \lim_{x\to 0}\frac{-\cos x}{4\cos x+2\cos x-2x\sin x}\\
&= \lim_{x\to 0}\frac{-\cos x}{6\cos x-2x\sin x}\\
&= \frac{-1}{6\cdot 1-0}\\
&= -\frac{1}{6}
\end{aligned}$$

이다. 따라서 주어진 극한은

$$\lim_{x\to 0}\left(\frac{\sin x}{x}\right)^{1/x^2} = \lim_{x\to 0} y = \lim_{x\to 0} e^{\ln y} = e^{\left(\lim\limits_{x\to 0}\ln y\right)} = e^{-\frac{1}{6}}$$

이다.

(7) $y = (1+x)^{\cot x}$ 라 놓고 양변에 자연로그함수를 취하면

$$\ln y = \ln(1+x)^{\cot x} = \cot x \cdot \ln(1+x)$$

이다. 따라서 양변에 극한을 취하여 로피탈의 정리를 적용하면

$$\begin{aligned}\lim_{x\to 0^+} \ln y &= \lim_{x\to 0^+} (\cot x \cdot \ln(1+x)) = \lim_{x\to 0^+} \left(\frac{\ln(1+x)}{\tan x}\right) = \lim_{x\to 0^+} \left(\frac{\frac{1}{1+x}}{\sec^2 x}\right) \\ &= \lim_{x\to 0^+} \left(\frac{1}{\sec^2(1+x)}\right) = \frac{1}{1\cdot(1+0)} \\ &= 1\end{aligned}$$

을 얻는다. 따라서

$$\lim_{x\to 0^+} (1+x)^{\cot x} = \lim_{x\to 0^+} y = \lim_{x\to 0^+} e^{\ln y} = e^{\left(\lim\limits_{x\to 0^+} \ln y\right)} = e^1 = e$$

이다.

(8) $\lim\limits_{x\to 0^+} (x + \sin x) = \lim\limits_{x\to^+} x + \lim\limits_{x\to 0^+} \sin x = 0 + 0 = 0.$

(9) 주어진 극한은 $0\cdot(-\infty)$ 형태의 부정형의 극한이다. 따라서 로피탈의 정리를 적용할 수 있도록 변형한 후에 적용하면

$$\lim_{x\to 0^+} x\ln x = \lim_{x\to 0^+} \frac{\ln x}{\frac{1}{x}} = \lim_{x\to 0^+} \frac{\frac{1}{x}}{-\frac{1}{x^2}} = \lim_{x\to 0^+} (-x) = 0$$

을 얻는다.

연습문제 2-5 풀이

1. (1) 주어진 함수 $f(x) = x^3+x+5$ 에 대하여 1계 도함수는 $f'(x) = 3x^2+1$ 이므로 모든 실수 x 에 대하여 $f'(x) > 0$ 이다. 따라서 모든 영역에서 함수 $f(x)$ 는 증가하고, 극값은 존재하지 않는다.

(2) 주어진 함수 $f(x) = x^{1/5}(x+1)$ 에 대하여 1계 도함수는 $f'(x) = \frac{6x+1}{5\sqrt[5]{x^4}}$ 이므로 임계점은 $x = 0$, $x = -1/6$ 이다. 따라서 주어진 함수와 관련한 증감표를 만들어 보면

x		$\frac{1}{6}$		0	
$f'(x)$	−	0	+	·	+
$f(x)$	↘	극솟값	↗		↗

임을 알 수 있다. 위의 표에 의하여 함수 $f(x)$ 는 $(-\infty, -1/6]$ 에서 감소하고, $[-1/6, \infty)$ 에서 증가한다. 또한 $x = -1/6$ 에서 극솟값 $f(-1/6) = -5/\sqrt[5]{6^6}$ 을 갖고, 극댓값은 존재하지 않는다.

(3) 주어진 함수 $f(x) = \sin x + \cos x$ 은 주기가 2π 인 주기함수이므로 $[0, 2\pi]$ 에서만 생각해 보도록 한다. 주어진 함수의 도함수는 $f'(x) = \cos x - \sin x$ 이므로 $f'(x) = 0$ 을 만족시키는 해는 $x = \pi/4$, $x = 5\pi/4$ 이다. 따라서 주어진 함수와 관련한 증감표는

x	0		$\frac{\pi}{4}$		$\frac{5\pi}{4}$		2π
$f'(x)$		+	0	−	0	+	
$f(x)$		↗	극댓값	↘	극솟값	↗	

임을 알 수 있다. 위의 표에 의하여 $f(x)$ 는 $[0, \pi/4]$ 와 $[5\pi/4, 2\pi]$ 에서 증가하고, $[\pi/4, 5\pi/4]$ 에서 감소한다. 또한 $x = \pi/4$ 에서 극댓값 $f(\pi/4) = \sqrt{2}$ 을 갖고, $x = 5\pi/4$ 에서 극솟값 $f(5\pi/4) = -\sqrt{2}$ 을 갖는다.

(4) 주어진 함수의 도함수는 $f'(x) = \frac{2x^3-1}{x^2}$ 으로 임계점은 $x = 0$, $x = \sqrt[3]{1/2}$ 이다. 따라서 주어진 함수와 관련한 증감표는

x		0		$\sqrt[3]{1/2}$	
$f'(x)$	−	·	−	0	+
$f(x)$	↘		↘	극솟값	↗

임을 알 수 있다. 위의 표에서 함수 $f(x)$는 $(-\infty, \sqrt[3]{1/2}]$에서 감소하고, $[\sqrt[3]{1/2}, \infty)$에서 증가한다. 또한 극댓값은 존재하지 않으며 $x = \sqrt[3]{1/2}$에서 극솟값 $f(\sqrt[3]{1/2}) = (3\sqrt[3]{2})/2$을 갖는다.

2. (1) 주어진 함수의 도함수가 $f'(x) = \frac{2}{3\sqrt[3]{x}}$이므로 임계점은 $x = 0$이고, 이 점에서 극솟값 0을 갖는다. 또한 $f(-1) = 1$, $f(1) = 1$이므로 최댓대값은 1이고, 최솟값은 0이다.

(2) 주어진 함수는 $x = 1/4$에서 미분불능이므로 임계점은 $x = 1/4$이고, 이점에서 극솟값 0를 갖는다. 또한 최솟값은 0이고, 최댓값은 7이다.

3. 주어진 함수의 도함수는 $f'(x) = 3x^2 + 2ax + b$이다. 그런데 $x = -1$와 $x = -3$에서 극값을 갖기 때문에 $f'(-1) = 0$, $f'(-3) = 0$이다. 따라서 $f'(-1) = 3 - 2a + b = 0$와 $f'(-3) = 27 - 6a + b = 0$을 연립하여 풀면 $a = 6$, $b = 9$를 얻을 수 있다.

4. (1) 주어진 함수의 도함수는 $f'(x) = 3x^2 + 1$이므로 모든 실수에 대하여 $f'(x) > 0$이다. 따라서 극값은 존재하지 않는다. 2계 도함수는 $f''(x) = 6x$이므로 $x = 0$에서 변곡점 $(0, 0)$을 갖는다. 또한 $x < 0$일 때 $f''(x) < 0$이므로 아래로 오목하고, $x > 0$일 때 $f''(x) > 0$이므로 위로 오목함을 알 수 있다.

(2) 주어진 함수의 도함수는 $f'(x) = 1 + \cos x$이므로 모든 실수에 대하여 $f'(x) \geq 0$이다. 따라서 극값은 존재하지 않는다. 2계 도함수는 $f''(x) = -\sin x$이므로 변곡점 $(n\pi, n\pi)$ (n: 정수)을 갖는다. 또한 $x \in (2n\pi, (2n+1)\pi)$ (n: 정수)일 때 $f''(x) < 0$이므로 아래로 오목하고, $x \in ((2n+1)\pi, 2(n+1)\pi)$ (n: 정수)일 때 $f''(x) > 0$이므로 위로 오목하다.

(3) 주어진 함수의 도함수는 $f'(x) = 4x^3 - 12x$이므로 임계점은 $x = 0$, $x = \pm\sqrt{3}$이다. 따라서 이와 관련한 증감표를 작성하면

x		$-\sqrt{3}$		0		$\sqrt{3}$	
$f'(x)$	$-$	0	$+$	0	$-$	0	$+$
$f(x)$	↘	극솟값	↗	극댓값	↘	극솟값	↗

이므로 $x = \pm\sqrt{3}$ 에서 극솟값 $f(\pm\sqrt{3}) = -9$ 와 $x = 0$ 에서 극댓값 $f(0) = 0$ 을 갖는다. 또한 $f''(x) = 12x^2 - 12$ 이므로 변곡점은 $(\pm 1, -5)$ 이다. 또한 $x < -1$ 와 $x > 1$ 에 있는 x 에 대하여 $f''(x) > 0$ 이므로 위로 오목하고, $-1 < x < 1$ 에 있는 x 에 대하여 $f''(x) < 0$ 이므로 아래로 오목하다.

(4) 주어진 함수의 도함수는 $f'(x) = 3(x+1)^2$ 이므로 모든 실수에 대하여 $f'(x) \geq 0$ 이다. 따라서 극값은 존재하지 않는다. 2계 도함수는 $f''(x) = 6(x+1)$ 이므로 $x = -1$ 에서 변곡점 $(-1, 0)$ 을 갖는다. 또한 $x < -1$ 일 때 $f''(x) < 0$ 이므로 아래로 오목하고, $x > -1$ 일 때 $f''(x) > 0$ 이므로 위로 오목하다.

5. 함수 $f(x)$ 에 대한 $x = 0$ 에서의 좌미분계수는

$$f'_-(0) = \lim_{\Delta x \to 0^-} \frac{f(0+\Delta x) - f(0)}{\Delta x} = \lim_{\Delta x \to 0^-} (-\Delta x) = 0$$

이고, 우미분계수는

$$f'_+(0) = \lim_{\Delta x \to 0^+} \frac{f(0+\Delta x) - f(0)}{\Delta x} = \lim_{\Delta x \to 0^+} \Delta x = 0$$

이다. 따라서 $f'_-(0) = f'_+(0) = 0$ 이므로 $f'(0) = 0$ 으로 존재한다. 더욱이 $x < 0$ 일 때 $f'(x) = -2x$ 이고, $x > 0$ 일 때 $f'(x) = 2x$ 이므로 결국 함수 $f(x)$ 의 1계 도함수는

$$f'(x) = \begin{cases} 2x, & (x \geq 0) \\ -2x, & (x < 0) \end{cases}$$

임을 알 수 있다. 그러나 $x = 0$ 에서의 2계 미분계수와 관련하여

$$f''_{-}(0) = \lim_{\Delta x \to 0^-} \frac{f'(0 + \Delta x) - f'(0)}{\Delta x} = \lim_{\Delta x \to 0^-} \frac{-2\Delta x}{\Delta x} = -2\,,$$

$$f''_{+}(0) = \lim_{\Delta x \to 0^+} \frac{f'(0 + \Delta x) - f'(0)}{\Delta x} = \lim_{\Delta x \to 0^+} \frac{2\Delta x}{\Delta x} = 2$$

이므로 $f''_{-}(0) \neq f''_{+}(0)$ 이다. 따라서 $f''(0)$ 은 존재하지 않는다. 그럼에도 불구하고 $x < 0$ 일 때 $f''(x) = -2 < 0$ 이므로 아래로 오목하고, $x > 0$ 일 때 $f''(x) = 2 > 0$ 이므로 위로 오목하다. 따라서 $(0, 0)$ 의 좌우에서 오목의 방향이 바뀌기 때문에 $(0, 0)$ 은 변곡점이다.

6. 내접하는 원기둥의 반경을 r, 높이를 h 라 놓으면 구하려는 원기둥의 부피는 $V = \pi r^2 h$ 이다. 이 때 삼각형의 삼각비를 이용하면

$$h = 2\sqrt{R^2 - r^2}$$

을 얻는다. 하나의 변수 r 만으로 V 를 나타내면

$$V(r) = 2\pi r^2 \sqrt{R^2 - r^2}, \qquad 0 \leq r \leq R$$

이다. 따라서 이것의 1계 도함수는

$$V'(r) = \frac{2\pi r(2R^2 - 3r^2)}{\sqrt{R^2 - r^2}}$$

임을 알 수 있다. 따라서 임계점은 $r = 0$, $r = (\sqrt{2}/\sqrt{3})R$, $r = R$ 이다. 따라서 이들을 이용하여 증감표를 작성하면

r	0		$\frac{\sqrt{2}}{\sqrt{3}}R$		R	
$V'(r)$	0	$+$	0	$-$	$\cdot$	$-$
$V(r)$		$\nearrow$	극댓값	$\searrow$		$\searrow$

이므로 $r = \frac{\sqrt{2}}{\sqrt{3}}R$ 에서 극댓값 $V\left(\frac{\sqrt{2}}{\sqrt{3}}R\right)$ 은 극댓값이다. 또한 $0 \le r \le R$ 에서는 극댓값 $V\left(\frac{\sqrt{2}}{\sqrt{3}}R\right)$ 이 최댓값이 된다. 따라서 원기둥의 부피가 최대가 될 때의 원기둥의 반지름 r 과 높이 h 는

$$r = \frac{\sqrt{2}}{\sqrt{3}}R, \qquad h = 2\sqrt{R^2 - r^2} = \frac{2}{\sqrt{3}}R$$

임을 알 수 있다.

7. V 를 기구의 부피, r 을 반지름이라고 하자. 그러면 V 와 r 사이에

$$V = \frac{4}{3}\pi r^3$$

와 같은 관계식이 성립한다. 따라서

$$\frac{dV}{dt} = \frac{dV}{dr}\frac{dr}{dt} = 4\pi r^2 \frac{dr}{dt}, \quad \text{즉} \quad \frac{dr}{dt} = \frac{1}{4\pi r^2}\frac{dV}{dt}$$

이다. 구하려는 값은 $\frac{dV}{dt} = 100\,\text{cm}^3/\text{sec}$ 이고, $r = 25\,\text{cm}$ 일 때 $\frac{dr}{dt}$ 의 값이다. 따라서

$$\frac{dr}{dt} = \frac{1}{4\pi(25)^2}100 = \frac{1}{25\pi}$$

이므로 기구의 반지름은 $\frac{1}{25\pi}\,\text{cm/sec}$ 의 비율로 증가한다.

8. $x = f(t)$ 라 놓으면

$$f'(t) = t^2 - 6t + 5, \qquad f''(t) = 2t - 6$$

이므로 $t = 1$ 일 때의 속도는 $f'(1) = 0$, 가속도는 $f''(1) = -4$ 이다.

제 3 장

적분법 및 응용

3.1 부정적분

함수 $f(x)$가 어떤 구간에서 정의된 함수라고 하자. 함수 $F(x)$가 같은 구간에서 정의된 함수로서

$$F'(x) = f(x)$$

를 만족하는 함수 $F(x)$를 $f(x)$의 **원시함수**(primitive function) 또는 **부정적분**(indefinite integral)이라 한다. 만일 $G(x)$가 $f(x)$의 또 다른 부정적분이라 하면 $G'(x) = f(x)$이므로 $(G(x) - F(x))' = 0$이다. 따라서

$$G(x) = F(x) + C, \qquad (C\text{는 상수})$$

이다. 결국 $F(x)$를 $f(x)$의 한 부정적분이라 하면 $f(x)$의 임의의 부정적분은 $F(x)+C$의 형식으로 표시 할 수 있다. 이러한 의미에서 $f(x)$의 부정적분 $F(x)+$

C를 기호

$$\int f(x)\,dx = F(x) + C$$

로 나타낸다. 여기서 C를 **적분상수**(constant of integration), $f(x)$를 **피적분함수**(integrand)라고 한다. 주어진 $f(x)$에 대하여 $\int f(x)\,dx$를 구하는 것을 **함수 $f(x)$를 적분**한다고 말하고, 그 연산법을 **적분법**(integration)이라고 한다. 미분법과 관련한 공식들로부터 부정적분에 관한 다음과 같은 기본 공식들을 얻는다.

(1) $\displaystyle\int x^\alpha\,dx = \frac{1}{\alpha+1}x^{\alpha+1} + C,$ $\quad$ [$\alpha\,(\neq -1)$는 실수]

(2) $\displaystyle\int \frac{1}{x}\,dx = \ln|x| + C$

(3) $\displaystyle\int \frac{f'(x)}{f(x)}\,dx = \ln|f(x)| + C$

(4) $\displaystyle\int e^x\,dx = e^x + C$

(5) $\displaystyle\int a^x\,dx = \frac{a^x}{\ln a} + C$

(6) $\displaystyle\int \cos x\,dx = \sin x + C$

(7) $\displaystyle\int \sin x\,dx = -\cos x + C$

(8) $\displaystyle\int \sec^2 x\,dx = \tan x + C$

(9) $\displaystyle\int \csc^2 x\,dx = -\cot x + C$

(10) $\displaystyle\int \sec x \tan x\,dx = \sec x + C$

(11) $\displaystyle\int \csc x\,\cot x\,dx = -\csc x + C$

(12) $\displaystyle\int \tan x\,dx = -\ln|\cos x| + C$

(13) $\displaystyle\int \cot x\,dx = \ln|\sin x| + C$

3.2 치환적분과 부분적분

여기서는 합성함수의 미분법 공식과 비슷한 치환적분법과 곱의 미분법과 비슷한 부분적분법을 이용하여 부정적분을 구하는 방법을 알아보자.

정 리 **3.2.1.** [**부정적분의 치환적분법**] $f(x)$ 가 연속이고, $x = g(t)$ 가 미분가능하면

$$\int f(x)\,dx = \int f(g(t))g'(t)\,dt$$

이다.

[**증명**] $F(x) = \int f(x)\,dx$ 로 놓으면, $x = g(t)$ 이므로 $F(x) = F(g(t))$ 이다. 따라서 합성함수의 미분법에 의하여

$$\frac{d}{dt}F(x) = \frac{d}{dt}F(g(t)) = \frac{d}{dx}F(x)\frac{dx}{dt} = f(x)g'(t) = f(g(t))g'(t)$$

이다. 따라서,

$$F(x) = \int f(g(t))g'(t)\,dt$$

이므로

$$\int f(x)\,dx = \int f(g(t))g'(t)\,dt$$

이다.

위의 정리와 같이 적분하는 방법을 **치환적분법**(integration by substitution)이라 한다.

예 제 **1.** $\int (ax+b)^n\,dx \ (a \neq 0)$를 구하여라.

[풀이] $ax+b=t$ 라 놓으면 $dx=\frac{1}{a}\,dt$ 이다. 따라서

$$\int (ax+b)^n\,dx = \int t^n \frac{1}{a}\,dt = \frac{1}{a}\int t^n\,dt$$

이다. 특히, $n \neq -1$ 이면

$$\int (ax+b)^n\,dx = \frac{1}{a(n+1)}t^{n+1} + C = \frac{1}{a(n+1)}(ax+b)^{n+1} + C$$

이고, $n=-1$ 이면

$$\int (ax+b)^n\,dx = \frac{1}{a}\ln|t| + C = \frac{1}{a}\ln|ax+b| + C$$

이다.

예 제 2. $\int \sin^4 x \cos x\,dx$ 를 구하여라.

[풀이] $t=\sin x$ 라 놓으면 $dt=\cos x\,dx$ 이므로

$$\int \sin^4 x\cos x\,dx = \int t^4\,dt = \frac{1}{5}t^5 + C = \frac{1}{5}\sin^5 x + C$$

을 얻는다.

피적분함수가 $\sqrt{a^2-x^2}$, $\sqrt{a^2+x^2}$ 또는 $\sqrt{x^2-a^2}$ 와 같은 형태를 포함하는 경우에는 다음과 같은 **삼각치환**(trigonometric substitution)을 이용하여 적분할 수 있다.

(1) $\sqrt{a^2-x^2}$ 의 경우

$x=a\sin\theta$ 라 놓으면

$$\sqrt{a^2-x^2} = a\sqrt{1-\sin^2\theta} = a\cos\theta \qquad \left(a>0,\ -\frac{\pi}{2}\le\theta\le\frac{\pi}{2}\right)$$

(2) $\sqrt{a^2+x^2}$ 의 경우

$x = a\tan\theta$ 라 놓으면

$$\sqrt{a^2+x^2} = a\sqrt{1+\tan^2\theta} = a\sec\theta \qquad \left(a>0,\ -\frac{\pi}{2}<\theta<\frac{\pi}{2}\right)$$

(3) $\sqrt{x^2-a^2}$ 의 경우

$x = a\sec\theta$ 라 놓으면

$$\sqrt{x^2-a^2} = a\sqrt{\sec^2\theta-1} = a\tan\theta \qquad \left(a>0,\ 0\le\theta<\frac{\pi}{2}\right)$$

이 되어 피적분함수에 있던 근호가 제거되므로 삼각함수의 적분법을 이용하여 부정적분을 구할 수 있다.

다음은 부분적분법에 관하여 알아보자.

정 리 **3.2.2.** [**부정적분의 부분적분법**] f, g 가 미분가능한 함수이면

$$\int f'(x)g(x)\,dx = f(x)g(x) - \int f(x)g'(x)\,dx$$

이다.

[**증명**] f, g 가 미분가능한 함수이므로 fg 도 미분가능한 함수이다. 따라서

$$(f(x)g(x))' = f'(x)g(x) + f(x)g'(x)$$

을 얻는다. 위 식의 양변을 적분하면

$$f(x)g(x) + C = \int f'(x)g(x)\,dx + \int f(x)g'(x)\,dx$$

이므로

$$\int f'(x)g(x)\,dx = f(x)g(x) - \int f(x)g'(x)\,dx + C$$

이다. 이 때 C 는 적분 속에 포함되어 있으므로 떼어내도 된다. 따라서

$$\int f'(x)g(x)\,dx = f(x)g(x) - \int f(x)g'(x)\,dx$$

이 성립한다.

위 정리를 이용하여 적분하는 것을 **부분적분법**(integration by parts)이라 한다. 정리 3.2.2 에서 $u = g(x)$, $v = f(x)$ 라 놓으면

$$du = g'(x)\,dx, \qquad dv = f'(x)\,dx$$

이므로 부분적분법을

$$\int u\,dv = uv - \int v\,du$$

와 같이 나타내기도 한다.

예 제 3. $\int e^x \sin x\,dx$ 를 구하여라.

[**풀이**] 부분적분법을 적용하기 위하여 $f = e^x$, $dg = \sin x\,dx$ 라 두면

$$df = e^x\,dx, \qquad g = -\cos x$$

이므로

$$\int e^x \sin x\,dx = e^x(-\cos x) + \int e^x \cos x\,dx$$

이다. 다시 우변에 부분적분법을 사용하자. 이를 위하여 $u = e^x$, $dv = \cos x\,dx$ 로 두면 $du = e^x\,dx$, $v = \sin x$ 이므로

$$\int e^x \sin x\,dx = e^x(-\cos x) + \left[e^x \sin x - \int e^x \sin x\,dx\right]$$

이다. 따라서

$$\int e^x \sin x \, dx = \frac{1}{2} e^x (\sin x - \cos x) + C$$

이다.

연습문제 3-2

1. 다음 부정적분을 구하여라.

(1) $\displaystyle\int \frac{x}{\sqrt{x^2-1}}\, dx$ (2) $\displaystyle\int x^3\sqrt{x^4+1}\, dx$

(3) $\displaystyle\int \frac{1}{x\ln x}\, dx$ (4) $\displaystyle\int \sin x\cos^2 x\, dx$

2. 다음 부정적분을 구하여라.

(1) $\displaystyle\int x\sin x\, dx$ (2) $\displaystyle\int \ln x\, dx$

(3) $\displaystyle\int xe^x\, dx$ (4) $\displaystyle\int e^x\cos x\, dx$

(5) $\displaystyle\int \sin\sqrt{x}\, dx$ (6) $\displaystyle\int \cos(\ln x)\, dx$

3.3 유리함수와 삼각함수의 적분

두 다항함수 $f(x)$, $g(x)$ 에 대하여

$$\frac{f(x)}{g(x)}, \qquad g(x) \neq 0$$

와 같이 정의된 함수를 **유리함수**(rational function)라고 한다. 이러한 유리함수의 경우에 분자 $f(x)$의 차수가 분모 $g(x)$의 차수보다 크거나 같으면 분자를 분모로 나눌 수 있다. 이렇게 했을 때의 그 몫을 $q(x)$ 라하고 나머지를 $r(x)$ 라 놓으면

$$\frac{f(x)}{g(x)} = q(x) + \frac{r(x)}{g(x)}$$

로 나타낼 수 있다. 이 때 $q(x)$ 는 다항함수이고

$$\frac{r(x)}{g(x)}, \qquad g(x) \neq 0$$

은 $r(x)$의 차수가 $g(x)$의 차수보다 낮은 **진유리함수**(proper rational function)가 된다. 따라서 유리함수의 적분은 진유리함수를 어떻게 적분하느냐 하는 문제로 귀결된다.

임의의 진유리함수 $\dfrac{f(x)}{g(x)}$ 는 부분분수로 분해하여 적분하면 된다.

예 제 1. $\displaystyle\int \frac{x+1}{x(x-1)^2(x+2)}\,dx$ 를 구하여라.

[**풀이**] 분모의 인수가 모두 1차이므로

$$\frac{x+1}{x(x-1)^2(x+2)} = \frac{A}{x} + \frac{B}{x-1} + \frac{C}{(x-1)^2} + \frac{D}{(x+2)}$$

와 같이 부분분수로 분해해서 상수 A, B, C, D 를 정한다. 위 식에서 분모를 없애면

$$x+1 = A(x-1)^2(x+2) + Bx(x-1)(x+2) + Cx(x+2) + Dx(x-1)^2$$

이고, 이 방정식이 항등적으로 성립해야 하므로 $x=0$, $x=1$, $x=-2$ 를 대입하여 각각 $A=1/2$, $C=2/3$, $D=1/18$ 를 얻는다. 또 양변에 x^3 의 계수를 비교하

면 $0 = A + B + D$ 이므로 $B = -5/9$ 이다. 따라서 구하는 적분은

$$\begin{aligned}\int & \frac{x+1}{x(x-1)^2(x+2)}\,dx \\ &= \int \left(\frac{1}{2x} - \frac{5}{9(x-1)} + \frac{2}{3(x-1)^2} + \frac{1}{18(x+2)}\right) dx \\ &= \frac{1}{2}\ln|x| - \frac{5}{9}\ln|x-1| - \frac{2}{3(x-1)} + \frac{1}{18}\ln|x+2| + C\end{aligned}$$

이다.

피적분함수가 $\sin x$, $\cos x$, $\tan x$ 에 관한 유리함수일 때

$$t = \tan\frac{x}{2} \quad \text{로 치환하면} \quad dx = \frac{2}{1+t^2}\,dt$$

이므로 다음과 같이 t 에 관한 유리함수로 나타낼 수 있다.

- $$\begin{aligned}\sin x &= 2\sin\frac{x}{2}\cos\frac{x}{2} \\ &= 2\tan\frac{x}{2}\cos^2\frac{x}{2} \\ &= 2\tan\frac{x}{2}\frac{1}{\sec^2\frac{x}{2}} \\ &= 2\tan\frac{x}{2}\frac{1}{1+\tan^2\frac{x}{2}} \\ &= \frac{2t}{1+t^2},\end{aligned}$$
- $$\cos x = 2\cos^2\frac{x}{2} - 1 = \frac{2}{1+t^2} - 1 = \frac{1-t^2}{1+t^2},$$
- $$\tan x = \frac{\sin x}{\cos x} = \frac{2t}{1-t^2}.$$

따라서 피적분함수는 t 에 관한 유리함수로 변형되므로 유리함수의 적분법을 이

용하여 적분이 가능하다.

예 제 **2.** $\displaystyle\int \frac{1}{1+2\cos x}\,dx$ 를 구하여라.

[**풀이**] $t = \tan(x/2)$ 로 치환하면

$$\begin{aligned}
\int \frac{1}{1+2\cos x}\,dx &= \int \frac{1}{1+2\left(\dfrac{1-t^2}{1+t^2}\right)} \frac{2}{1+t^2}\,dt \\
&= -2\int \frac{1}{t^2-3}\,dt \\
&= \frac{1}{\sqrt{3}}\int \left(\frac{1}{t+\sqrt{3}} - \frac{1}{t-\sqrt{3}}\right) dt \\
&= \frac{1}{\sqrt{3}}(\ln|t+\sqrt{3}| - \ln|t-\sqrt{3}|) + C \\
&= \frac{1}{\sqrt{3}}\ln\left|\frac{\tan\frac{x}{2}+\sqrt{3}}{\tan\frac{x}{2}-\sqrt{3}}\right| + C
\end{aligned}$$

연습문제 3-3

1. 다음 부정적분을 구하여라.

(1) $\displaystyle\int \frac{x^3+x}{x-1}\,dx$　　(2) $\displaystyle\int \frac{x^2+2x-1}{2x^3+3x^2-2x}\,dx$

(3) $\displaystyle\int \frac{1}{x^2-1}\,dx$　　(4) $\displaystyle\int \frac{x^2}{x+1}\,dx$

(5) $\displaystyle\int \frac{x^2+1}{x^2-x}\,dx$　　(6) $\displaystyle\int \frac{2x+3}{(x+1)^2}\,dx$

2. 다음 부정적분을 구하여라.

(1) $\displaystyle\int \frac{1}{1-\cos x}\,dx$ (2) $\displaystyle\int \frac{1}{2+\cos x}\,dx$

(3) $\displaystyle\int \frac{1}{1+\sin x-\cos x}\,dx$ (4) $\displaystyle\int \frac{1}{3\sin x+4\cos x}\,dx$

(5) $\displaystyle\int \cos^3 x\,dx$ (6) $\displaystyle\int \sin^3 x\cos^2 x\,dx$

3.4 정적분

곡선 $y = f(x)$ $(f(x) \geq 0)$ 와 직선 $x = a$, 직선 $x = b$ 및 x 축으로 둘러싸인 영역의 면적을 구하는 문제를 생각해보자. 한 예를 통해서 살펴보면 포물선 $y = x^2$, x 축 그리고 $x = 1$ 로 둘러싸인 면적을 구해보면 면적의 근삿값을 구하는 한 방법은 구간 $[0, 1]$ 을 같은 길이의 부분구간들로 분할하고, 밑변을 이 부분구간으로 하고 높이를 각 부분구간의 오른쪽 끝점에서의 함숫값으로 택한 직사각형들을 생각하는 것이다. 아래 그림은 4개, 8개, 그리고 n 개의 직사각형으로 근사 시킨 것이다. 그림에서 보는 것과 같이 n 이 증가할 때 직사각형의 면적 S_n 은 구하고자 하는 영역의 면적에 더욱 더 가까운 근삿값이 됨을 알 수 있다. 따라서 면적을 직사각형의 면적의 극한이라고 정의하는 것은 자연스럽다.

그림 3-1(c) 에서 n 개의 직사각형들의 면적의 합을 S_n 이라고 하자. 각각의 직사각형은 가로 $1/n$ 이고 세로가 점 $1/n, 2/n, \ldots, n/n$ 에서 함수 $f(x) = x^2$ 의 함숫값으로 갖는 것이다. 다시 말하면, 세로는 $(1/n)^2, (2/n)^2, \ldots, (n/n)^2$ 인 것이다. 따라서

$$S_n = \frac{1}{n}\left(\frac{1}{n}\right)^2 + \frac{1}{n}\left(\frac{2}{n}\right)^2 + \frac{1}{n}\left(\frac{3}{n}\right)^2 + \cdots + \frac{1}{n}\left(\frac{n}{n}\right)^2$$

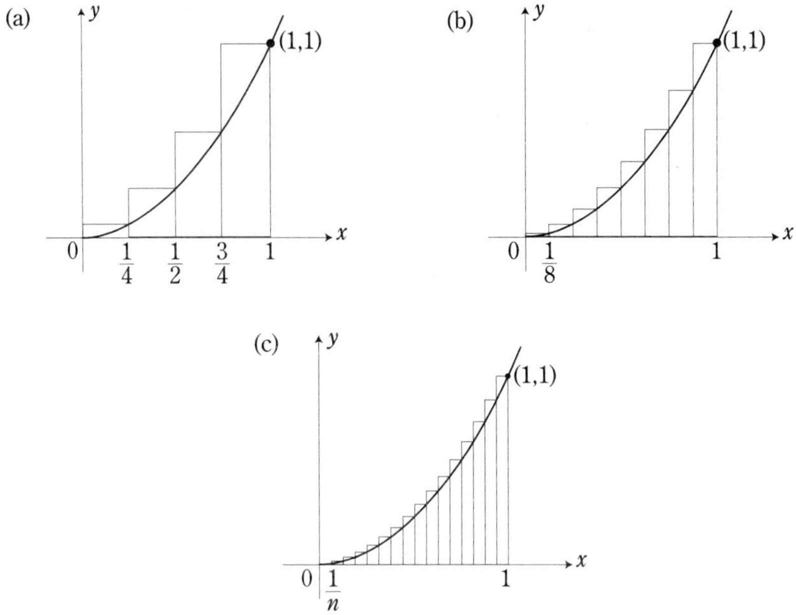

[그림 3-1]

$$= \frac{1}{n^3}(1^2 + 2^2 + 3^2 + \cdots + n^2)$$
$$= \frac{(n+1)(2n+1)}{6n^2}$$

이므로 면적은

$$\lim_{n\to\infty} S_n = \lim_{n\to\infty} \frac{(n+1)(2n+1)}{6n^2} = \lim_{n\to\infty} \frac{1}{6}\left(1+\frac{1}{n}\right)\left(2+\frac{1}{n}\right) = \frac{1}{3}$$

이다.

함수 f 가 폐구간 $[a, b]$ 에서 정의되었다고 하자. 구간 $[a, b]$ 의 양 끝점 a 와 b 사이에 있는 임의의 $n-1$ 의 점 x_1, x_2, $\ldots$, x_{n-1} 을

$$a = x_0 < x_1 < x_2 < \cdots < x_{n-1} < x_n = b$$

가 되도록 잡으면, $n+1$ 개의 점 $a = x_0$, x_1, x_2, $\ldots$, x_{n-1}, $x_n = b$ 는 구

간 $[a, b]$ 를 n 개의 소구간 $[x_0, x_1]$, $[x_1, x_2]$, $\ldots$, $[x_{n-1}, x_n]$ 로 나눈다. 이 때 $P = \{x_0, x_1, \ldots, x_n\}$ 을 $[a, b]$ 의 **분할**(partition)이라 한다. 또한 분할 P 의 각 소구간 $[x_{i-1}, x_i]$ 의 길이를 $\Delta x_i = x_i - x_{i-1}$ 로 나타낼 때 Δx_1, Δx_2, $\ldots$, Δx_n 중에서 가장 큰 값을 P 의 **노름**(Norm)이라 하고 $\|P\|$ 로 나타낸다. 특히, 각 소구간의 길이 Δx_i 가 모두 같으면 P 를 **정칙분할**(regular partition)이라 한다. 이 때 $\|P\|$ 는 $(b-a)/n$ 가 된다.

분할 P 의 각 소구간 $[x_{i-1}, x_i]$ 에서 임의의 점 ξ_i 를 택하여 만든 합

$$\sum_{i=1}^{n} f(\xi_i)\Delta x_i \tag{3.1}$$

을 함수 f 의 분할 P 에 대한 **리만합**(Riemann sum)이라 한다.

함수 f 가 폐구간 $[a, b]$ 에서 유계함수라 하자. 리만 합 (3.1) 에서 $\|P\|$ 가 0 에 가까이 갈 때 극한값

$$\lim_{\|P\|\to 0} \sum_{i=1}^{n} f(\xi_i)\Delta x_i$$

가 존재하면, 함수 f 는 $[a, b]$ 에서 **적분가능**(integrable)하다고 말하고, 이 값을 함수 f 에 대한 $x = a$ 에서 $x = b$ 까지의 **정적분**(definite integral) 또는 **리만적분**(Riemann integral)이라 하고

$$\int_a^b f(x)\,dx$$

로 나타낸다. 이 때 $f(x)$ 를 **피적분함수**(integrand)라 하고 a 를 정적분의 **아래끝**(lower limit of integration), b 를 정적분의 **윗끝**(upper limit of integration)이라 부른다.

위의 정적분의 정의로부터 주어진 함수 f 가 구간 $[a, b]$ 에서 적분가능이면, $[a, b]$ 의 분할 P 의 노름 $\|P\|$ 이 한없이 0 에 가까워지도록 잡아갈 때, 분할 P 의 각 소구간 $[x_{i-1}, x_i]$ 에서 점 ξ_i 를 어떻게 택하든지 함수 f 의 P 에 대한 리만 합은 항상 일정한 값에 수렴함을 알 수 있다.

함수 $y = f(x)$ 가 구간 $[a, b]$ 에서 적분가능이면, $[a, b]$ 의 분할 방법이나 임의의 분할에 대한 각 소구간 $[x_{i-1}, x_i]$ 에서의 ξ_i 를 선택하는 방법에 관계없이 정적분의 값이 정하여지므로, 정적분의 값을 쉽게 계산하기 위하여 구간 $[a, b]$ 를 n 등분하여 $\Delta x_i = \dfrac{b-a}{n}$, $\xi_i = a + i\Delta x_i$ 로 하면 편리하다. 이때 정적분의 값은

$$\int_a^b f(x)\,dx = \lim_{n\to\infty}\sum_{i=1}^{n} f(a + i\Delta x_i)\Delta x_i$$

위의 경우는 ξ_i 를 분할에 의한 각 소구간에서의 위 끝점이 되도록 선택한 경우이다. 아래 끝점이 대응되도록 $\xi_i = a + (i-1)\Delta x_i$ 으로 선택한다면 정적분의 값은

$$\int_a^b f(x)\,dx = \lim_{n\to\infty}\sum_{i=1}^{n} f(a + (i-1)\Delta x_i)\Delta x_i$$

와 같다.

정적분의 정의에서 $a < b$ 로 하였으나, $a \geq b$ 인 경우에는

$$\int_a^a f(x)\,dx = 0, \qquad \int_a^b f(x)\,dx = -\int_b^a f(x)\,dx$$

로 정의한다.

예 제 1. 정적분의 정의를 이용하여 다음의 값을 구하여라.

(1) $\displaystyle\int_a^b x\,dx$ (2) $\displaystyle\int_a^b e^x\,dx$

[**풀이**] (1) 정적분의 정의로부터

$$\begin{aligned}\int_a^b x\,dx &= \lim_{n\to\infty}\frac{b-a}{n}\sum_{i=1}^{n}\left[a + \frac{b-a}{n}(i-1)\right]\\ &= \lim_{n\to\infty}\frac{b-a}{n}\left[na + \frac{b-a}{n}\sum_{i=1}^{n}(i-1)\right]\\ &= \lim_{n\to\infty}\frac{b-a}{n}\left[na + \left(\frac{b-a}{n}\right)\frac{n(n-1)}{2}\right]\end{aligned}$$

$$= a(b-a) + \frac{(b-a)^2}{2} \lim_{n\to\infty}\left(1-\frac{1}{n}\right)$$

$$= \frac{b^2-a^2}{2}$$

이다.

(2) $h = \dfrac{b-a}{n}$ 라 놓으면, 정적분의 정의로부터

$$\begin{aligned}\int_a^b e^x\,dx &= \lim_{n\to\infty} h\sum_{i=1}^{n} e^{a+(i-1)h}\\ &= \lim_{n\to\infty} h\left(e^a + e^{a+h} + e^{a+2h} + \cdots + e^{a+(n-1)h}\right)\\ &= \lim_{n\to\infty} he^a\left(1 + e^h + e^{2h} + \cdots + e^{(n-1)h}\right)\\ &= \lim_{n\to\infty} he^a\frac{e^{nh}-1}{e^h-1}\\ &= \lim_{n\to\infty}\frac{h}{e^h-1}\, e^a(e^{nh}-1)\end{aligned}$$

이다. 또한 $h = \dfrac{b-a}{n}$ 로부터 $nh = b-a$ 이고

$$\lim_{n\to\infty}\frac{h}{e^h-1} = \lim_{h\to 0}\frac{h}{e^h-1} = 1$$

이므로

$$\int_a^b e^x\,dx = \lim_{n\to\infty} e^a(e^{b-a}-1) = e^b - e^a$$

이다.

예 제 2. 함수 f 가 폐구간 $[a, b]$ 에서

$$f(x) = \begin{cases} 1, & (x\text{ 가 유리수일 때})\\ 0, & (x\text{ 가 무리수일 때})\end{cases}$$

로 정의되었을 때, $[a, b]$ 에서 함수 f 의 적분가능성을 조사하여라.

[**풀이**] 구간 $[a, b]$ 를 어떻게 분할하든지, 소구간 $[x_{i-1}, x_i]$ 에는 유리수와 무리수의 조밀성에 의하여 반드시 어떤 유리수와 무리수를 동시에 포함한다. 따라서

$$M_i = \max_{x \in [x_{i-1}, x_i]} f(x) = 1, \qquad m_i = \min_{x \in [x_{i-1}, x_i]} f(x) = 0$$

이므로

$$\lim_{||P|| \to 0} \sum_{i=1}^{n} m_i \Delta x_i = 0, \qquad \lim_{||P|| \to 0} \sum_{i=1}^{n} M_i \Delta x_i = b - a$$

이다. 그러므로 적분가능이 아니다.

정적분의 정의로부터 우리는 다음 두 가지 의문을 갖게 된다. 하나는 어떠한 함수가 적분가능한가 하는 것이고, 다른 하나는 함수가 적분가능하다면 그 정적분 값을 어떻게 구하는가 하는 것이다. 다음 정리들은 먼저 첫째 의문에 대한 답을 준다.

정 리 3.4.1. 함수 f 가 $[a, b]$ 에서 연속이면, 함수 f 는 $[a, b]$ 에서 적분가능하다.

[**증명**] 이 정리의 증명은 생략한다.

정 리 3.4.2. a, b, c 가 함수 f 의 적분가능한 구간 내의 임의의 점들 일 때

$$\int_a^b f(x)\, dx = \int_a^c f(x)\, dx + \int_c^b f(x)\, dx$$

이다.

[**증명**] a, b, c의 관계가 $a < c < b$인 경우에, c가 구간 $[a, b]$에 대한 분할 P에 의해서 생성되는 소구간 중의 한 분점 x_k 이 되도록 잡는다. 그러면

$$\begin{aligned}\int_a^b f(x)\,dx &= \lim_{\|P\|\to 0} \sum_{i=1}^{n} f(x_i^*)\Delta x_i \\ &= \lim_{\|P\|\to 0} \left[\sum_{i=1}^{k} f(x_i^*)\Delta x_i + \sum_{i=k+1}^{n} f(x_i^*)\Delta x_i \right] \\ &= \int_a^c f(x)\,dx + \int_c^b f(x)\,dx\end{aligned}$$

이므로 정리의 내용을 만족시킨다. 나머지 $a < b < c$와 $c < a < b$인 경우에도 같은 방법으로 증명할 수 있다.

정 리 3.4.3. 함수 f, g가 $[a, b]$에서 적분가능하면 $f \pm g$, αf (α: 상수)도 적분가능하고

$$\int_a^b [f(x) \pm g(x)]\,dx = \int_a^b f(x)\,dx \pm \int_a^b g(x)\,dx$$

$$\int_a^b \alpha f(x)\,dx = \alpha \int_a^b f(x)\,dx$$

이다.

[**증명**] (i) $$\begin{aligned}\int_a^b [f(x) \pm g(x)]\,dx &= \lim_{\|P\|\to 0} \sum_{i=1}^{n} [f(x_i^*) \pm g(x_i^*)]\Delta x_i \\ &= \lim_{\|P\|\to 0} \sum_{i=1}^{n} f(x_i^*)\Delta x_i \pm \lim_{\|P\|\to 0} \sum_{i=1}^{n} g(x_i^*)\Delta x_i \\ &= \int_a^b f(x)\,dx \pm \int_a^b g(x)\,dx\end{aligned}$$

(ii) $$\int_a^b \alpha f(x)\,dx = \lim_{\|P\|\to 0} \sum_{i=1}^{n} \alpha f(x_i^*)\Delta x_i = \alpha \lim_{\|P\|\to 0} \sum_{i=1}^{n} f(x_i^*)\Delta x_i = \alpha \int_a^b f(x)\,dx$$

정 리 **3.4.4.** 함수 f 가 $[a, b]$ 에서 적분가능하고 $f(x) \geq 0$ 이면

$$\int_a^b f(x)\, dx \geq 0$$

이다.

[**증명**] 임의의 분할 $a = x_0 < x_1 < x_2 < \ldots < x_{i-1} < x_i < \ldots < x_n = b$ 에 대하여 구간 $[x_{i-1}, x_i]$ 의 임의의 점 x_i^* 에 대하여 $f(x_i^*) \geq 0$ 이고, $\Delta x_i = x_i - x_{i-1} \geq 0$ 이므로

$$\sum_{i=1}^{n} f(x_i^*)\Delta x_i \geq 0$$

이다. 따라서

$$\int_a^b f(x)\, dx = \lim_{\|P\|\to 0} \sum_{i=1}^{n} f(x_i^*)\Delta x_i \geq 0$$

이다.

정 리 **3.4.5.** 함수 f, g 가 $[a, b]$ 에서 적분가능이라 하자.

(1) $[a, b]$ 에서 $f(x) \geq g(x)$ 이면 $\displaystyle\int_a^b f(x)\, dx \geq \int_a^b g(x)\, dx$ 이다.

(2) $\displaystyle\left|\int_a^b f(x)\, dx\right| \leq \int_a^b |f(x)|\, dx$

[**증명**] (1) $f(x) \geq g(x)$ 이면 $f(x) - g(x) \geq 0$ 이므로, 정리 3.4.4 에 의해서

$$\int_a^b f(x)\, dx - \int_a^b g(x)\, dx = \int_a^b (f(x) - g(x))\, dx \geq 0$$

이다. 따라서

$$\int_a^b f(x)\, dx \geq \int_a^b g(x)\, dx$$

이다.

(2) f가 적분가능이면 $|f|$도 적분가능이고, $-|f(x)| \le f(x) \le |f(x)|$이므로

$$-\int_a^b |f(x)|\,dx \le \int_a^b f(x)\,dx \le \int_a^b |f(x)|\,dx$$

이다. 따라서

$$\left|\int_a^b f(x)\,dx\right| \le \int_a^b |f(x)|\,dx$$

이다.

정 리 3.4.6. [적분의 평균값 정리] 함수 f가 $[a, b]$에서 연속이면

$$\int_a^b f(x)\,dx = f(\xi)(b-a)$$

인 ξ가 구간 (a, b) 내에 존재한다.

[**증명**] $f(x)$가 폐구간 $[a, b]$에서 연속이므로 최댓값 M과 최솟값 m을 갖는다. 즉, $[a, b]$에 있는 임의의 x에 대하여 $m \le f(x) \le M$이다. 따라서 정리 3.4.5에 의하여

$$\int_a^b m\,dx \le \int_a^b f(x)\,dx \le \int_a^b M\,dx$$

이므로

$$m(b-a) \le \int_a^b f(x)\,dx \le M(b-a)$$

이다. 또한 $a < b$으로부터 $b-a > 0$이므로, 위의 부등식으로부터

$$m \le \frac{1}{b-a}\int_a^b f(x)\,dx \le M$$

을 얻는다. 따라서, 중간값의 정리에 의하여

$$f(\xi) = \frac{1}{b-a}\int_a^b f(x)\,dx$$

을 만족하는 ξ 가 (a, b) 내에 반드시 존재한다. 따라서

$$\int_a^b f(x)\,dx = f(\xi)(b-a)$$

인 ξ 가 (a, b) 내에 존재한다.

연습문제 3-4

1. $\displaystyle\int_1^2 x^3\,dx$ 를 정적분의 정의를 이용해서 구하여라.

2. 함수 f 가 구간 $[0, 1]$ 에서

$$f(x) = \begin{cases} 1, & x\text{ 가 유리수일 때} \\ -1, & x\text{ 가 무리수일 때} \end{cases}$$

로 정의되었을 때, f 와 $|f|$ 의 적분가능성을 조사하여라.

3. 함수 $f(x) = x^2$ 이 주어졌을 때, 구간 $[1, 4]$ 에서 적분의 평균값의 정리를 만족하는 ε 을 구하여라.

4. 다음 극한을 정적분을 이용하여 나타내어라.

(1) $\displaystyle\lim_{n\to\infty}\sum_{k=1}^{n}\frac{k}{n^2+k^2}$ (2) $\displaystyle\lim_{n\to\infty}\frac{1}{\sqrt{n}}\sum_{k=1}^{n}\frac{1}{\sqrt{n+k}}$

3.5 미적분학의 기본정리

미분적분학의 정리가 중요한 점은 정적분을 계산하는데 그 정의대로 하는 것이 아니라 피적분함수의 부정적분을 구함으로써 간단히 계산할 수 있다는 사실이다. 또한 중요한 사실은 모든 연속함수는 항상 원시함수를 갖는다는 것이다.

정의에 의하여 함수 f 가 구간 $[a, b]$ 에서 연속이면 정적분이 가능하며, $[a, b]$ 의 모든 x 에 대하여 실수 $\int_a^x f(t)\,dt$ 를 대응시킬 수 있으므로 다음과 같은 함수

$$F(x) = \int_a^x f(t)\,dt\,, \qquad a \leq x \leq b$$

를 얻는다.

정 리 3.5.1. [**미적분학의 기본정리1**] 함수 f 가 $[a, b]$ 에서 연속이면 함수

$$F(x) = \int_a^x f(t)\,dt\,, \qquad a \leq x \leq b$$

는 $[a, b]$ 에서 연속이고 (a, b) 에서 미분가능하며, $F'(x) = f(x)$ 이다.

[**증명**] 도함수의 정의로부터

$$F'(x) = \lim_{h \to 0} \frac{F(x+h) - F(x)}{h} = \lim_{h \to 0} \frac{1}{h}\left[\int_a^{x+h} f(t)\,dt - \int_a^x f(t)\,dt\right]$$

이다. 한편

$$\int_a^{x+h} f(t)\,dt = \int_a^x f(t)\,dt + \int_x^{x+h} f(t)\,dt$$

이므로

$$F'(x) = \lim_{h \to 0} \frac{1}{h} \int_x^{x+h} f(t)\,dt$$

이다. 그런데 평균값의 정리에 의하여

$$\int_x^{x+h} f(t)\,dt = hf(\varepsilon)$$

인 ε 가 $(x,\, x+h)$ (또는 $(x+h,\, x)$)내에 존재한다. 따라서

$$F'(x) = \lim_{h\to 0} \frac{1}{h}\int_x^{x+h} f(t)\,dt = \lim_{h\to 0} f(\varepsilon) = f(x)$$

이다. 즉, $F'(x) = f(x)$ 이므로 F 는 f 의 부정적분이다.

예 제 1. f 가 $[a,\, \infty)$ 에서 연속일 때 $\displaystyle\int_a^{x^3} f(t)\,dt$ 의 도함수를 구하여라.

[**풀이**] 함수 $\displaystyle\int_a^{x^3} f(t)\,dt$ 는 두 함수

$$F(x) = \int_a^x f(t)\,dt, \qquad g(x) = x^3$$

의 합성함수이므로

$$\frac{d}{dx}\int_a^{x^3} f(t)\,dt = \frac{d}{dx}F(g(x)) = F'(g(x))\cdot g'(x) = f(x^3)(3x^2) = 3x^2 f(x^3)$$

이다.

다음 정리는 함수에 관한 정적분 값을 부정적분을 이용하여 쉽게 구하는 방법을 제시한다.

정 리 3.5.2. [**미적분학의 기본정리2**] 함수 f 가 $[a,\, b]$ 에서 연속일 때, G 가 $[a,\, b]$ 에서 f 의 한 부정적분이면

$$\int_a^b f(x)\,dx = G(b) - G(a)$$

이다.

[**증명**] 가정에서 함수 G은 f의 한 부정적분이고, 정리 3.5.1 에서 함수

$$F(x) = \int_a^x f(t)\, dt$$

도 f의 한 부정적분이다. 따라서, 부정적분의 정의로부터 적당한 상수 C가 존재하여

$$G(x) = F(x) + C$$

가 된다. 그런데 $F(a) = \int_a^a f(t)\, dt = 0$ 이므로 $C = G(a)$ 이다. 그러므로

$$G(x) = F(x) + G(a)$$

이다. 여기에 $x = b$를 대입하면 $G(b) = F(b) + G(a)$ 이 성립함으로

$$G(b) - G(a) = F(b) = \int_a^b f(x)\, dx$$

이다.

위 정리에서 $\int_a^b f(x)\, dx = G(b) - G(a)$ 의 우변의 내용을 기호 $G(x)]_a^b$ 또는 $[G(x)]_a^b$ 으로 나타내면

$$\int_a^b f(x)\, dx = G(x)]_a^b, \qquad \int_a^b f(x)\, dx = [G(x)]_a^b$$

와 같다.

예 제 2. $\int_1^4 (x^3 - 2)\, dx$ 를 구하여라.

[**풀이**] 미적분학의 기본정리로부터

$$\int_1^4 (x^3 - 2)\, dx = \left[\frac{1}{4}x^4 - 2x\right]_1^4 = 57\frac{3}{4}$$

이다.

예 제 3. 다음 함수의 도함수를 구하여라.

$$(1)\ f(x) = \int_0^{x^2} \sqrt{1+t^2}\, dt \qquad (2)\ g(x) = \int_1^{3x} \sin(t^2)\, dt$$

[풀이] (1) $F(x) = \displaystyle\int_0^x \sqrt{1+t^2}\, dt$, $g(x) = x^2$ 라 놓으면 $f(x) = F(g(x))$ 이다. 따라서

$$f'(x) = F'(g(x)) \cdot g'(x) = \sqrt{1+(x^2)^2}(2x) = 2x\sqrt{1+x^4}$$

이다.

(2) $F(x) = \displaystyle\int_1^x \sin(t^2)\, dt$, $h(x) = 3x$ 라 놓으면 $g(x) = F(h(x))$ 이므로

$$g'(x) = F'(h(x)) \cdot h'(x) = \sin(9x^2) \cdot 3 = 3\sin(9x^2)$$

이다.

예 제 4. $\displaystyle\int_3^{2x-1} f(t)\, dt = x^2 - ax$ 인 함수 $f(x)$ 를 구하여라.

[풀이] 준 방정식에서 $x = 2$ 일 때 좌변이 0 이므로 $0 = 2^2 - 2a$ 이다. 따라서 $a = 2$ 이다. 여기서 $u = 2x - 1$ 로 치환하면 준 방정식은

$$\int_3^u f(t)\, dt = \frac{1}{4}(u^2 - 2u - 3)$$

이다. 따라서 위의 식의 양변을 u 에 관하여 미분하면

$$f(u) = \frac{d}{du}\left[\frac{1}{4}(u^2 - 2u - 3)\right] = \frac{1}{2}u - \frac{1}{2}$$

이므로 구하는 해 $f(x)$ 는

$$f(x) = \frac{1}{2}x - \frac{1}{2}$$

이다.

연습문제 3-5

1. 다음 정적분의 값을 구하여라.

(1) $\displaystyle\int_{-1}^{3} x\,dx$ (2) $\displaystyle\int_{1}^{4} \frac{1}{\sqrt{9x^3}}\,dx$

2. 다음 함수의 도함수를 구하여라.

(1) $f(x) = \displaystyle\int_{-1}^{x} (6t^2 + t - 3)\,dt$ (2) $f(x) = \displaystyle\int_{1}^{x} \frac{1}{t}\,dt$

(3) $f(x) = \displaystyle\int_{1}^{x^2} \sqrt{1 - t^2}\,dt \ \ (|t| \le 1)$ (4) $f(x) = \displaystyle\int_{x^3}^{0} \frac{1}{1 + t^2}\,dt$

3. $f(x) = \sin^2 x + \displaystyle\int_{-\pi}^{\pi} f(x)\,dx$ 인 f 를 구하여라.

4. $f(x) = e^x + x - \displaystyle\int_{0}^{x} f'(t)e^t\,dt$ 에서 f 를 구하여라.

5. $\displaystyle\int_{0}^{2x} f(t)\,dt = 4x^2 - 2x$ 일 때, $\displaystyle\int_{0}^{1} f(3x^2)\,dx$ 를 구하여라.

3.6 정적분의 계산법

부정적분의 치환적분법, 부분적분법을 이용하여 정적분을 계산해 보자.

정 리 **3.6.1.** [**정적분의 치환적분법**] 함수 $f(x)$ 가 구간 $[a, b]$ 에서 연속이고, t 의 함수 $x = g(t)$ $(\alpha \leq t \leq \beta)$의 도함수 $g'(t)$ 가 연속이고

$$a = g(\alpha), \qquad b = g(\beta)$$

이면

$$\int_a^b f(x)\,dx = \int_\alpha^\beta f(g(t))g'(t)\,dt$$

이다.

[**증명**] 부정적분에 대한 치환적분법에 의해 $x = g(t)$이므로

$$\int f(x)\,dx = \int f(g(t))g'(t)\,dt$$

이다. 여기서

$$F(x) = \int f(x)\,dx, \qquad G(t) = \int f(g(t))g'(t)\,dt$$

로 놓으면 $F(x) = F(g(t)) = G(t)$ 이고

$$F(a) = G(\alpha), \qquad F(b) = G(\beta)$$

이다. 따라서 미적분학의 기본정리에 의하여

$$\int_a^b f(x)\,dx = F(b) - F(a) = G(\beta) - G(\alpha) = \int_\alpha^\beta f(g(t))g'(t)\,dt$$

이다.

예 제 **1.** $\displaystyle\int_3^8 \frac{x-1}{x\sqrt{x+1}}\,dx$ 를 구하여라.

[**풀이**] $\sqrt{x+1}=t$ 로 치환하면

$$x=t^2-1, \qquad dx=2t\,dt$$

이고

$$x=3 \text{ 일 때 } t=2, \qquad x=8 \text{ 일 때 } t=3$$

이므로

$$\begin{aligned}
\int_3^8 \frac{x-1}{x\sqrt{x+1}}\,dx &= \int_2^3 \frac{t^2-2}{(t^2-1)t}2t\,dt \\
&= 2\int_2^3 \frac{t^2-2}{t^2-1}\,dt \\
&= 2\int_2^3 \left(1-\frac{1}{t^2-1}\right)\,dt \\
&= 2\left[t-\frac{1}{2}\ln\frac{t-1}{t+1}\right]_2^3 \\
&= 2+\ln\frac{2}{3} \qquad \left(\text{또는, } =2-\ln\frac{3}{2}\right)
\end{aligned}$$

이다.

정 리 3.6.2. [**정적분의 부분적분법**] 함수 f, g 가 구간 $[a,b]$ 에서 연속이고, f', g' 이 연속이면

$$\int_a^b f(x)g'(x)\,dx = [f(x)g(x)]_a^b - \int_a^b f'(x)g(x)\,dx$$

이다.

[**증명**] 함수 곱 $f(x)g(x)$의 도함수는

$$(f(x)g(x))' = f'(x)g(x) + f(x)g'(x)$$

이므로 미적분학의 기본정리에 의하여

$$\int_a^b [f'(x)g(x) + f(x)g'(x)]\,dx = [f(x)g(x)]_a^b$$

이다. 따라서

$$\int_a^b f(x)g'(x)\,dx = [f(x)g(x)]_a^b - \int_a^b f'(x)g(x)\,dx$$

이다.

예 제 2. $\int_0^{\frac{\pi}{2}} x\cos x\,dx$를 구하여라.

[**풀이**] 정적분에 대한 부분적분법을 적용하면

$$\int_0^{\frac{\pi}{2}} x\cos x\,dx = [x\sin x]_0^{\frac{\pi}{2}} - \int_0^{\frac{\pi}{2}} \sin x\,dx = \frac{\pi}{2} - [-\cos x]_0^{\frac{\pi}{2}} = \frac{\pi}{2} - 1$$

을 얻는다.

연습문제 3-6

1. 다음 정적분의 값을 구하여라.

(1) $\int_{-1}^{0} x^2\sqrt{x+1}\,dx$ (2) $\int_0^2 x^2\sqrt{4-x^2}\,dx$

(3) $\int_0^{\pi/2} \sin^3 x\,dx$ (4) $\int_1^{e^2} \frac{\ln x}{x}\,dx$

2. 다음 정적분의 값을 구하여라.

(1) $\int_0^1 xe^x\,dx$ (2) $\int_0^\pi x^3 \sin x\,dx$

3. $f(-x)=f(x)$ 이면 $\int_{-a}^{a} f(x)\,dx = 2\int_0^a f(x)\,dx$ 임을 증명하여라.

3.7 이상적분

우리는 지금까지 유계인 폐구간 $[a, b]$ 에서 함수를 적분하였고, 더욱이 함수 f 가 $[a, b]$ 에서 유계인 함수 (즉, $[a, /b]$ 내의 모든 x 에 대하여 $|f(x)| \le M$ 을 만족하는 상수 M 이 존재하는 함수)임을 가정해 왔다.

이제 유계인 구간에서 유계가 아닌 함수 $(f \ge 0)$ 에 관련한 면적(그림 3-2)과 유계가 아닌 구간과 개구간에서 함수 $(f \ge 0)$ 에 관련된 면적(그림 3-3)에 대하여 생각하여 보자.

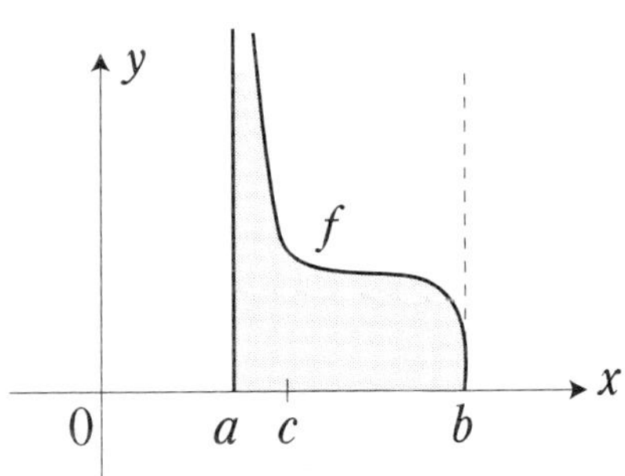

[그림 3-2]

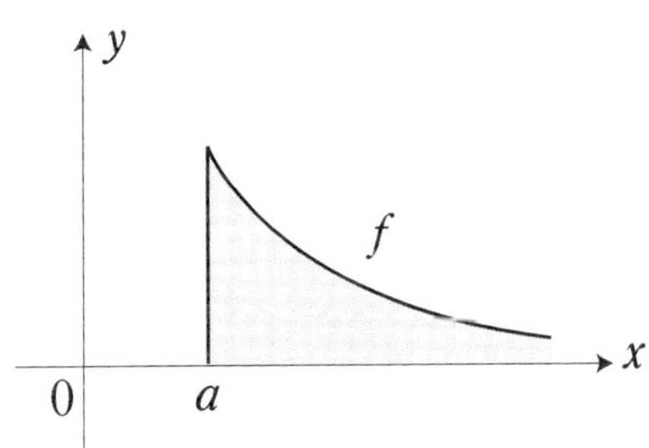

[그림 3-3]

이러한 경우에 면적이 무한히 커질 수도 있지만 유한인 경우도 있다. 이와 같이 피적분함수 또는 적분구간이 유계가 아니거나, 혹은 개구간에서의 정적분을

이상적분(improper integral)이라 한다. 이제 이상적분의 형태를 유형별로 알아보도록 한다.

(1) 함수 f가 구간 (a, b]에서 연속이고 a 근처에서 유계가 아닌 경우

함수 f가 구간 $(a, b]$에서 연속이고 a 근처에서 유계가 아니라고 가정하자. 그러면 $a < c < b$인 임의의 점 c에 대하여 함수 f는 $[c, b]$에서 연속이므로 적분가능하다. 따라서 $\int_c^b f(x)\,dx$가 정의된다. 이러한 경우에 극한

$$\lim_{c\to a^+}\int_c^b f(x)\,dx$$

가 존재하면 $\int_a^b f(x)\,dx$를 그 극한으로 정의하고, 이상적분 $\int_a^b f(x)\,dx$는 수렴한다고 한다. 반면에 $\lim_{c\to a^+}\int_c^b f(x)\,dx$의 극한이 존재하지 않으면 이상적분 $\int_a^b f(x)\,dx$는 발산한다고 한다.

예 제 1. $\int_0^1 1/\sqrt{x}\,dx$이 수렴함을 보이고, 그 값을 구하여라.

[**풀이**] 피적분함수 $1/\sqrt{x}$은 $(0, 1]$의 모든 점에서 연속이고, $x = 0$ 근처에서 유계가 아니다. 따라서 $0 < c < 1$에 대하여

$$\int_0^1 \frac{1}{\sqrt{x}}\,dx = \lim_{c\to 0^+}\int_c^1 \frac{1}{\sqrt{x}}\,dx = \lim_{c\to 0^+}[2\sqrt{x}]_c^1 = \lim_{c\to 0^+} 2(1-\sqrt{c}) = 2$$

이므로

$$\int_0^1 1/\sqrt{x}\,dx \text{ 는 수렴하고 } \quad \int_0^1 1/\sqrt{x}\,dx = 2$$

이다.

(2) 함수 f가 [a, b)에서 연속이고 b 근처에서 유계가 아닌 경우

함수 f 가 구간 $[a, b)$ 에서 연속이고 b 근처에서 유계가 아니라고 가정하자. 그러면 $[a, b)$ 내의 임의의 점 c에 대하여 함수 f 는 $[a, c]$ 에서 연속이므로 적분가능하다. 따라서 $\int_a^c f(x)\,dx$ 가 정의된다. 이러한 경우에 극한

$$\lim_{c \to b^-} \int_a^c f(x)\,dx$$

가 존재하면 $\int_a^b f(x)\,dx$ 를 그 극한으로 정의하고, 이상적분 $\int_a^b f(x)\,dx$ 는 수렴한다고 한다. 반면에 $\lim_{c \to b^-} \int_a^c f(x)\,dx$ 의 극한이 존재하지 않으면 이상적분 $\int_a^b f(x)\,dx$ 는 발산한다고 한다.

예 제 2. $\int_0^1 \frac{1}{1-x}\,dx$ 의 수렴성을 조사하여라.

[**풀이**] 피적분함수 $1/(1-x)$ 는 구간 $[0, 1)$ 에서 연속이지만 $x = 1$ 의 근처에서 유계가 아니므로 $0 < c < 1$ 에 대하여

$$\lim_{c \to 1^-} \int_0^c \frac{1}{1-x}\,dx = \lim_{c \to 1^-} [-\ln|1-x|]_0^c = \lim_{c \to 1^-} (-\ln(1-c) + 0) = \infty$$

이므로 발산한다.

(3) 함수 f 가 [a, c) 와 (c, b] 에서 연속이고 c 근처에서 유계가 아닌 경우

함수 f 가 $[a, c)$ 와 $(c, b]$ 에서 연속이고 c 근처에서 유계가 아닐 때, 함수 f 에 대한 $[a, b]$ 에서의 이상적분 $\int_a^b f(x)\,dx$ 은 두 개의 이상적분

$$\int_a^c f(x)\,dx, \qquad \int_c^b f(x)\,dx$$

이 모두 수렴할 때

$$\int_a^b f(x)\,dx = \int_a^c f(x)\,dx + \int_c^b f(x)\,dx$$

로 수렴한다고 하고, 그렇지 않으면 이상적분 $\int_a^b f(x)\,dx$ 은 발산한다고 한다.

예 제 3. $\int_0^3 \frac{1}{x-1}\,dx$ 의 수렴성을 조사하여라.

[**풀이**] 피적분함수 $1/(x-1)$ 은 $x=1$ 에서 유계가 아니다. 따라서 주어진 이상적분은

$$\int_0^3 \frac{1}{x-1}\,dx = \int_0^1 \frac{1}{x-1}\,dx + \int_1^3 \frac{1}{x-1}\,dx$$

와 같이 생각될 수 있다. 그런데 우변의 첫 번째 이상적분은

$$\int_0^1 \frac{1}{x-1}\,dx = \lim_{t\to 1^-} \int_0^t \frac{1}{x-1}\,dx = \lim_{t\to 1^-} [\ln|x-1|]_0^t = \lim_{t\to 1^-} \ln(1-t) = -\infty$$

로 발산한다. 따라서 주어진 이상적분은 발산함을 알 수 있다.

예 제 4. $\int_0^1 \frac{1-2x}{\sqrt{x-x^2}}\,dx$ 의 수렴성을 조사하여라.

[**풀이**] 피적분함수$(1-2x)/\sqrt{x-x^2}$ 은 양 끝점 $x=0$, $x=1$ 의 근처에서 유계가 아니다. 따라서 $0<\frac{1}{2}<1$ 인 값에 대하여 주어진 이상적분은

$$\int_0^1 \frac{1-2x}{\sqrt{x-x^2}}\,dx = \int_0^{\frac{1}{2}} \frac{1-2x}{\sqrt{x-x^2}}\,dx + \int_{\frac{1}{2}}^1 \frac{1-2x}{\sqrt{x-x^2}}\,dx$$

이다. 그런데 우변의 첫 번째 이상적분은

$$\int_0^{\frac{1}{2}} \frac{1-2x}{\sqrt{x-x^2}}\,dx = \lim_{u\to 0^+} \int_u^{\frac{1}{2}} \frac{1-2x}{\sqrt{x-x^2}}\,dx = \lim_{u\to 0^+} [2\sqrt{x-x^2}]_u^{1/2} = \sqrt{2}$$

로 수렴하고, 두 번째 이상적분은

$$\int_{\frac{1}{2}}^1 \frac{1-2x}{\sqrt{x-x^2}}\,dx = \lim_{v\to 1^-} \int_{\frac{1}{2}}^v \frac{1-2x}{\sqrt{x-x^2}}\,dx = \lim_{v\to 1^-} [2\sqrt{x-x^2}]_{1/2}^v = -\sqrt{2}$$

로 역시 수렴한다. 따라서 주어진 이상적분

$$\int_0^1 \frac{1-2x}{\sqrt{x-x^2}}\,dx = \int_0^{\frac{1}{2}} \frac{1-2x}{\sqrt{x-x^2}}\,dx + \int_{\frac{1}{2}}^1 \frac{1-2x}{\sqrt{x-x^2}}\,dx = \sqrt{2} + (-\sqrt{2}) = 0$$

으로 수렴한다.

(4) 함수 f 가 $(-\infty, \mathbf{b}]$ 에서 연속인 경우

함수 f 가 $(-\infty, b]$ 에서 연속인 경우에, $a < b$ 인 a 에 대하여 극한

$$\lim_{a\to-\infty} \int_a^b f(x)\,dx$$

이 존재하면 이상적분

$$\int_{-\infty}^b f(x)\,dx$$

는 수렴한다고 하고, 그렇지 않으면 발산한다고 한다. 수렴하는 경우에 이상적분은

$$\int_{-\infty}^b f(x)\,dx = \lim_{a\to-\infty} \int_a^b f(x)\,dx$$

로 정의한다.

예 제 5. $\displaystyle\int_{-\infty}^0 e^x\,dx$ 의 수렴성을 조사하여라.

[풀이] 피적분함수 e^x 은 $(-\infty, 0]$ 에서 연속이고, $a < 0$ 인 a 에 대해

$$\begin{aligned}\int_{-\infty}^0 e^x\,dx &= \lim_{a\to-\infty} \int_a^0 e^x\,dx \\ &= \lim_{a\to-\infty} [e^x]_a^0 \\ &= \lim_{a\to-\infty} \left(e^0 - e^a\right) \\ &= 1\end{aligned}$$

이므로 주어진 이상적분은 수렴한다.

(5) 함수 f 가 [a, ∞) 에서 연속인 경우

함수 f 가 $[a, \infty)$ 에서 연속이고, $a < b$ 인 b 에 대하여 극한

$$\lim_{b\to\infty}\int_a^b f(x)\,dx$$

이 존재하면 이상적분

$$\int_a^\infty f(x)\,dx$$

는 수렴한다고 하고, 그렇지 않으면 발산한다고 한다. 수렴하는 경우에 이상적분은

$$\int_a^\infty f(x)\,dx = \lim_{b\to\infty}\int_a^b f(x)\,dx$$

로 정의한다.

예 제 6. $\int_1^\infty e^{-x}\,dx$ 의 수렴성을 조사하여라.

[**풀이**] 피적분함수 e^{-x} 는 $(1, \infty)$ 에서 연속이고, $1 < b$ 인 b 에 대하여

$$\lim_{b\to\infty}\int_1^b e^{-x}\,dx = \lim_{b\to\infty}\left[-e^{-x}\right]_1^b = \lim_{b\to\infty}\left(-e^{-b}+\frac{1}{e}\right) = \frac{1}{e}$$

이므로 주어진 이상적분은

$$\int_1^\infty e^{-x}\,dx = \lim_{b\to\infty}\int_1^b e^{-x}\,dx = \frac{1}{e}$$

로 수렴한다.

(6) 함수 f 가 (−∞, ∞) 에서 연속인 경우

함수 f 가 $(-\infty, \infty)$ 에서 연속인 경우에, 이상적분

$$\int_{-\infty}^\infty f(x)\,dx$$

은 $-\infty < t < \infty$ 인 t 에 대하여 두 개의 이상적분

$$\int_{-\infty}^{t} f(x)\,dx, \qquad \int_{t}^{\infty} f(x)\,dx$$

이 모두 수렴할 때

$$\int_{-\infty}^{\infty} f(x)\,dx = \int_{-\infty}^{t} f(x)\,dx + \int_{t}^{\infty} f(x)\,dx$$

로 수렴한다고 하고, 그렇지 않으면 이상적분 $\int_{-\infty}^{\infty} f(x)\,dx$ 은 발산한다고 한다.

끝으로 이상적분의 형태가 무한구간에서 피적분함수가 유계가 아닌 경우를 생각해 볼 수 있다. 예를 들어 이상적분

$$\int_{0}^{\infty} \frac{1}{x^2}\,dx$$

은 적분구간이 무한구간이며, 피적분함수 $1/x^2$ 은 $x = 0$ 근처에서 유계가 아니다. 이러한 경우에는 $t > 0$ 인 t 에 대하여 두 개의 이상적분

$$\int_{0}^{t} \frac{1}{x^2}\,dx, \qquad \int_{t}^{\infty} \frac{1}{x^2}\,dx$$

이 모두 수렴할 때 그 이상적분은

$$\int_{0}^{\infty} \frac{1}{x^2}\,dx = \int_{0}^{t} \frac{1}{x^2}\,dx + \int_{t}^{\infty} \frac{1}{x^2}\,dx$$

에 수렴한다고 하고, 그렇지 않으면 발산한다고 한다.

예 제 7. $\int_{0}^{\infty} \frac{1}{x^2}\,dx$ 의 수렴성을 조사하여라.

[**풀이**] 주어진 이상적분의 적분구간은 무한구간이며, 피적분함수 $1/x^2$ 은 $x = 0$

근처에서 유계가 아니다. 따라서 $t > 0$ 인 t 를 $t = 1$ 으로 택하여

$$\int_0^t \frac{1}{x^2}\,dx = \int_0^1 \frac{1}{x^2}\,dx, \qquad \int_t^\infty \frac{1}{x^2}\,dx = \int_1^\infty \frac{1}{x^2}\,dx$$

와 같은 두 이상적분의 수렴성을 알아보자. 먼저 우측의 이상적분은

$$\int_1^\infty \frac{1}{x^2}\,dx = \lim_{u\to\infty}\int_1^u \frac{1}{x^2}\,dx = \lim_{u\to\infty}\left[-\frac{1}{x}\right]_1^u = \lim_{u\to\infty}\left(-\frac{1}{u}+1\right) = 1$$

로 수렴한다. 그러나 좌측의 이상적분은

$$\int_0^1 \frac{1}{x^2}\,dx = \lim_{v\to0^+}\int_v^1 \frac{1}{x^2}\,dx = \lim_{v\to0^+}\left[-\frac{1}{x}\right]_v^1 = \lim_{v\to0^+}\left(-1+\frac{1}{v}\right) = \infty$$

로 발산한다. 따라서 주어진 문제의 이상적분은 발산한다.

연습문제 3-7

다음 이상적분의 수렴성을 조사하고, 수렴하면 그 값을 구하여라.

(1) $\displaystyle\int_{-\infty}^0 xe^x\,dx$

(2) $\displaystyle\int_2^5 \frac{1}{\sqrt{x-2}}\,dx$

(3) $\displaystyle\int_0^3 \frac{1}{x-1}\,dx$

(4) $\displaystyle\int_0^1 \ln x\,dx$

(5) $\displaystyle\int_0^\infty \frac{1}{(x+2)(x+3)}\,dx$

(6) $\displaystyle\int_1^\infty \frac{\ln x}{x}\,dx$

(7) $\displaystyle\int_{-2}^2 \frac{1}{x^2-1}\,dx$

(8) $\displaystyle\int_0^\infty e^{-x^2}\,dx$

3.8 정적분의 응용

정적분의 응용으로 두 곡선 사이의 넓이, 체적, 회전체의 체적, 곡선의 길이를 살펴보자.

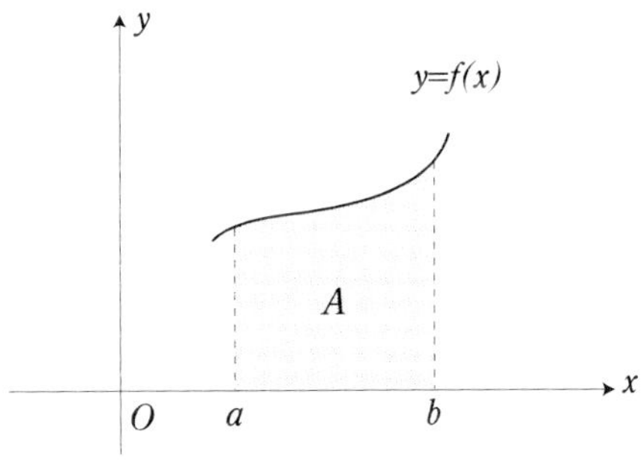

[그림 3-4]

함수 f 가 구간 $[a, b]$에서 연속이고 $f(x) \geq 0$ 이면 곡선 $y = f(x)$ 와 x 축 및 두 직선 $x = a$, $x = b$ 로 둘러싸인 도형의 넓이 A 는

$$A = \int_a^b f(x)\, dx$$

로 표시된다(그림 3-4).

두 함수 f, g 가 구간 $[a, b]$ 에서 연속이고 $f(x) \geq g(x)$ 일 때 두 곡선 $y = f(x)$, $y = g(x)$ 와 두 직선 $x = a$, $x = b$ 로 둘러싸인 도형의 넓이 A 를 구해보자. 적당한 실수 k 를 선택하여 두 곡선 $y = f(x)$, $y = g(x)$ 의 그래프를 y 축의 양의 방향으로 k 만큼 평행 이동하여

$$f(x) + k \geq g(x) + k \geq 0$$

되게 할 수 있다(그림 3-5). 이 때,

$$A = \int_a^b (f(x) + k)\, dx - \int_a^b (g(x) + k)\, dx = \int_a^b (f(x) - g(x))\, dx$$

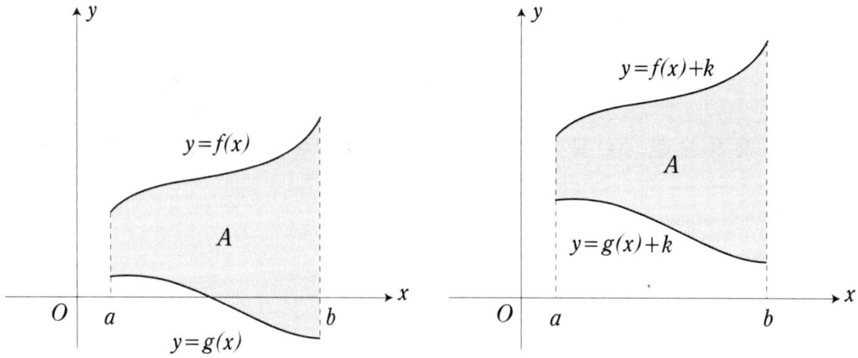

[그림 3-5]

임을 알 수 있다.

예 제 **1.** 두 곡선 $y = e^x$, $y = \sin x$과 두 직선 $x = 0$, $x = \pi/2$로 둘러싸인 도형의 넓이를 구하여라(그림 3-6).

[**풀이**] $0 \le x \le \pi/2$에서 $e^x > \sin x$이므로 구하는 넓이는

$$\int_0^{\frac{\pi}{2}} (e^x - \sin x)\, dx = [e^x + \cos x]_0^{\pi/2} = e^{\frac{\pi}{2}} - 2$$

이다.

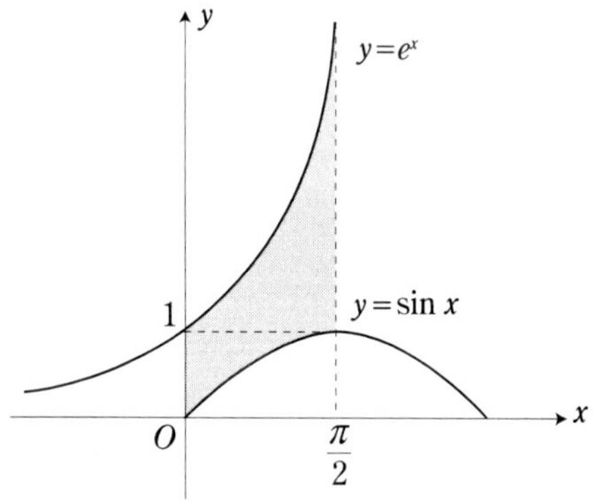

[그림 3-6]

어떤 입체도형이 주어졌을 때 한 직선을 x 축으로 정하여 좌표가 a, b인 두 점을 각각 지나고, 이 축에 수직인 두 평면 사이에 있는 부분의 부피 V를 구해

보자.

$a \le x \le b$ 인 점 x 에서 x 축에 수직인 평면으로 주어진 입체를 자른 단면의 넓이를 $A(x)$ 라고 하자(그림 3-7).

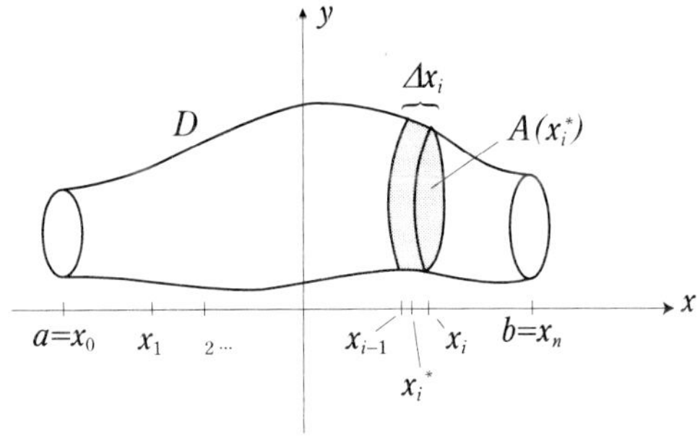

[그림 3-7]

구간 $[a, b]$ 의 분할

$$P = \{x_0, x_1, \ldots, x_n\}$$

를 정하고 각 소구간 $[x_{i-1}, x_i]$ 안의 임의의 점 x_i^* 를 택하여 보자. 이제 각각의 점 x_i 를 지나고 x 축에 수직인 평면으로 입체를 자르면 얇은 평판들이 생긴다. 각 평판의 부피 ΔV_i 의 근삿값으로 밑면의 넓이가 $A(x_i^*)$ 이고 높이가 Δx_i 인 기둥모양의 입체의 부피를 택하자. 즉

$$\Delta V_i \approx A(x_i^*)\Delta x_i$$

이 때, 각 평판의 부피의 근삿값을 합하면 V 의 근삿값을 얻는다. 즉

$$V \approx \sum_{i=1}^{n} A(x_i^*)\Delta x_i$$

여기서 $\|P\| \to 0$ 으로 하면 V 와 V 의 근삿값의 차이가 점점 줄어들게 된다. 만일 $A(x)$ 가 구간 $[a, b]$ 에서 적분가능한 함수이면

$$\lim_{\|P\| \to 0} \sum_{i=1}^{n} A(x_i^*)\Delta x_i = \int_a^b A(x)\, dx$$

이다.

예 제 **2.** 함수 $y = \sin x \ \ (0 \le x \le \pi)$의 그래프와 x 축으로 둘러싸인 평면도형을 밑면으로 하는 입체도형이 있다. 이 입체도형을 x 축에 수직인 평면으로 자른 단면이 정삼각형일 때, 이 입체도형의 부피 V를 구하여라(그림 3-8).

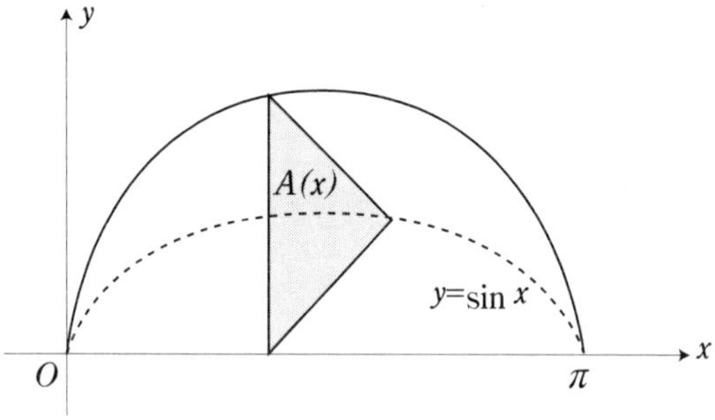

[그림 3-8]

[**풀이**] 주어진 입체도형을 x 축에 수직되게 자른 단면은 한 변의 길이가 $\sin x$인 정삼각형이므로 단면의 넓이의 식은

$$A(x) = \frac{\sqrt{3}}{4}\sin^2 x, \qquad 0 \le x \le \pi$$

와 같다. 따라서 구하는 부피 V는

$$V = \frac{\sqrt{3}}{4}\int_0^{\pi} \sin^2 x \, dx = \frac{\sqrt{3}}{8}\int_0^{\pi} (1 - \cos 2x)\, dx = \frac{\sqrt{3}}{8}\pi$$

이다.

회전체의 부피를 구하는 것을 생각해 보자. 함수 f가 구간 $[a, b]$에서 연속이면 $y = f(x)$와 x 축 및 $x = a, \ \ x = b$로 둘러싸인 평면 도형을 x 축을 중심으로 회전하여 얻어지는 회전체의 부피 V는 x 축 위의 점 x를 지나고 x 축에 수직인 평면으로 회전체를 자를 때, 단면은 반지름이 $|f(x)|$인 원이므로 그 단면적은

$$A(x) = \pi[f(x)]^2 = \pi y^2$$

이다. 따라서 구하는 회전체의 부피 V 는

$$V = \int_a^b A(x)\,dx = \pi \int_a^b y^2\,dx$$

이다.

예 제 3. 반지름 r 인 공의 부피 V 는 $V = \dfrac{4}{3}\pi r^3$ 임을 유도하여라.

[**풀이**] 반원 $y = \sqrt{r^2 - x^2}$ $(-r \le x \le r)$을 x 축으로 회전시키면 반지름 r 인 공이 된다. 따라서 구하는 공의 부피는

$$V = \pi \int_{-r}^{r} y^2\,dx = \pi \int_{-r}^{r} (r^2 - x^2)\,dx = \pi \left[r^2 x - \frac{1}{3}x^3 \right]_{-r}^{r} = \frac{4}{3}\pi r^3$$

이다.

이제, 일반적인 영역을 x 축으로 회전시킬 때 얻어지는 입체의 체적에 대하여 알아보자. 함수 f, g 가 $0 \le g(x) \le f(x)$ $(a \le x \le b)$인 관계에 있을 때, x 축과 f 의 그래프 사이의 단면적은 f 와 g 의 그래프 사이와 g 와 x 축 사이의 부분으로 이루어진다. 따라서 $[a, b]$ 에서 f 와 g 의 그래프 사이의 영역을 회전하여 얻어지는 입체의 체적 V 는

$$V = \pi \int_a^b [(f(x))^2 - (g(x))^2]\,dx$$

임을 쉽게 알 수 있다.

예 제 4. $f(x) = 5x$, $g(x) = x^2$ 이라 하고, R 을 $[0, 3]$ 에서 f 와 g 의 그래프 사이의 영역이라고 하면, R 을 x 축으로 회전시킬 때 얻어지는 입체의 체적을 구하여라.

[**풀이**] $0 \le x \le 3$ 에서 $g(x) = 5x \ge x^2 = f(x)$ 이므로 구하는 회전체의 체적 V 는

$$V = \pi \int_0^3 (25x^2 - x^4)\,dx = \pi \left[\frac{25}{3}x^3 - \frac{1}{5}x^5 \right]_0^3 = \frac{882}{5}\pi$$

이다.

곡선의 길이에 대하여 살펴보자. 함수 f 가 $[a, b]$ 에서 연속인 도함수를 갖는다고 하자. 만일 f 의 그래프가 선분이면 그 길이 L 은 두 점 $(a, f(a))$, $(b, f(b))$ 사이의 거리가 된다. 따라서 구하는 선분의 길이 L 은

$$L = \sqrt{(b-a)^2 + [f(b) - f(a)]^2}$$

이다.

이제, 일반적으로 선분이 아닌 경우를 살펴보자. $[a, b]$ 의 임의의 분할 $P = \{x_0, x_1, x_2, \ldots, x_n\}$ 에 대응하는 꼭짓점이 $(x_0, f(x_0))$, $(x_1, f(x_1))$, $\ldots$, $(x_n, f(x_n))$ 인 꺾은선 L 로 f 의 그래프에 근사 시키자(그림 3-9). L 의 k 번째 선분 L_k 는

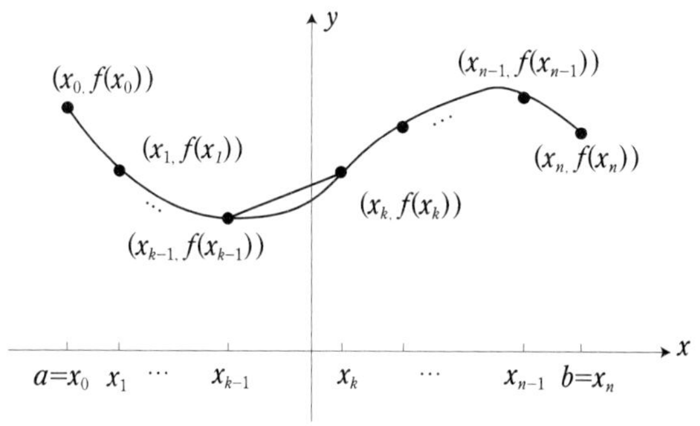

[그림 3-9]

$$L_k = \sqrt{(x_k - x_{k-1})^2 + [f(x_k) - f(x_{k-1})]^2} \tag{3.2}$$

이다. 미분의 평균값 정리를 $[x_{k-1}, x_k]$ 에서 함수 f 에 적용하면

$$f(x_k) - f(x_k - 1) = f'(t_k)(x_k - x_{k-1}), \qquad t_k \in (x_{k-1}, x_k)$$

이므로, 위의 식 (3.2) 은

$$L_k = \sqrt{(x_k - x_{k-1})^2 + [f'(t_k)(x_k - x_{k-1})]^2}$$

$$= \sqrt{1+[f'(t_k)]^2}(x_k - x_{k-1})$$

이다. 따라서 $L_1,\ L_2,\ \ldots,\ L_n$ 의 합 L_p 는

$$L_p = \sum_{k=1}^{n} \sqrt{1+[f'(t_k)]^2}\Delta x_k$$

가 되어 $[a, b]$ 에서 $\sqrt{1+(f'(x))^2}$ 에 대한 리만 합이 되어 꺾은선의 길이 L_p 는 f 의 그래프의 길이 L 에 접근한다. 그러므로

$$L = \lim_{\|P\|\to 0} \sum_{k=1}^{n} \sqrt{1+[f'(t_k)]^2}\Delta x_k = \int_a^b \sqrt{1+[f'(x)]^2}\, dx$$

와 같다. 그러므로 함수 f 가 $[a, b]$ 에서 연속인 도함수를 가지면 $[a, b]$ 에서 f 의 그래프의 길이 L 은

$$L = \int_a^b \sqrt{1+[f'(x)]^2}\, dx \tag{3.3}$$

이다.

예 제 5. 함수 $f(x) = x^{\frac{3}{2}} + 2$ 에 대하여 $0 \le x \le 4/3$ 에 대응하는 곡선의 길이 L 을 구하여라.

[**풀이**] 주어진 함수에 대하여 $f'(x) = \dfrac{3}{2}x^{\frac{1}{2}}$ 이므로 식 (3.3) 에 의하여 구하는 곡선의 길이 L 은

$$L = \int_0^{\frac{4}{3}} \sqrt{1+\left(\frac{3}{2}x^{\frac{1}{2}}\right)^2}\, dx = \int_0^{\frac{4}{3}} \sqrt{1+\frac{9}{4}x}\, dx$$

이다. 여기서 우변의 적분을 계산하기 위하여 $u = 1 + \dfrac{9}{4}x$ 라고 놓으면 $dx = \dfrac{4}{9}\, du$ 가 되고, $x = 0$ 이면 $u = 1,\ x = \dfrac{4}{3}$ 이면 $u = 4$ 이므로

$$L = \int_0^{\frac{4}{3}} \sqrt{1+\frac{9}{4}x}\, dx = \int_1^4 \sqrt{u}\left(\frac{4}{9}\right)\, du = \left[\frac{4}{9}\left(\frac{2}{3}u^{\frac{3}{2}}\right)\right]_1^4 = \frac{56}{27}$$

이다.

다음은 매개변수로 주어진 함수에 대한 곡선의 길이를 구하는 것을 살펴보자. 곡선 C가 다음과 같이 매개변수로 주어졌다고 하자.

$$x = f(t), \quad y = g(t) \qquad (a \le t \le b) \tag{3.4}$$

여기서, 함수 f와 g는 $[a, b]$에서 연속인 도함수를 갖는다고 하자. 곡선의 길이 식 (3.3)을 유도하기 위하여 $(x_k, y_k) = (f(t_k), g(t_k))$를 C 상의 대응점이라고 놓으면

$$\begin{aligned} L_k &= \sqrt{(x_k - x_{k-1})^2 + (y_k - y_{k-1})^2} \\ &= \sqrt{[f(t_k) - f(t_{k-1})]^2 + [g(t_k) - g(t_{k-1})]^2} \end{aligned} \tag{3.5}$$

이 된다. 평균값 정리에 의하여 다음을 만족하는 t'_k과 t''_k이 $[t_{k-1}, t_k]$에 존재한다.

$$f(t_k) - f(t_{k-1}) = f'(t'_k)\Delta t_k, \qquad g(t_k) - g(t_{k-1}) = g'(t''_k)\Delta t_k$$

따라서 식 (3.5)는

$$L_k = \sqrt{[f'(t'_k)\Delta t_k]^2 + [g'(t''_k)\Delta t_k]^2} = \sqrt{[f'(t'_k)]^2 + [g'(t''_k)]^2}\Delta t_k$$

가 되고, $L_1,\ L_2,\ \ldots,\ L_n$ 들의 합 L_P는

$$L_P = \sum_{i=1}^{n} \sqrt{[f'(t'_k)]^2 + [g'(t''_k)]^2}\Delta t_k$$

이다. 우변은 리만 합은 아니지만 (t'_k과 t''_k이 다를 수 있으므로) 리만 합과 밀접한 관계가 있으므로

$$\lim_{\|P\|\to 0} \sum_{i=1}^{n} \sqrt{[f'(t'_k)]^2 + [g'(t''_k)]^2}\Delta t_k = \int_a^b \sqrt{[f'(t)]^2 + [g'(t)]^2}\, dt$$

이다. 그러므로 곡선 C의 길이 L은

$$L = \int_a^b \sqrt{[f'(t)]^2 + [g'(t)]^2}\, dt \tag{3.6}$$

이다.

예 제 6. 다음 매개방정식으로 정의되는 싸이클로이드(cycloid)의 한 호의 길이를 구하여라(그림 3-10).

$$x = r(t - \sin t), \quad y = r(1 - \cos t), \qquad (0 \le t \le 2\pi)$$

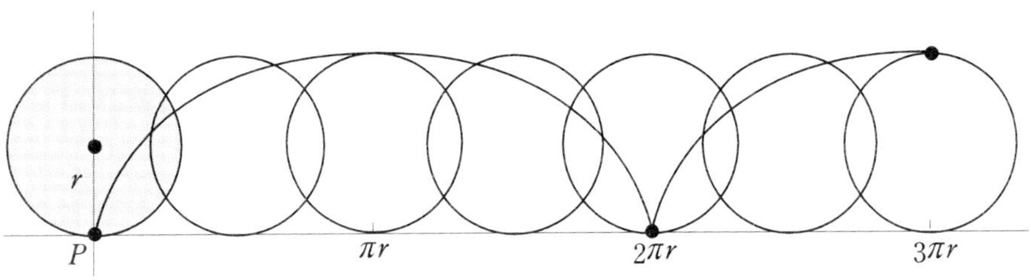

[**그림 3-10**]

[**풀이**] 주어진 매개방정식과 관련하여

$$\frac{dx}{dt} = r - r\cos t, \qquad \frac{dy}{dt} = r\sin t$$

이므로, 식 (3.6)에 의하여 구하는 호의 길이 L은

$$\begin{aligned} L &= \int_0^{2\pi} \sqrt{(r - r\cos t)^2 + (r\sin t)^2}\, dt \\ &= \int_0^{2\pi} \sqrt{2r^2 - 2r^2\cos t}\, dt \\ &= r\int_0^{2\pi} \sqrt{2(1 - \cos t)}\, dt \end{aligned}$$

와 같이 계산되어 진다. 여기서 $\sin^2\frac{t}{2}$ 에 대한 반각공식으로부터

$$\sin^2\frac{t}{2} = \frac{1-\cos t}{2} \text{ 이면 } \quad \sqrt{2(1-\cos t)} = \sqrt{4\sin^2\frac{t}{2}}$$

이고, 특히 $0 \le t \le 2\pi$ 에서 $\sin\frac{t}{2} \ge 0$ 이므로

$$\begin{aligned} L &= r\int_0^{2\pi} \sqrt{2(1-\cos t)}\,dt = r\int_0^{2\pi} \sqrt{4\sin^2\frac{t}{2}}\,dt \\ &= r\int_0^{2\pi} 2\sin\frac{t}{2}\,dt = \left[-4r\cos\frac{t}{2}\right]_0^{2\pi} = 8r \end{aligned}$$

이다.

연습문제 3-8

1. 사이클로이드 곡선 $x = a(t-\sin t)$, $y = a(1-\cos t)$, $(a > 0,\ 0 \le t \le 2\pi)$와 x축으로 둘러싸인 면적을 구하여라.

2. 포물선 $y^2 = x$와 직선 $x - y = 1$로 둘러싸인 도형의 면적을 구하여라.

3. 곡선 $y = x^2$와 직선 $y = 2x$로 둘러싸인 영역을 x축을 회전축으로 회전시킬 때 생기는 회전체 전체의 부피를 구하여라.

4. 함수 $y = x^2 - \frac{\ln x}{8}$ 위의 두 점 $(1,1)$와 $(3, f(3))$ 사이의 곡선의 길이를 구하여라.

5. 함수 $y = \int_1^x \sqrt{t^3-1}\,dt$ $(1 \le x \le 4)$의 곡선의 길이를 구하여라.

제 3 장 연습문제 풀이

연습문제 3-2 풀이

1. (1) $\sqrt{x^2-1}+C$

(2) $\frac{1}{6}(x^4+1)\sqrt{x^4+1}+C$

(3) $\ln(\ln x)+C$

(4) $-\frac{1}{3}\cos^3 x+C$

2. (1) $-x\cos x+\sin x+C$

(2) $x(\ln x-1)+C$

(3) $e^x(x-1)+C$

(4) $\frac{1}{2}e^x(\cos x+\sin x)+C$

(5) $-2\sqrt{x}\cos\sqrt{x}+2\sin\sqrt{x}+C$

(6) $\frac{1}{2}x[\cos(\ln x)+\sin(\ln x)]+C$

연습문제 3-3 풀이

1. (1) $\frac{x^3}{3}+\frac{x^2}{2}+2x+2\ln|x-1|+C$

(2) $\frac{1}{2}\ln|x|+\frac{1}{10}\ln|2x-1|-\frac{1}{10}\ln|x+2|+C$

(3) $\frac{1}{2}(\ln|x-1|-\ln|x+1|)+C$

(4) $\frac{1}{2}x^2-x+\ln|x+1|+C$

(5) $x+\ln\frac{(x-1)^2}{|x|}+C$

(6) $2\ln|x+1|-\frac{1}{x+1}+C$

2. (1) $-\cot\frac{x}{2}+C$

(2) $\frac{2\sqrt{3}}{3}\tan^{-1}(\frac{\sqrt{3}}{3}\tan\frac{x}{2})+C$

(3) $\ln\left|\frac{\tan\frac{x}{2}}{1+\tan\frac{x}{2}}\right|+C$

(4) $\frac{1}{5}\ln\left|\frac{2\tan\frac{x}{2}+1}{\tan\frac{x}{2}-2}\right|+C$

(5) $\sin x-\frac{1}{3}\sin^3 x+C$

(6) $\frac{1}{5}\cos^5 x-\frac{1}{3}\cos^3 x+C$

연습문제 3-4 풀이

1. $\frac{15}{4}$

3. $\frac{2\sqrt{6}}{3}$

4. (1) $\frac{\pi}{4}$, (2) $2(\sqrt{2}-1)$

연습문제 3-5 풀이

1. (1) 1 (2) $\frac{1}{3}$

2. (1) $6x^2+x-3$ (2) $\frac{1}{x}$ (3) $2x\sqrt{1-x^4}$ (4) $-\frac{3x^2}{1+x^6}$

3. $\sin^2 x$

4. $x+1$

5. 4

연습문제 3-6 풀이

1. (1) $\frac{16}{105}$ (2) π (3) $\frac{2}{3}$ (4) 2

2. (1) 1 (2) $\pi^3-6\pi$

연습문제 3-7 풀이

(1) -1 (2) $2\sqrt{3}$ (3) 발산 (4) -1 (5) $-\ln\frac{2}{3}$ (6) 발산 (7) 발산
(8) 수렴

연습문제 3-8 풀이

(1) $3\pi a^2$ (2) $\frac{5\sqrt{5}}{6}$ (3) $\frac{64}{15}\pi$ (4) $8+\frac{\ln 3}{8}$ (5) $\frac{62}{5}$

제 4 장

수열과 무한급수

4.1 수열의 극한

지금까지는 함수의 대부분의 정의역이 실수의 한 구간이거나 또는 구간들의 합집합이었다. 여기서 자연수를 정의역으로 하는 함수에 대하여 알아보자.

양의 정수를 정의역으로 하는 함수를 **수열**(sequence)이라 한다. $f(n) = a_n$ 이라 하면 이 수열 f 를

$$a_1,\ a_2,\ a_3,\ \ldots,\ a_n,\ \ldots, \qquad \{a_n\}_{n=1}^{\infty}, \qquad \{a_n\}$$

와 같이 나타낸다. 이 때 a_1 을 **초항**, a_2 를 **제 2 항**, a_n 를 **제 n 항**, 또는 **일반항**이라 한다.

수열 $\{a_n\}$ 에서, 임의의 $\varepsilon > 0$ 에 대하여, 적당한 정수 N 이 존재하여

$$n \geq N \text{ 이면 } \quad |a_n - L| < \varepsilon$$

이 성립될 때 L 을 수열 $\{a_n\}$ 의 **극한**(limit)이라 하며

$$\lim_{n\to\infty} a_n = L, \quad \text{또는} \quad n\to\infty \text{ 일 때 } \ a_n \to L$$

와 같이 나타낸다. 또한 이러한 극한 L 이 존재하면 수열 $\{a_n\}$ 은 L 에 **수렴한다**(converge)라고 하고, 극한이 존재하지 않으면 **발산한다**(diverge)라고 한다.

또한 임의의 실수 M 에 대하여, 정수 N 이 존재하여

$$n \ge N \text{ 이면} \quad a_n > M$$

이 성립될 때 수열 $\{a_n\}$ 은 ∞ 로 발산한다고 하고

$$\lim_{n\to\infty} a_n = \infty$$

로 나타낸다. 같은 방법으로 $\lim_{n\to\infty} a_n = -\infty$ 도 정의된다.

예 제 **1.** 수열 $\left\{\dfrac{1}{n}\right\}$ 는 수렴하고 $\lim_{n\to\infty} \dfrac{1}{n} = 0$ 임을 보여라.

[**풀이**] $\varepsilon > 0$ 이라 할 때 $N > \dfrac{1}{\varepsilon}$ 인 정수 N 을 취하면, $n \ge N$ 에 대하여

$$\left|\frac{1}{n} - 0\right| = \frac{1}{n} \le \frac{1}{N} < \varepsilon$$

이다. 따라서,

$$\lim_{n\to\infty} \frac{1}{n} = 0$$

이다.

수열은 정의역이 자연수인 함수이므로 함수에서의 극한정리가 성립된다. 따라서 다음 정리를 얻을 수 있다.

정 리 **4.1.1.** $A = \lim_{n\to\infty} a_n,\ B = \lim_{n\to\infty} b_n$ 이 존재하면 다음이 성립한다.

(1) $\lim_{n\to\infty} (a_n + b_n) = A + B$

(2) $\lim_{n\to\infty} (ka_n) = kA \qquad (k$ 는 상수)

(3) $\lim_{n\to\infty} (a_n b_n) = AB$

(4) $\lim_{n\to\infty} \left(\frac{a_n}{b_n}\right) = \frac{A}{B} \qquad (B \neq 0)$

(5) [**샌드위치 정리**(sandwich theorem)] 만약 $\lim_{n\to\infty} a_n = \lim_{n\to\infty} b_n$ 이고 $a_n \leq c_n \leq b_n$ 이면 c_n 도 수렴하고 $\lim_{n\to\infty} c_n = \lim_{n\to\infty} a_n = \lim_{n\to\infty} b_n$ 이다.

정 리 4.1.2. $\lim_{n\to\infty} a_n = L$ 이고 함수 f 가 L 에서 연속이면

$$\lim_{n\to\infty} f(a_n) = f(L)$$

이다.

[**증명**] 함수 f 가 L 에서 연속이고 $\lim_{n\to\infty} a_n = L$ 이라 하자. $\varepsilon > 0$ 이라 하면, f 가 L 에서 연속이므로 적당한 $\delta > 0$ 에 대하여 $|x - L| < \delta$ 이면 $|f(x) - f(L)| < \varepsilon$, 또한 $\lim_{n\to\infty} a_n = L$ 이므로 $\delta > 0$ 에 대하여 적당한 N 이 존재하여 $n \geq N$ 인 모든 n 에 대하여 $|a_n - L| < \delta$ 이다. 따라서

$$\lim_{n\to\infty} f(a_n) = f(L)$$

이다.

예 제 2. $\lim_{n\to\infty} \sqrt{(n-1)/n}$ 을 구하여라.

[**풀이**] $f(x) = \sqrt{x},\ a_n = (n-1)/n$ 이라 하자. $\lim_{n\to\infty} a_n = 1$ 이고 f 가 $x = 1$ 에서 연속이므로 정리 4.1.2 에 의하여

$$\lim_{n\to\infty} f(a_n) = \lim_{n\to\infty} \sqrt{\frac{n-1}{n}} = f(1) = 1$$

이다.

정 리 4.1.3. 함수 f 가 $[1, \infty)$ 에서 정의되고 $f(n) = a_n$ 이라 하자. 이 때 $\lim_{x\to\infty} f(x) = L$ 이면 $\lim_{n\to\infty} a_n = L$ 이다.

[증명] $\lim_{x\to\infty} f(x) = L$ 이라 하고 $\varepsilon > 0$ 이라 하자. 그러면 적당한 N 이 존재하여 $x \geq N$ 이면 $|f(x) - L| < \varepsilon$ 이다. 따라서 $n \geq N$ 인 모든 자연수 n 에 대하여 $|a_n - L| = |f(n) - L| < \varepsilon$ 이다. 그러므로 $\lim_{n\to\infty} a_n = L$ 이다.

예 제 3. $\lim_{n\to\infty} \frac{\ln n}{n}$ 을 구하여라.

[풀이] 함수 $f(x) = \ln x/x$ 는 모든 실수 $x \geq 1$ 에 대하여 정의되므로

$$\lim_{n\to\infty} \frac{\ln n}{n}$$

은 정리 4.1.3 에 의하여 $\lim_{x\to\infty} \ln x/x$ 가 존재하면 이것과 같다. 따라서 로피탈의 정리에 의하여

$$\lim_{x\to\infty} \frac{\ln x}{x} = \lim_{x\to\infty} \frac{1}{x} = 0$$

그러므로, $\lim_{n\to\infty} \frac{\ln n}{n} = 0$ 이다.

모든 자연수 n 에 대하여 $|a_n| \leq M$ 인 실수 M 이 존재할 때 수열 $\{a_n\}$ 은 **유계**(bounded)라고 하고, 존재하지 않으면 **유계가 아니다**(unbounded)라고 한다.

정 리 4.1.4. 유계인 증가 또는 감소수열은 수렴한다.

[증명] $\{a_n\}$ 을 증가하는 유계수열이라 가정하자. 실수에서 위로 유계이면 반드시 최소의 상계(상한)가 존재하므로 집합 $S = \{a_1, a_2, \ldots, a_n, \ldots\}$ 의 상한을 L 이라 하자. L 이 S 의 상한이므로 $L - \varepsilon$ 은 S 의 상계가 아니다. 그러므로 a_N 이

존재하여 $L-\varepsilon < a_N \le L$ 이다. 주어진 수열이 증가수열이므로 $n \ge N$ 에 대하여 $a_N \le a_n$ 이고 $L-\varepsilon < a_N \le a_n \le L$ 이다. 즉, 모든 $n \ge N$ 에 대하여 $|a_n - L| < \varepsilon$ 이다. 따라서 $\lim_{n\to\infty} a_n = L$ 이다.

예 제 4. $\lim_{n\to\infty}\left(1+1+\frac{1}{2!}+\frac{1}{3!}+\cdots+\frac{1}{n!}\right)$ 의 극한값을 구하여라.

[**풀이**] 4.6 절의 예제 1 의 증명 과정에서

$$\left|e-\left(1+1+\frac{1}{2!}+\frac{1}{3!}+\cdots+\frac{1}{n!}\right)\right| < \frac{4}{(n+1)!}$$

가 성립함을 알 수 있다. 모든 자연수 $n \ge 3$ 에 대하여

$$0 \le \frac{4}{(n+1)!} \le \frac{1}{n}$$

이고,

$$\lim_{n\to\infty} 0 = \lim_{n\to\infty} \frac{1}{n} = 0$$

이므로 샌드위치 정리에 의하여

$$\lim_{n\to\infty}\left[e-\left(1+1+\frac{1}{2!}+\frac{1}{3!}+\cdots+\frac{1}{n!}\right)\right] = 0$$

이다. 따라서

$$\lim_{n\to\infty}\left(1+1+\frac{1}{2!}+\frac{1}{3!}+\cdots+\frac{1}{n!}\right) = e$$

이다.

예 제 5. $a_n = 1+1+\frac{1}{2^2}+\frac{1}{3^3}+\cdots+\frac{1}{n^n}$ $(n \ge 1)$이라 할 때 수열 $\{a_n\}$ 이 수렴함을 보여라.

[**풀이**] 주어진 수열은

$$a_{n+1} = a_n + \frac{1}{(n+1)^{n+1}} > a_n$$

이므로 증가수열이다. 임의의 자연수 k 에 대하여

$$k! = k(k-1)\cdots 3\cdot 2\cdot 1 \le k\cdot k\cdots k = k^k$$

이므로

$$\frac{1}{k^k} \le \frac{1}{k!}$$

이다. 따라서 예제 4 에 의하여

$$0 < a_n = 1 + 1 + \frac{1}{2^2} + \frac{1}{3^3} + \cdots + \frac{1}{n^n} < 1 + 1 + \frac{1}{2!} + \frac{1}{3!} + \cdots + \frac{1}{n!} < e$$

가 되어 유계이다. 정리 4.1.4 로부터 유계인 증가수열 $\{a_n\}$ 는 수렴한다.

예 제 6. 다음이 성립함을 증명하여라.

(1) $\lim_{n\to\infty} \sqrt[n]{n} = 1$ (2) $\lim_{n\to\infty} \left(1 + \frac{x}{n}\right)^n = e^x$ (x: 실수)

[풀이] (1) $f(x) = e^x$, $a_n = n^{\frac{1}{n}}$ 이라 하자. 그러면

$$\lim_{n\to\infty} \ln a_n = \lim_{n\to\infty} \ln n^{\frac{1}{n}} = \lim_{n\to\infty} \frac{\ln n}{n} = \lim_{n\to\infty} \frac{1}{n} = 0$$

이고, $f(x) = e^x$ 은 $x = 0$ 에서 연속이므로 정리 4.1.2 에 의하여

$$n^{\frac{1}{n}} = a_n = e^{\ln a_n} = f(\ln a_n) \to f(0) = e^0 = 1$$

이다. 따라서, $\lim_{n\to\infty} n^{\frac{1}{n}} = 1$ 이다.

(2) $f(x) = e^x$, $a_n = \left(1 + \frac{x}{n}\right)^n$ 이라 놓자. 그러면

$$\ln a_n = \ln\left(1 + \frac{x}{n}\right)^n = n\ln\left(1 + \frac{x}{n}\right)$$

이고, 정리 4.1.3과 로피탈의 정리에 의하여

$$\begin{aligned}
\lim_{t\to\infty} t\ln\left(1+\frac{x}{t}\right) &= \lim_{t\to\infty}\frac{\ln(1+x/t)}{1/t}\\
&= \lim_{t\to\infty}\frac{\left(\dfrac{1}{1+x/t}\right)\left(-\dfrac{x}{t^2}\right)}{-1/t^2}\\
&= \lim_{t\to\infty}\frac{x}{1+x/t}\\
&= x
\end{aligned}$$

이므로

$$\lim_{n\to\infty}\ln a_n = x$$

이다. 또한 $f(x)=e^x$ 는 모든 실수에 대하여 연속이므로 정리 4.1.2 에 의하여

$$\left(1+\frac{x}{n}\right)^n = a_n = e^{\ln a_n} = f(\ln a_n) \to f(x) = e^x$$

이다. 따라서,

$$\lim_{n\to\infty}\left(1+\frac{x}{n}\right)^n = e^x$$

이다.

연습문제 4-1

1. 다음 수열의 극한값을 구하여라.

(1) $\sqrt[n]{2n}$ (2) $\left(1+\dfrac{1}{n}\right)^{2n}$

(3) $\dfrac{100^n}{n!}$ (4) $\left(\dfrac{n+5}{n}\right)^{n}$

(5) $2^{\frac{1}{n}}$ (6) $\dfrac{\cos n}{n}$

2. 모든 실수 r 에 대하여 수열 $\{r^n\}$ 의 수렴성을 조사하여라.

4.2 무한급수

수열 $\{a_n\}$ 의 합인 $a_1 + a_2 + \cdots + a_n + \cdots$ 를 **무한급수**(infinite series)라 하고 $\sum_{n=1}^{\infty} a_n$ 로 나타낸다. a_n 을 급수의 n 번째 항이라 부르고 무한급수의 n 항까지의 합

$$S_n = a_1 + a_2 + \cdots a_n$$

을 무한급수 $\sum_{n=1}^{\infty} a_n$ 의 n **번째 부분합**(n-th partial sum)이라 하고, 수열 $\{S_n\}$ 을 **부분합의 수열**(sequence of partial sums)이라고 한다. n 이 커짐에 따라 부분합 S_n 은 급수의 항을 더욱 많이 포함하게 된다. 만일 $n \to \infty$ 이면 S_n 은 급수의 모든 항을 합한 것으로 생각할 수 있으므로 다음과 같이 정의한다. 무한급수 $\sum_{n=1}^{\infty} a_n$ 에서 부분합의 수열 $\{S_n\}$ 에 대하여

$$\lim_{n\to\infty} S_n = S$$

인 실수 S가 존재할 때 급수 $\sum_{n=1}^{\infty} a_n$ 은 **수렴**(convergent)한다고 하고 S를 이 급수의 **합**(sum)이라 하며, $\sum_{n=1}^{\infty} a_n = S$로 나타낸다. 급수 $\sum_{n=1}^{\infty} a_n$ 이 수렴하지 않을 때 급수 $\sum_{n=1}^{\infty} a_n$ 은 **발산**(divergent)한다고 한다.

예를 들어, 급수 $\frac{3}{10} + \frac{3}{10^2} + \cdots \frac{3}{10^n} + \cdots$에 대한 수렴성 여부를 조사해 보자. 주어진 급수의 n 번째 부분합

$$S_n = \frac{3}{10} + \frac{3}{10^2} + \cdots + \frac{3}{10^n}$$

로부터

$$\frac{1}{10} S_n = \frac{3}{10^2} + \frac{3}{10^3} + \cdots + \frac{3}{10^{n+1}}$$

을 얻는다. 따라서

$$S_n - \frac{1}{10} S_n = \frac{3}{10} - \frac{3}{10^{n+1}}$$

이므로

$$S_n = \frac{1}{3}\left(1 - \frac{1}{10^n}\right)$$

$$\lim_{n\to\infty} S_n = \lim_{n\to\infty} \frac{1}{3}\left(1 - \frac{1}{10^n}\right) = \frac{1}{3}$$

이다. 그러므로 주어진 무한급수는 수렴하고, 이 때 무한급수의 합은

$$\frac{3}{10} + \frac{3}{10^2} + \cdots + \frac{3}{10^n} + \cdots = \frac{1}{3}$$

이다.

예 제 **1.** 급수 $\sum_{n=1}^{\infty} \frac{1}{4n^2 - 1}$ 의 수렴, 발산을 조사하고 수렴하면 그 합을 구하여라.

[풀이] $a_n = \dfrac{1}{4n^2-1} = \dfrac{1}{2}\left(\dfrac{1}{2n-1} - \dfrac{1}{2n+1}\right)$ 이므로 부분합 S_n 은

$$\begin{aligned} S_n &= \frac{1}{2}\left(1-\frac{1}{3}\right) + \frac{1}{2}\left(\frac{1}{3}-\frac{1}{5}\right) + \frac{1}{2}\left(\frac{1}{5}-\frac{1}{7}\right) + \cdots + \frac{1}{2}\left(\frac{1}{2n-1}-\frac{1}{2n+1}\right) \\ &= \frac{1}{2}\left(1-\frac{1}{2n+1}\right) = \frac{n}{2n+1} \end{aligned}$$

이다. 따라서 $\displaystyle\sum_{n=1}^{\infty} \frac{1}{4n^2-1} = \lim_{n\to\infty} S_n = \lim_{n\to\infty} \frac{n}{2n+1} = \frac{1}{2}$ 이다.

정 리 4.2.1. (1) 무한급수 $\displaystyle\sum_{n=1}^{\infty} a_n$ 이 수렴하면 $\displaystyle\lim_{n\to\infty} a_n = 0$ 이다.

(2) $\displaystyle\lim_{n\to\infty} a_n \neq 0$ 이면 $\displaystyle\sum_{n=1}^{\infty} a_n$ 은 발산한다.

[증명] (1) $a_n = S_n - S_{n-1}$ 이고 $\displaystyle\lim_{n\to\infty} S_n = \lim_{n\to\infty} S_{n-1} = S$ 이므로

$$\lim_{n\to\infty} a_n = \lim_{n\to\infty} (S_n - S_{n-1}) = \lim_{n\to\infty} S_n - \lim_{n\to\infty} S_{n-1} = S - S = 0$$

이다.

(2) (1)의 대우명제이므로 자명하다.

위 정리의 (2)는 급수의 발산을 판정하는 좋은 도구인데 이것을 발산에 관한 n **항 판정법**(n-th term test)이라 한다. 한편, 조화급수 $\displaystyle\sum_{n=1}^{\infty} \frac{1}{n}$ 은 $\displaystyle\lim_{n\to\infty} a_n = 0$ 이지만 발산하므로 위 정리의 (1)의 역은 성립하지 않음을 주의해야 한다.

예 제 2. 조화급수 $\displaystyle\sum_{n=1}^{\infty} \frac{1}{n}$ 은 발산함을 보여라.

[**풀이**] 모든 n 에 대하여

$$\begin{aligned} S_{2^n} &= 1+\frac{1}{2}+\left(\frac{1}{3}+\frac{1}{4}\right)+\left(\frac{1}{5}+\frac{1}{6}+\frac{1}{7}+\frac{1}{8}\right)+\cdots+\left(\frac{1}{2^{n-1}+1}+\cdots+\frac{1}{2^n}\right) \\ &\geq 1+\frac{1}{2}+\underbrace{\frac{1}{4}+\frac{1}{4}}_{\frac{1}{2}}+\underbrace{\frac{1}{8}+\frac{1}{8}+\frac{1}{8}+\frac{1}{8}}_{\frac{1}{2}}+\cdots+\underbrace{\frac{1}{2^n}+\cdots+\frac{1}{2^n}}_{\frac{1}{2}} \\ &= 1+n\left(\frac{1}{2}\right) \end{aligned}$$

이고

$$\lim_{n\to\infty}\left[1+n\left(\frac{1}{2}\right)\right]=\infty$$

이므로, 부분합으로 이루어진 수열 $\{S_n\}$ 은 유계가 아니다. 따라서 $\sum_{n=1}^{\infty}\frac{1}{n}$ 은 발산한다.

정 리 4.2.2. [**기하급수**(geometric series)] r 을 임의의 실수라 하고 $c \neq 0$ 이라 하자. 기하급수 $\sum_{n=0}^{\infty} cr^n$ 이 수렴하기 위한 필요충분조건은 $|r|<1$ 이다. 이 때 $|r|<1$ 이면,

$$\sum_{n=0}^{\infty} cr^n = \frac{c}{1-r}$$

이다.

[**증명**] $|r|>1$ 인 경우와 $|r|<1$ 인 경우로 나누어 생각하자.

(i) $|r|\geq 1$ 이면, 모든 $n\geq 0$ 에 대하여 $|cr^n|\geq |c|$ 이므로 $\lim_{n\to\infty} cr^n \neq 0$ 이다. 따라서 정리 4.2.1(1) 에 의하여 급수 $\sum_{n=0}^{\infty} cr^n$ 은 발산한다.

(ii) $|r|<1$ 이면

$$S_n = c+cr+\cdots+cr^{n-1} = c(1+r+r^2+\cdots+r^{n-1}) = c\left(\frac{1-r^n}{1-r}\right)$$

이므로 $\lim_{n\to\infty} S_n = \frac{c}{1-r} \lim_{n\to\infty}(1-r^n) = \frac{c}{1-r}$ 이다.

예 제 3. $\sum_{n=0}^{\infty}\left(-\frac{1}{2}\right)^n$ 이 수렴함을 보이고 그 합을 구하여라.

[**풀이**] $\sum_{n=0}^{\infty}\left(-\frac{1}{2}\right)^n$ 은 $r=-\frac{1}{2}$ 인 기하급수이고 $|r|=\left|-\frac{1}{2}\right|<1$ 이므로 이 기하급수는 수렴하고 그 합은

$$S=\frac{1}{1-\left(-\frac{1}{2}\right)}=\frac{2}{3}$$

이다.

정 리 4.2.3. 두 급수 $\sum_{n=1}^{\infty} a_n$ 과 $\sum_{n=1}^{\infty} b_n$ 이 수렴하면 $\sum_{n=1}^{\infty}(a_n+b_n)$ 도 수렴하고

$$\sum_{n=1}^{\infty}(a_n+b_n)=\sum_{n=1}^{\infty}a_n+\sum_{n=1}^{\infty}b_n$$

이다. 또한, 상수 c 에 대하여 $\sum_{n=1}^{\infty} ca_n$ 도 수렴하고

$$\sum_{n=1}^{\infty} ca_n = c\sum_{n=1}^{\infty} a_n$$

이다.

[**증명**] S_n, S'_n, S''_n 을 각각

$$S_n=\sum_{i=1}^{n}(a_i+b_i),\quad S'_n=\sum_{i=1}^{n}a_i,\quad S''_n=\sum_{i=1}^{n}b_i$$

로 놓으면 $S_n = S'_n + S''_n$ 이므로,

$$\sum_{n=1}^{\infty}(a_n + b_n) = \lim_{n\to\infty} S_n = \lim_{n\to\infty}(S'_n + S''_n) = \lim_{n\to\infty} S'_n + \lim_{n\to\infty} S''_n = \sum_{n=1}^{\infty} a_n + \sum_{n=1}^{\infty} b_n$$

이다. 같은 방법으로 $\sum_{n=1}^{\infty} ca_n = c\sum_{n=1}^{\infty} a_n$ 임을 증명할 수 있다.

예 제 **4.** 급수 $\sum_{n=1}^{\infty}\left(\frac{4}{2^n} - \frac{2}{n(n+1)}\right)$ 가 수렴함을 보이고 그 합을 구하라.

[**풀이**] 기하급수 정리에 의하여

$$\begin{aligned}\sum_{n=1}^{\infty}\left(\frac{4}{2^n} - \frac{2}{n(n+1)}\right) &= 4\sum_{n=1}^{\infty}\frac{1}{2^n} - 2\sum_{n=1}^{\infty}\frac{1}{n(n+1)} \\ &= 4\left(\frac{\frac{1}{2}}{1-\frac{1}{2}}\right) - 2\lim_{n\to\infty}\sum_{k=1}^{n}\left(\frac{1}{k} - \frac{1}{k+1}\right) \\ &= 4 - 2\lim_{n\to\infty}\left(1 - \frac{1}{n+1}\right) \\ &= 2\end{aligned}$$

이다.

급수 $\sum_{n=1}^{\infty} a_n$ 이 주어졌을 때 $\sum_{n=1}^{\infty} a_n$ 이 수렴하기 위한 필요충분조건은 $m > 1$ 인 임의의 m 에 대하여 $\sum_{n=m}^{\infty} a_n$ 이 수렴하는 것이므로 급수의 수렴, 발산만을 판정할 때에는 급수의 유한개의 항을 임의로 바꾸어도 수렴, 발산에는 영향이 없다.

연습문제 4-2

1. 다음 급수의 수렴, 발산을 판정하여라.

(1) $\sum_{n=1}^{\infty} \frac{1}{4^n}$ (2) $\sum_{n=1}^{\infty} n$

(3) $\sum_{n=1}^{\infty} \frac{4}{(4n-3)(4n+1)}$ (4) $\sum_{n=1}^{\infty} \frac{2n+1}{n^2(n+1)^2}$

2. 평탄한 바닥에서 a 미터의 높이에서 공을 떨어뜨린다. 공이 a 미터의 높이에서 떨어지면 ra의 거리만큼 튀어올라 왔다가 다시 떨어진다. 공이 튀어 올랐다 떨어졌다 하는 공이 움직인 총 거리를 구하여라. (단, $0 < r < 1$)

4.3 양항급수

$\{a_n\}_{n=1}^{\infty}$ 의 모든 n 에 대하여 $a_n \geq 0$ 일 때 $\sum_{n=1}^{\infty} a_n$ 을 **양항급수**(non-negative series)라 한다. 양항급수 $\sum_{n=1}^{\infty} a_n$ 의 부분합으로 된 수열 $\{S_n\}_{n=1}^{\infty}$ 는 증가수열이므로 $\{S_n\}_{n=1}^{\infty}$ 가 유계이면 $\sum_{n=1}^{\infty} a_n$ 은 수렴하고, $\{S_n\}_{n=1}^{\infty}$ 가 유계가 아니면 $\sum_{n=1}^{\infty} a_n$ 은 발산한다.

정 리 4.3.1. [**적분판정법**(integral test)] $\sum_{n=1}^{\infty} a_n$ 을 양항급수라고 하자. 함수 f 가 $[1, \infty)$ 에서 정의된 감소하는 연속함수이고, 모든 $n \geq 1$ 에 대하여 $f(n) = a_n$ 이라 하면, $\sum_{n=1}^{\infty} a_n$ 이 수렴하기 위한 필요충분조건은 $\int_1^{\infty} f(x)dx$ 가 수렴하는 것이다.

[**증명**] 함수 f 가 감소함수이므로 그림 4-1 에 의하여 $n \geq 2$ 일 때

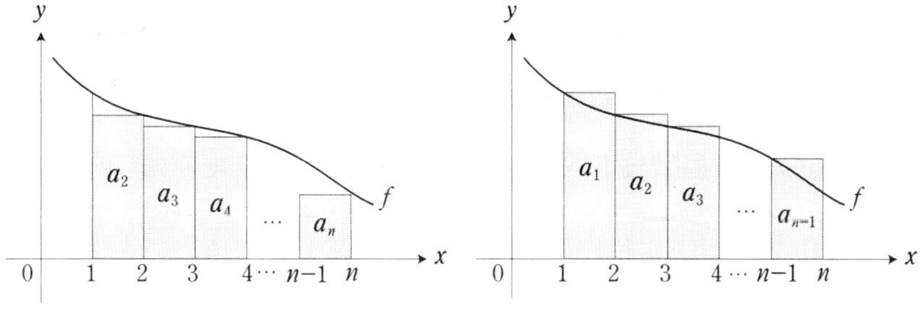

$a_2+a_3+\cdots+a_n \le \int_1^n f(x)dx$

(a)

$\int_1^n f(x)dx \le a_1+a_2+\cdots+a_{n-1}$

(b)

[그림 4-1]

$$0 \le a_2 + a_3 + \cdots + a_n \le \int_1^n f(x)dx \tag{4.1}$$

$$\int_1^n f(x)\,dx \le a_1 + a_2 + \cdots + a_{n-1} \tag{4.2}$$

이다. 식 (4.1) 로부터 적분이 수렴하면 $\sum_{n=1}^{\infty} a_n$ 이 수렴하고, 또한 식 (4.2) 로부터 $\sum_{n=1}^{\infty} a_n$ 이 수렴하면 적분이 수렴함을 알 수 있다.

예 제 1. p 급수 $\sum_{n=1}^{\infty} \frac{1}{n^p}$ 의 수렴, 발산을 조사하여라.

[**풀이**] (i) $p \le 0$ 이면 $\lim_{n\to\infty} \frac{1}{n^p} \ne 0$ 이므로 $\sum_{n=1}^{\infty} \frac{1}{n^p}$ 은 발산한다.

(ii) $p = 1$ 이면 조화급수이므로 발산한다.

(iii) $p > 0$ $(p \ne 1)$이라 하고, 모든 $x \ge 1$ 에 대하여 $f(x) = \frac{1}{x^p}$ 이라 하면 함수 f 는 $[1, \infty)$ 에서 감소하는 연속함수이며 모든 $n \ge 1$ 에 대하여 $f(n) = \frac{1}{n^p}$ 이므로, 적분판정법을 사용할 수 있다. $\int_1^{\infty} f(x)dx$ 의 수렴 여부를 판정하려면

$$\lim_{b\to\infty} \int_1^b \frac{1}{x^p}\,dx = \lim_{b\to\infty} \left[\frac{x^{1-p}}{1-p}\right]_1^b = \frac{1}{1-p} \lim_{b\to\infty} (b^{1-p} - 1)$$

의 존재여부를 확인해야 한다. 그런데 $p \neq 1$ 이므로, 따라서 $p > 1$ 이면 극한값 $\lim_{b\to\infty} \frac{1}{b^{p-1}}$ 이 존재하고, $0 < p < 1$ 이면 존재하지 않으므로 $p > 1$ 이면 $\int_1^\infty f(x)\,dx$ 가 수렴하고, $0 < p < 1$ 이면 발산한다.

그러므로 (i), (ii), (iii)으로부터 p 급수 $\sum_{n=1}^{\infty} \frac{1}{n^p}$ 은 $p > 1$ 이면 수렴하고, $p \leq 1$ 이면 발산한다.

예를 들어

$$\sum_{n=1}^{\infty} \frac{1}{\sqrt{n}} = 1 + \frac{1}{\sqrt{2}} + \frac{1}{\sqrt{3}} + \cdots \frac{1}{\sqrt{n}} + \cdots$$

은 $p = \frac{1}{2} < 1$ 이므로 발산하고, $\sum_{n=1}^{\infty} \frac{1}{n^3} = 1 + \frac{1}{2^3} + \cdots + \frac{1}{n^3} + \cdots$ 은 $p = 3 > 1$ 이므로 수렴한다.

정 리 4.3.2. [**비교판정법**(comparison test)] $\sum_{n=1}^{\infty} a_n$, $\sum_{n=1}^{\infty} b_n$ 이 양항급수일 때

(1) $\sum_{n=1}^{\infty} b_n$ 이 수렴하고, 모든 $n \geq 1$ 에 대하여 $a_n \leq b_n$ 이면 $\sum_{n=1}^{\infty} a_n$ 도 수렴하고 $\sum_{n=1}^{\infty} a_n \leq \sum_{n=1}^{\infty} b_n$ 이다.

(2) $\sum_{n=1}^{\infty} b_n$ 이 발산하고, 모든 $n \geq 1$ 에 대하여 $b_n \leq a_n$ 이면 $\sum_{n=1}^{\infty} a_n$ 도 발산한다.

[**증명**] (1) $S_n = \sum_{i=1}^{n} a_i$, $S'_n = \sum_{i=1}^{n} b_i$ 라 하자. $\sum_{i=1}^{\infty} b_i$ 이 수렴하므로 $\lim_{n\to\infty} S'_n = L$ 이라 놓자. 모든 n 에 대하여 $0 \leq a_n \leq b_n$ 이므로, $\{S_n\}_{n=1}^{\infty}$ 와 $\{S'_n\}_{n=1}^{\infty}$ 는 증가수열이고, 모든 n 에 대하여

$$0 \leq S_n \leq S'_n \leq L \tag{4.3}$$

이다. 즉, $\{S_n\}_{n=1}^{\infty}$ 는 증가하는 유계수열이므로, $\lim_{n\to\infty} S_n$ 가 존재하여 급수 $\sum_{n=1}^{\infty} a_n$ 은 수렴한다. 더 나아가 식 (4.3) 으로부터

$$\sum_{n=1}^{\infty} a_n = \lim_{n\to\infty} S_n \le L = \sum_{n=1}^{\infty} b_n$$

이다.

(2) $\sum_{n=1}^{\infty} a_n$ 이 수렴한다면 (1)에 의하여 $\sum_{n=1}^{\infty} b_n$ 이 반드시 수렴해야 하므로 가정에 모순이다. 따라서 $\sum_{n=1}^{\infty} a_n$ 은 발산한다.

예 제 2. 다음 급수의 수렴, 발산을 판정하여라.

(1) $\displaystyle\sum_{n=1}^{\infty} \frac{1}{2^n+1}$　　　(2) $\displaystyle\sum_{n=1}^{\infty} \frac{3\sin^2 n}{n^2}$

[풀이] (1) 모든 $n \ge 1$ 에 대하여

$$\frac{1}{2^n+1} \le \frac{1}{2^n}$$

이고, $\sum_{n=1}^{\infty} \frac{1}{2^n}$ 은 기하급수정리에 의하여 수렴하므로 비교판정법에 의하여 $\sum_{n=1}^{\infty} \frac{1}{2^n+1}$ 은 수렴한다.

(2) 모든 $n \ge 0$ 에 대하여

$$\frac{3\sin^2 n}{n^2} \le \frac{3}{n^2}$$

이고, $\sum_{n=1}^{\infty} \frac{3}{n^2}$ 은 수렴하므로 주어진 급수도 수렴한다.

정 리 **4.3.3.** [**극한비교판정법**(limit comparison test)] $\sum_{n=1}^{\infty} a_n$ 과 $\sum_{n=1}^{\infty} b_n$ 을 양항급수라 하자. 어떤 양수 L 에 대하여 $\lim_{n\to\infty} \frac{a_n}{b_n} = L$ 이라 할 때 $\sum_{n=1}^{\infty} b_n$ 이 수렴(발산)하면 $\sum_{n=1}^{\infty} a_n$ 도 수렴(발산)한다.

[**증명**] $\lim_{n\to\infty} \frac{a_n}{b_n} = L$ 이므로 어떤 정수 N 이 존재하여 $n \geq N$ 이면

$$\frac{1}{2}L \leq \frac{a_n}{b_n} \leq \frac{3}{2}L$$

이므로

$$\frac{1}{2}Lb_n \leq a_n \leq \frac{3}{2}Lb_n$$

이다. 따라서, 비교판정법에 의하여 $\sum_{n=1}^{\infty} b_n$ 이 수렴하면

$$\sum_{n=N}^{\infty} 2Lb_n, \qquad \sum_{n=N}^{\infty} a_n, \qquad \sum_{n=1}^{\infty} a_n$$

이 수렴하고, 마찬가지로 $\sum_{n=1}^{\infty} b_n$ 이 발산하면

$$\sum_{n=N}^{\infty} \frac{1}{2}Lb_n, \qquad \sum_{n=N}^{\infty} a_n, \qquad \sum_{n=1}^{\infty} a_n$$

이 발산한다.

예 제 **3.** $\sum_{n=1}^{\infty} \frac{4n-3}{n^3-5n-7}$ 의 수렴성을 판정하여라.

[**풀이**] 주어진 급수에 비교되는 급수를 구하기 위하여 분자, 분모에 있는 항들 중 n 의 최고차항만을 생각하여

$$\frac{4n}{n^3} = \frac{4}{n^2}$$

를 얻는다. 주어진 급수를 $\sum_{n=1}^{\infty} \frac{4}{n^2}$ 와 비교한다. $\sum_{n=1}^{\infty} \frac{1}{n^2}$ 이 수렴하는 p 급수이므로 $\sum_{n=1}^{\infty} \frac{4}{n^2}$ 는 수렴하고

$$\lim_{n\to\infty} \frac{\dfrac{4n-3}{n^3-5n-7}}{\dfrac{4}{n^2}} = \lim_{n\to\infty} \frac{4n^3-3n^2}{4n^3-20n-28} = \lim_{n\to\infty} \frac{4-\dfrac{3}{n}}{4-\dfrac{20}{n^2}-\dfrac{20}{n^3}} = 1$$

이므로, 극한 비교판정법에 의하여 주어진 급수는 수렴한다.

정 리 **4.3.4.** [**비율판정법**(ratio test)] $\sum_{n=1}^{\infty} a_n$ 을 양항급수라 하고, 모든 n 에 대하여 $a_n \neq 0$ 이고 $\lim_{n\to\infty} \frac{a_{n+1}}{a_n} = r$ 이라 하자.

(1) $0 \le r < 1$ 이면 $\sum_{n=1}^{\infty} a_n$ 은 수렴한다.

(2) $r > 1$ 이면 $\sum_{n=1}^{\infty} a_n$ 은 발산한다.

(3) $r = 1$ 이면 이 방법으로 판정이 불가능하다.

[**증명**] (1) $0 \le r < 1$ 이라 하고, $r < s < 1$ 인 s 를 잡으면

$$\lim_{n\to\infty} \frac{a_{n+1}}{a_n} = r$$

이므로 정수 N 이 존재하여 $n \ge N$ 이면 $a_{n+1} < a_n s$ 가 된다. 따라서

$$\begin{aligned} &a_{N+1} < a_N s \\ &a_{N+2} < a_{N+1} s < a_N s^2 \\ &\quad \vdots \\ &a_{N+n} < a_{N+n-1} s < \cdots < a_{N+1} s^{n-1} < a_N s^n \end{aligned} \tag{4.4}$$

$0 < s < 1$ 이므로 기하급수 $\sum_{n=1}^{\infty} a_N s^n$ 은 수렴하고, 식 (4.4) 와 비교판정법으로부터 $\sum_{n=1}^{\infty} a_{N+n} = \sum_{n=N+1}^{\infty} a_n$ 이 수렴하므로 $\sum_{n=1}^{\infty} a_n$ 도 수렴한다.

(2) $\lim_{n\to\infty} \frac{a_{n+1}}{a_n} = r > 1$ 이므로 정수 N 이 존재하여 $n \geq N$ 이면 $a_{n+1} \geq ra_n$ 이 된다. $\lim_{n\to\infty} a_n \neq 0$ 된다. 따라서 $\sum a_n$ 은 발산한다.

(3) 수렴하는 급수 $\sum_{n=1}^{\infty} \frac{1}{n^2}$ 과 발산하는 급수 $\sum_{n=1}^{\infty} \frac{1}{n}$ 에 대하여 이웃 항들의 비를 구해보면

$$\lim_{n\to\infty} \frac{\frac{1}{(n+1)^2}}{\frac{1}{n^2}} = \lim_{n\to\infty} \frac{1}{\left(1+\frac{1}{n}\right)^2} = 1, \quad \lim_{n\to\infty} \frac{\frac{1}{n+1}}{\frac{1}{n}} = \lim_{n\to\infty} \frac{1}{1+\frac{1}{n}} = 1$$

따라서 $\lim_{n\to\infty} \frac{a_{n+1}}{a_n} = 1$ 이면 비율판정법에 의한 급수의 수렴, 발산판정이 불가능하다.

예 제 4. 급수 $\sum_{n=1}^{\infty} \frac{n!}{n^n}$ 의 수렴, 발산을 판정하여라.

[**풀이**] $$r = \lim_{n\to\infty} \frac{a_{n+1}}{a_n} = \lim_{n\to\infty} \frac{\frac{(n+1)!}{(n+1)^{n+1}}}{\frac{n!}{n^n}} = \lim_{n\to\infty} (n+1)\frac{n^n}{(n+1)^{n+1}}$$

$$= \lim_{n\to\infty} \frac{1}{\left(1+\frac{1}{n}\right)^n} = \frac{1}{e} < 1$$

이므로 수렴한다.

정 리 4.3.5. [**근판정법**(root test)] $\sum a_n$ 을 양항급수, $\lim_{n\to\infty} \sqrt[n]{a_n} = r$ 이라 하자. 이 때

(1) $0 \leq r < 1$ 이면 $\sum a_n$ 은 수렴한다.

(2) $r > 1$ 이면 $\sum a_n$ 은 발산한다.

(3) $r = 1$ 이면 이 방법으로는 판정이 불가능하다.

[증명] (1) $0 \le r < 1$ 이므로 $r < s < 1$ 인 s 를 잡으면, $\lim_{n\to\infty} \sqrt[n]{a_n} = r$ 이므로 충분히 큰 모든 n 에 대하여 $\sqrt[n]{a_n} \le s$ 가 된다. 즉, 정수 N 이 존재하여 $n \ge N$ 이면 $a_n \le s^n$ 이다. $s < 1$ 이므로 기하급수 $\sum_{n=1}^{\infty} s^n$ 이 수렴하고, 비교판정법에 의하여 $\sum_{n=1}^{\infty} a_n$ 이 수렴한다. 따라서 $\sum_{n=1}^{\infty} a_n$ 도 수렴한다.

(2) $\lim_{n\to\infty} \sqrt[n]{a_n} = r > 1$ 이므로 극한의 정의에 의해 정수 N 이 존재하여 $n \ge N$ 이면 $\sqrt[n]{a_n} > 1$ 이 된다. 즉, $n \ge N$ 에 대하여 $a_n \ge 1$ 이므로 $\lim_{n\to\infty} a_n \ne 0$ 이다. 따라서, $\sum a_n$ 은 발산한다.

(3) $\sum_{n=1}^{\infty} \frac{1}{n^2}$ 과 $\sum_{n=1}^{\infty} \frac{1}{n}$ 은 $r = 1$ 이지만 하나는 수렴하고, 다른 하나는 발산한다.

예 제 5. $\sum_{n=1}^{\infty} \frac{n}{2^n}$ 의 수렴, 발산을 조사하여라.

[풀이] $r = \lim_{n\to\infty} \sqrt[n]{\frac{n}{2^n}} = \lim_{n\to\infty} \frac{\sqrt[n]{n}}{2} = \frac{1}{2} < 1$ 이므로 수렴한다.

연습문제 4-3

1. 다음 수열의 극한값을 구하여라.

(1) $\sum_{n=1}^{\infty} \frac{1}{2^n + 1}$ (2) $\sum_{n=5}^{\infty} \frac{1}{\sqrt{n} - 2}$

(3) $\sum_{n=1}^{\infty} \sin \frac{1}{n}$ (4) $\sum_{n=1}^{\infty} \frac{n!}{2^n}$

(5) $\sum_{n=1}^{\infty} ne^{-n}$ (6) $\sum_{n=1}^{\infty} \frac{\sin^2 n}{n\sqrt{n}}$

2. 두 급수 $\sum a_n$ 과 $\sum b_n$ 이 양항급수이고, $\lim_{n\to\infty} \frac{a_n}{b_n} = 0$ 이면 다음이 성립함을 보여라.

(1) $\sum b_n$ 이 수렴하면, $\sum a_n$ 이 수렴한다.

(2) $\sum a_n$ 이 발산하면, $\sum b_n$ 이 발산한다.

4.4 교대급수와 절대급수

지금부터 급수 $\sum a_n$ 에서 $a_n \geq 0$ 인 조건이 없는 일반적인 급수에 대하여 생각한다. 급수 $\sum a_n$ 에서 a_n 들이 교대로 양수, 음수로 되어 있는 경우 이 급수를 **교대급수**(alternating series)라 부른다. 예를 들면

$$\sum_{n=1}^{\infty} (-1)^{n+1} 3^n = 3 - 9 + 27 - 81 + \cdots$$

$$\sum_{n=1}^{\infty} (-1)^n \frac{1}{(2n)!} = -\frac{1}{2} + \frac{1}{24} - \frac{1}{720} + \cdots$$

들은 교대급수이다. 교대급수에 대한 수렴여부를 판정하는 데는 다음의 정리가 유용하다.

정 리 **4.4.1.** [**라이프니쯔 정리**(Leibnitz theorem)] $\{a_n\}_{n=1}^{\infty}$ 가 감소하는 양항수열이고, $\lim_{n\to\infty} a_n = 0$ 이면 교대급수 $\sum_{n=1}^{\infty} (-1)^n a_n$ 과 $\sum_{n=1}^{\infty} (-1)^{n+1} a_n$ 은 수렴한다.

[증명] $\sum_{n=1}^{\infty}(-1)^n a_n = \sum_{n=1}^{\infty}(-(-1)^{n+1})a_n$ 이므로 $\sum_{n=1}^{\infty}(-1)^n a_n$ 이 수렴함을 보이면 $\sum_{n=1}^{\infty}(-1)^{n+1}a_n$ 도 수렴한다. 짝수 번째 부분합의 수열 $S_2, S_4, \ldots, S_{2n}$ 을 생각하면 $S_{2n} = (a_1 - a_2) + (a_3 - a_4) + (a_{2n-1} - a_{2n})$ 이고 $a_n - a_{n+1} \geq 0$ 이므로 수열 S_{2n} 은 증가수열이다. 또 $S_{2n} = a_1 - (a_2 - a_3) - \cdots (a_{2n-2} - a_{2n-1}) - a_{2n}$ 이므로 $S_{2n} \leq a_1$, 즉 유계이다. 따라서 수열 $\{S_{2n}\}$ 은 수렴하고 그 극한

$$\lim_{n\to\infty} S_{2n} = S$$

가 존재한다. 이번에는 홀수 번째 부분합의 수열 $S_1, S_3, S_5, \ldots$ 를 생각해 보면 $S_{2n+1} = S_{2n} + a_{2n+1}$, $\lim_{n\to\infty} a_{2n+1} = 0$ 이므로

$$\lim_{n\to\infty} S_{2n+1} = \lim_{n\to\infty}(S_{2n} + a_{2n+1}) = S$$

따라서, $\lim_{n\to\infty} S_n = S$ 이므로 이 급수는 수렴한다.

예 제 **1.** 교대 조화급수라 부르는

$$1 - \frac{1}{2} + \frac{1}{3} - \frac{1}{4} + \cdots + (-1)^{n+1}\frac{1}{n} + \cdots$$

의 수렴, 발산을 조사하여라.

[**풀이**] 이 급수는 $a_n = \frac{1}{n}$ 이므로 $a_n = \frac{1}{n} > \frac{1}{n+1} = a_{n+1}$ 이고 $\lim a_n = 0$ 이므로 라이프니쯔의 정리에 의하여 수렴한다.

정 리 **4.4.2.** [**교대급수의 오차**] 교대급수 $\sum_{n=1}^{\infty}(-1)^{n+1}a_n$ 이 교대급수판정법의 모든 가정을 만족하고 그 합을 S 라 하자. $R_n = S - S_n$ 이라 하면 R_n 의 부호

는 $(-1)^{n+2}a_{n+1}$ 과 부호가 같고 그 절대값은

$$0 \leq |R_n| < a_{n+1}$$

이다.

[증명] 교대급수 $\sum_{n=1}^{\infty}(-1)^{n+1}a_n$ 의 짝수 째 부분합 $\{S_{2n}\}$ 을 생각해 보면

$$S_{2n} = a_1 - (a_2 - a_3) - \cdots - (a_{2n-2} - a_{2n-1}) - a_{2n}$$

이므로, 모든 n 에 대해서 $S_{2n} \leq a_1$ 이다. 따라서

$$S = \lim_{m\to\infty} S_{2n} \leq a_1$$

즉, 수렴하는 교대급수의 합은 초항보다 작은 값이다.

$$\begin{aligned} R_n &= S - S_n \\ &= (-1)^{n+2}a_{n+1} + (-1)^{n+3}a_{n+2} + \cdots \\ &= (-1)^n(a_{n+1} - a_{n+2} + a_{n+3} - \cdots) \end{aligned}$$

따라서, $|R_n| = a_{n+1} - a_{n+2} + a_{n+3} - \cdots$ 는 초항이 a_{n+1} 이 수렴하는 교대 급수이므로 $0 \leq |R_n| < a_{n+1}$ 이다.

예를 들면, $1 - \frac{1}{2} + \frac{1}{3} - \frac{1}{4} + \cdots$ 에서 그 합을 $S_4 = \frac{7}{12}$ 로 했다면 S 와의 오차는 위의 정리에 의해서 $a_5 = \frac{1}{5}$ 보다 작다. 또 근사값으로 $S_7 = \frac{319}{420}$ 까지 구했다면 그 오차는 $\frac{1}{8}$ 보다 작다. 실제 이 교대 조화급수의 값은 $\ln 2$ 이다.

$1 - \frac{1}{2} - \frac{1}{2^2} + \frac{1}{2^3} + \frac{1}{2^4} - \frac{1}{2^5} - \frac{1}{2^6} + \cdots$ 과 같은 급수는 교대급수가 아니므로 수렴, 발산을 교대 급수판정법으로는 판정할 수 없다. 이와 같은 급수의 판정법

에 대하여 생각하자. 급수 $\sum a_n$ 에서

$$\sum |a_n| = |a_1| + |a_2| + \cdots + |a_n| + \cdots$$

가 수렴할 때, $\sum a_n$ 을 **절대수렴**(absolutely convergent)이라고 한다.

급수 $1 - \frac{1}{2} + \frac{1}{4} - \frac{1}{8} + \cdots$ 각 항에 절대값을 취한 급수 $1 + \frac{1}{2} + \frac{1}{4} + \frac{1}{8} + \cdots$ 는 $r = \frac{1}{2}$ 인 기하급수이므로 수렴한다. 따라서 $1 - \frac{1}{2} + \frac{1}{4} - \frac{1}{8} + \cdots$ 는 절대수렴한다. 그러나 교대 조화급수는 절대값을 취한 급수 $1 + \frac{1}{2} + \frac{1}{3} + \frac{1}{4} + \cdots$ 가 발산하므로 절대수렴이 아니다.

정 리 4.4.3. $\sum |a_n|$ 이 수렴하면 $\sum a_n$ 이 수렴한다.

[**증명**] 모든 n 에 대하여 $0 \leq a_n + |a_n| \leq 2|a_n|$ 이고 $\sum 2|a_n|$ 은 수렴하므로 비교판정법에 의해서 $\sum (a_n + |a_n|)$ 은 수렴한다. $b_n = a_n + |a_n|$ 라 두면

$$\sum a_n = \sum (b_n - |a_n|) = \sum b_n - \sum |a_n|$$

이고 두 수렴한 급수의 차이므로 역시 수렴한다.

절대수렴하면 수렴하나 수렴하는 급수는 절대수렴 할 수도 있지만 때로는 아닐 수도 있다. $1 - \frac{1}{2} + \frac{1}{3} - \frac{1}{4} + \cdots$ 는 수렴하지만 절대수렴하지 않는다. 특히 이와 같이 수렴은 하나 절대수렴을 하지 않는 급수를 **조건수렴**(conditionally convergent)이라고 한다.

연습문제 4-4

1. 다음 급수의 수렴, 발산을 판정하여라.

(1) $\sum_{n=1}^{\infty}(-1)^n \frac{2n}{4n+1}$ (2) $\sum_{n=1}^{\infty} \frac{(-1)^{n-1}}{\sqrt{n}}$

(3) $\sum_{n=1}^{\infty}(-1)^n \frac{\sin \pi}{n}$ (4) $\sum_{n=1}^{\infty}(-1)^n \frac{\ln n}{n}$

2. 다음 급수가 절대수렴하는지 조건수렴하는지를 판정하여라.

(1) $\sum_{n=1}^{\infty}(-1)^{n+1} \frac{1}{3n+4}$ (2) $\sum_{n=2}^{\infty}(-1)^n \frac{1}{n \ln n}$

3. 다음 급수에서 오차 $|R_n| = |S - S_n|$ 이 0.0005보다 작게 하는 n 의 값을 구하여라.

(1) $\sum_{n=1}^{\infty} \frac{(-1)^{n+1}}{n!}$ (2) $\sum_{n=0}^{\infty} \frac{(-1)^n}{3^n}$

4.5 멱급수

지금까지 우리는 각 항이 모두 수인 급수에 대해서 생각했다. 그러나 물리학이나 공학분야에서는 급수에 변수가 포함된 항이 나타날 경우가 많다. 예를 들어, $|x| < 1$ 이면

$$\frac{1}{1-x} = 1 + x + \cdots + x^n + \cdots$$

와 같이 함수 $f(x) = \frac{1}{1-x}(|x| < 1)$ 은 x 가 포함된 급수로 표시가 된다. $a_0, a_1, a_2, \cdots$ 를

상수라 하고 x를 변수라 할 때

$$\sum_{n=0}^{\infty} a_n x^n = a_0 + a_1 x + \cdots + a_n x^n + \cdots$$

형태의 급수를 **멱급수**(power series)라 한다. 멱급수에 대한 근본적인 문제는 어떤 x 값에 대하여 $\sum a_n x^n$ 이 수렴하느냐 하는 것이다.

예 제 1. (1) $\sum_{n=1}^{\infty} n! x^n$ 은 $x \neq 0$ 이면

$$\lim_{n\to\infty} \left| \frac{(n+1)! x^{n+1}}{n! x^n} \right| = \lim_{n\to\infty} |(n+1)x| = \infty$$

이므로, 비율판정법에 의해 발산한다. 따라서 $x = 0$ 인 경우에만 수렴한다.

(2) $\sum_{n=1}^{\infty} \frac{x^n}{n!}$ 은 모든 실수 x 에 대하여

$$\lim_{n\to\infty} \left| \frac{\frac{x^{n+1}}{(n+1)!}}{\frac{x^n}{n!}} \right| = \lim_{n\to\infty} \left| \frac{1}{n+1} x \right| = 0$$

이므로, 비율판정법에 의해 수렴한다.

정 리 4.5.1. (1) $\sum_{n=0}^{\infty} a_n s^n$ 이 수렴하면, $|x| < |s|$ 인 모든 x 에 관하여 $\sum_{n=0}^{\infty} a_n x^n$ 은 절대수렴한다.

(2) $\sum_{n=0}^{\infty} a_n s^n$ 이 발산하면, $|x| > |s|$ 인 모든 x 에서 $\sum_{n=0}^{\infty} a_n x^n$ 은 발산한다.

[증명] (1) $|x| < |s|$ 라하고

$$\sum_{n=0}^{\infty} a_n x^n = \sum_{n=0}^{\infty} a_n s^n \left(\frac{x}{s}\right)^n$$

으로 다시 쓰자. $\sum_{n=1}^{\infty} a_n s^n$ 이 수렴하면, $\lim_{n\to\infty} a_n s^n = 0$ 이므로 정수 N 이 존재하여 모든 $n \geq N$ 에 대하여 $|a_n s^n| \leq 1$ 이다. 즉, 모든 $n \geq N$ 에 대하여

$$|a_n x^n| = |a_n s^n| \left|\frac{x}{s}\right|^n \leq \left|\frac{x}{s}\right|^n$$

$|x| < |s|$ 이므로 $\sum_{n=N}^{\infty} \left|\frac{x}{s}\right|^n$ 은 절대수렴하고, 비교판정법에 의하여 $\sum_{n=N}^{\infty} a_n x^n$ 은 절대수렴한다. 따라서 $\sum_{n=1}^{\infty} a_n x^n$ 도 절대수렴한다.

(2) $\sum_{n=1}^{\infty} a_n s^n$ 은 발산하고 $|x| > |s|$ 라 하자. 만약, $\sum_{n=1}^{\infty} a_n x^n$ 이 수렴한다면 (1)에 의하여 $\sum_{n=1}^{\infty} a_n s^n$ 은 절대수렴하므로 수렴하게 되어 가정에 모순이다.

이 보조정리로부터 우리는 멱급수가 주어졌을 때 그 수렴, 발산에 대하여 다음 정리가 성립함을 알 수 있다.

정 리 4.5.2. 멱급수 $\sum_{n=0}^{\infty} a_n x^n$ 은 다음 세 가지 경우 중 하나를 만족한다.

(1) $\sum_{n=0}^{\infty} a_n x^n$ 은 오직 $x = 0$ 에서만 수렴한다.

(2) $\sum_{n=0}^{\infty} a_n x^n$ 은 모든 실수에서 수렴한다.

(3) 양수 R 이 존재하여 $\sum_{n=0}^{\infty} a_n x^n$ 이 $|x| < R$ 일 때는 수렴하고, $|x| > R$ 일 때는 발산한다.

멱급수가 (3)의 경우에 해당될 때 R 을 $\sum_{n=0}^{\infty} a_n x^n$ 의 **수렴반경**(radius of convergence)이라 한다. $\sum_{n=0}^{\infty} a_n x^n$ 이 (1)를 만족하면 $R = 0$ 이라 하고, (2)를 만족하

면 $R=\infty$ 라 한다. 따라서 모든 멱급수는 수렴반경 R을 갖는다. $\sum_{n=1}^{\infty} a_n x^n$ 이 수렴하는 x 값들의 집합을 $\sum_{n=0}^{\infty} a_n x^n$ 의 **수렴구간**(interval of convergence)이라고 한다. (1)~(3)으로부터 수렴구간은

$$[0,\, 0],\ \ (-R,\, R),\ \ (-R,\, R],\ \ [-R,\, R),\ \ [-R, R],\ \ (-\infty,\, \infty)$$

중에 하나가 됨을 알 수 있다.

예 제 2. 멱급수 $\sum_{n=1}^{\infty} nx^n$ 의 수렴구간을 구하여라.

[**풀이**] $x \neq 0$ 이면

$$\lim_{n\to\infty}\left|\frac{(n+1)x^{n+1}}{nx^n}\right| = \lim_{n\to\infty}\left|\frac{n+1}{n}x\right| = |x|$$

이므로, 비율판정법에 의하여 급수는 $|x|<1$ 에서 수렴하고 $|x|>1$ 에서는 발산한다. 따라서 정리 4.5.2 에 의해 수렴반경 R은 1 이다. $|x|=1$ 인 경우를 생각하여 보자. $x=\pm 1$ 에서는 급수 $\sum_{n=1}^{\infty} n$ 과 $\sum_{n=1}^{\infty}(-1)^n n$ 둘 다 항들이 0 에 수렴하지 않으므로 발산한다. 그러므로 수렴구간은 $(-1,\, 1)$ 이다.

$\sum_{n=0}^{\infty} a_n x^n$ 이 함수이므로 수렴반경이 0 이 아니면 멱급수는 항상 미분가능하다. 실제로 급수의 도함수는 다항식의 도함수를 구하는 방법과 마찬가지로 항별로 미분하여 얻어진다.

정 리 4.5.3. [**멱급수의 미분정리**] $\sum_{n=0}^{\infty} a_n x^n$ 을 수렴반경이 R 인 멱급수라 할 때 $\sum_{n=0}^{\infty} na_n x^{n-1}$ 의 수렴반경도 R 이고, $|x|<R$ 에서

$$\frac{d}{dx}\left(\sum_{n=0}^{\infty} a_n x^n\right) = \sum_{n=0}^{\infty} na_n x^{n-1} = \sum_{n=0}^{\infty}\frac{d}{dx}(a_n x^n)$$

이다.

[**증명**] 미분정리의 증명은 너무 복잡하므로 생략한다.

[참 고] 1. 멱급수의 미분정리에 의하여

$$\sum_{n=0}^{\infty} a_n x^n \text{ 과 } \quad \sum_{n=1}^{\infty} n a_n x^{n-1}$$

의 수렴반경이 같다고 하더라도 수렴구간이 같음을 의미하지는 않는다. 예를 들면, $\sum_{n=1}^{\infty} \frac{x^n}{n}$ 의 수렴구간은 $[-1, 1)$ 이지만 그 도함수 $\sum_{n=1}^{\infty} x^{n-1}$ 의 수렴구간은 $(-1, 1)$ 이다.

예 제 3. $\frac{1}{(1-x)^2}$ 을 멱급수 전개하여라.

[**풀이**] $\left(\frac{1}{1-x}\right)' = \frac{1}{(1-x)^2}$ 이므로 멱급수의 미분정리에 의하여

$$\begin{aligned}\frac{1}{(1-x)^2} &= \left(\frac{1}{1-x}\right)' \\ &= (1 + x + x^2 + \cdots + x^n + \cdots)' \\ &= 1 + 2x + 3x^2 + 4x^3 + \cdots + nx^{n-1} + \cdots \quad (|x| < 1)\end{aligned}$$

이다.

정 리 4.5.4. [**멱급수의 적분정리**] $\sum_{n=0}^{\infty} a_n x^n$ 을 수렴반경이 $R > 0$ 인 멱급수라하면, $|x| < R$ 인 x 에 대하여

$$\int_0^x \left(\sum_{n=0}^{\infty} a_n t^n\right) dt = \sum_{n=0}^{\infty} \frac{a_n}{n+1} x^{n+1} = \sum_{n=0}^{\infty} \left(\int_0^x a_n t^n dt\right)$$

이다.

예 제 4. $\ln(1+x) = \sum_{n=0}^{\infty} \frac{(-1)^n}{n+1} x^{n+1}$ $(|x|<1)$임을 보여라.

[**풀이**] $|x|<1$ 일 때 $\frac{1}{1-x} = \sum_{n=0}^{\infty} x^n$ 이므로 x 대신 $-t$를 대입하면

$$\frac{1}{1+t} = \sum_{n=0}^{\infty} (-1)^n t^n, \qquad |t|<1$$

이고, 적분정리에 의하여

$$\begin{aligned}\ln(1+x) &= \int_0^x \frac{1}{1+t}\,dt = \int_0^x \left(\sum_{n=1}^{\infty}(-1)^n t^n\right) dt \\ &= \sum_{n=0}^{\infty} \frac{(-1)^n}{n+1} x^{n+1}, \qquad |x|<1\end{aligned}$$

을 얻는다.

연습문제 4-5

1. 다음 급수의 수렴반경과 수렴구간을 구하여라.

(1) $\sum_{n=0}^{\infty} nx^n$ (2) $\sum_{n=0}^{\infty} \frac{x^n}{n!}$

(3) $\sum_{n=1}^{\infty} \frac{(x+1)^n}{\sqrt{n}}$ (4) $\sum_{n=1}^{\infty} \frac{x^n}{\ln(n+1)}$

2. 다음 함수를 멱급수로 나타내고 수렴구간을 구하여라.

(1) $f(x) = \frac{1}{x-5}$ (2) $f(x) = \frac{1}{(1+x)^2}$

(3) $f(x) = \ln(5-x)$ (4) $f(x) = \frac{3}{x^2+x-2}$

3. 멱급수 $\sum_{n=0}^{\infty} a_n x^n$의 수렴반경이 10이라면 $\sum_{n=1}^{\infty} n a_n x^{n-1}$의 수렴반경은 얼마인가? 또, 그 이유는 무엇인가?

4.6 테일러 급수와 매클로린 급수

함수 $f(x)$가 $x = a$에서 모든 차수의 도함수를 가질 때

$$\sum_{n=0}^{\infty} \frac{f^{(n)}(a)}{n!}(x-a)^n$$

을 $x = a$에서 함수 f의 **테일러 급수**(Taylor series)라 한다. 특히 $a = 0$일 때 함수 f의 테일러 급수를 **매클로린 급수**(Maclaurin series)라 한다.

$x = a$에서 함수 $f(x)$의 n차 테일러 다항식은

$$P_n(x) = \sum_{k=0}^{n} \frac{f^{(k)}(a)}{k!}(x-a)^k$$

이고,

$$R_n(x) = f(x) - P_n(x)$$

를 f의 n차 **테일러 나머지**(Tayor remainder)라고 부른다.

정 리 4.6.1. [**테일러의 정리**(Taylor's theorem)] 함수 f가 a를 포함하는 개구간 I에서 $(n+1)$차 미분가능하면 a가 아닌 임의의 $x \in I$에 대하여

(1) $f(x) = f(a) + f'(a)(x-a) + \cdots + \dfrac{f^{(n)}(a)}{n!}(x-a)^n + R_n(x)$

(2) $R_n(x) = \dfrac{f^{(n+1)}(t_x)}{(n+1)!}(x-a)^{n+1}$

인 t_x 가 $a < t_x < x$ (또는 $x < t_x < a$) 범위에서 존재한다.

식 (1)은 **테일러 공식**(Taylor's formula), 식 (2)는 **라그랑즈 나머지 공식**(Lagrange's remainder formula)이라 부른다.

[**증명**] 구간 I 에 있는 임의의 고정된 x ($\neq a$)와 임의의 t 에 대하여

$$\begin{aligned} g(t) = f(x) - f(t) - f'(t)(x-t) - \frac{f''(t)}{2!}(x-t)^2 \\ - \frac{f^{(3)}(t)}{3!}(x-t)^3 - \cdots - \frac{f^{(n)}(t)}{n!}(x-t)^n \\ - R_n(x)\,\frac{(x-t)^{n+1}}{(x-a)^{n+1}} \end{aligned}$$

이라 하자. 그러면 $R_n(x)$ 의 정의로부터 $g(x) = g(a) = 0$ 이고, $g(t)$ 는 I 에서 미분가능하므로 $g(t)$ 에 롤의 정리를 적용하면 $g'(t_x) = 0$ 인 점 t_x 가 $a < t_x < x$ (또는 $x < t_x < a$)인 범위에서 존재한다. 실제로 $g'(t)$ 는

$$g'(t) = \frac{-f^{(n+1)}(t)}{n!}(x-t)^n + (n+1)R_n(x)\frac{(x-t)^n}{(x-a)^{n+1}}$$

이고, $g'(t_x) = 0$ 이므로

$$\frac{-f^{(n+1)}(t_x)}{n!}(x-t_x)^n + (n+1)R_n(x)\frac{(x-t_x)^n}{(x-a)^{n+1}} = 0$$

이다. 그러므로

$$R_n(x) = \frac{f^{(n+1)}(t_x)}{(n+1)!}(x-a)^{n+1}$$

이 되어 정리가 증명된다.

위 정리에서 $\dfrac{t_x - a}{x-a} = \theta$ 라 놓으면, $0 < \theta < 1$ 이 되고, $t_x = a + \theta(x-a)$ 가 되어 나머지는

$$R_n(x) = \frac{f^{(n)}(a + \theta(x-a))}{(n+1)!}(x-a)^{n+1}$$

형으로 쓸 수 있다. 또한 위 정리에서 특별히, $a = 0$ 인 경우를 **매클로린 정리**(Maclaurin's theorem)라고 한다.

예 제 1. e 의 근사값을 오차 0.001 범위 내에서 구하여라.

[**풀이**] $f(x) = e^x$ 라하고, $e = f(1)$ 을 $P_n(1)$ 로 근사 시키면 $|f(1) - P_n(1)| = |R_n(1)| < 0.001$ 일 때 오차는 0.001 범위 내에 있게 될 것이다. 테일러 정리에 의하여

$$R_n(1) = \frac{f^{(n+1)}(t_1)}{(n+1)!}1^{n+1}$$

인 t_1 이 존재하여 $0 < t_1 < 1$ 를 만족한다. 그런데 $f^{(n+1)}(t_1) = e^{t_1}$ 이고 $e < 4$ 이므로

$$e^{t_1} < 4^{t_1} < 4^1, \qquad R_n(1) = \frac{e^{t_1}}{(n+1)!} < \frac{4}{(n+1)!}$$

이다. 따라서 $n \geq 6$ 이면 $|R_n(1)| < 0.001$ 이므로 구하고자 하는 e 의 근사값은

$$P_6(1) = 1 + 1 + \frac{1}{2!} + \frac{1}{3!} + \frac{1}{4!} + \frac{1}{5!} + \frac{1}{6!} = \frac{1957}{720} \approx 2.71806$$

이다.

예 제 2. $\sin(7\pi/36)$ 의 근사값을 오차 0.00001 범위 내에서 구하여라.

[**풀이**] $f(x) = \sin x$ 라 하면 임의의 t_x 와 n 에 대하여

$$|f^{(n+1)}(t_x)| = |\sin t_x| \leq 1, \quad \text{또는} \quad |f^{(n+1)}(t_x)| = |\cos t_x| \leq 1$$

임을 알 수 있다. $x = 7\pi/36$ 를 적용하면

$$\begin{aligned} |R_n(7\pi/36)| &= |f^{(n+1)}(t_{7\pi/36})/(n+1)!|(7\pi/36)^{n+1} \\ &\leq 1/(n+1)! \cdot (7\pi/36)^{n+1} \end{aligned}$$

이므로 $n \geq 6$ 이면 부등식의 우변은 0.00001 보다 작게 되어 $P_6(7\pi/36)$ 가 $\sin(7\pi/36)$ 의

구하고자 하는 근사값이다. 따라서

$$P_6\left(\frac{7\pi}{36}\right) = \frac{7\pi}{36} - \frac{1}{3!}\left(\frac{7\pi}{36}\right)^3 + \frac{1}{5!}\left(\frac{7\pi}{36}\right)^5 \approx 0.573583$$

이다.

테일러의 정리에 의하여 적당한 t_x $(a < t_x < x)$가 존재하여

$$R_n(x) = \frac{f^{(n+1)}(t_x)}{(n+1)!}(x-a)^{n+1}$$

임을 알고 있다. 따라서

$$f(x) = \sum_{n=0}^{\infty} \frac{f^{(n)}(a)}{n!}(x-a)^n$$

이 될 필요충분조건은 $\lim_{n\to\infty} R_n(x) = 0$ 이다. 그러므로 $\lim_{n\to\infty} R_n(x) = 0$ 인 x 값에 대하여 $f(x)$ 는 테일러 급수로 전개될 수 있다.

예 제 3. e^x 는 모든 실수 x 에 대해서 매클로린 급수로 전개됨을 증명하여라.

[**풀이**] x 의 모든 실수 값에 대하여

$$e^x = 1 + x + \frac{1}{2!}x^2 + \frac{1}{3!}x^3 + \cdots + \frac{1}{n!}x^n + \cdots$$

임을 보이자. 테일러 공식에 의해서

$$e^x = 1 + x + \frac{1}{2!}x^2 + \cdots + \frac{1}{n!}x^n + \frac{e^c}{(n+1)!}x^{n+1}$$

(c 는 0 과 x 사이의 수)이다. 그런데, 모든 x 에 대해서

$$\lim_{n\to\infty} R_n(x) = \lim_{n\to\infty} \frac{e^c}{(n+1)!}x^{n+1} = 0$$

이므로 모든 실수 x 에 대하여 $e^x = \sum_{n=0}^{\infty} \frac{1}{n!} x^n$ 이다.

예 제 4. 모든 실수 x 에 대하여 $\sin x = x - \frac{x^3}{3!} + \frac{x^5}{5!} - \frac{x^7}{7!} + \cdots$ 임을 보여라.

[**풀이**] $f(x) = \sin x$ 는 모든 x 에 대해서 $f^{(n+1)}(x) = \pm\cos x$ 또는 $\pm\sin x$ 이므로

$$|f^{(n+1)}(x)| \le 1$$

이다. 따라서 $R_n(x)$ 를 구하면

$$0 \le |R_n(x)| = \left| \frac{f^{(n+1)}(c)}{(n+1)!} x^{n+1} \right| \le \frac{|x|^{n+1}}{(n+1)!}$$

이고

$$0 \le \lim_{n\to\infty} |R_n(x)| \le \lim_{n\to\infty} \frac{|x|^{n+1}}{(n+1)!} = 0$$

이므로, 모든 x 에 대해서 $R_n(x) = 0$ 이다.

연습문제 4-6

1. $\int_0^1 e^{-x^2}\, dx$를 오차가 0.01을 넘기지 않는 범위에서 구하여라.

2. $x = \frac{\pi}{3}$에서 $f(x) = \sin x$의 테일러급수를 구하여라.

3. 다음 극한값을 구하여라.

(1) $\lim_{x\to 0} \frac{e^x - 1 - x}{x}$ (2) $\lim_{x\to 0} \frac{\sin x - x + \frac{1}{6}x^3}{x^5}$

제 4 장 연습문제 풀이

연습문제 4-1 풀이

1. (1) 1 (2) e^2 (3) 0 (4) e^5 (5) 1 (6) 0

2. $-1 < r \leq 1$ 이면 수렴하고, $r \leq 1$ 또는 $r > 1$ 이면 발산

연습문제 4-2 풀이

1. (1) 수렴 (2) 발산 (3) 수렴 (4) 수렴

2. 총거리: $\frac{a(1+r)}{1-r}$

연습문제 4-3 풀이

1. (1) 수렴 (2) 발산 (3) 발산 (4) 발산 (5) 수렴 (6) 수렴

연습문제 4-4 풀이

1. (1) 발산 (2) 수렴 (3) 수렴 (4) 수렴

2. (1) 조건수렴 (2) 조건수렴

3. (1) 6 (2) 7

연습문제 4-5 풀이

1. (1) 수렴반경: 1 / 수렴구간: $(-1, 1)$ (2) 수렴반경: ∞ / 수렴구간: $(-\infty, \infty)$
(3) 수렴반경: 1 / 수렴구간: $[-2, 0)$ (4) 수렴반경: 1 / 수렴구간: $[-1, 1)$

2. (1) $f(x) = -\frac{1}{5}\sum_{n=0}^{\infty}(\frac{x}{5})^n$, 수렴구간 $(-5, 5)$ (2) $f(x) = \sum_{n=0}^{\infty}(-1)^n(n+1)x^n$, 수렴구간 $(-1, 1)$ (3) $f(x) = c - \sum_{n=1}^{\infty}(\frac{x^n}{n5^n})$ (단, c는 상수), 수렴구간 $(-5, 5)$ (4) $f(x) = \sum_{n=0}^{\infty}[2(-1)^n - 3^n]x^n$, 수렴구간$(-\frac{1}{3}, \frac{1}{3})$

3. 수렴반경 10 ($\because$정리4.5.2)

연습문제 4-6 풀이

1. $1 - \frac{1}{3} + \frac{1}{10} - \frac{1}{42} + \frac{1}{216} \doteqdot 0.7475$

2. $\sin x = \frac{\sqrt{3}}{2} + \frac{1}{2\cdot1!}(x - \frac{\pi}{3}) - \frac{\sqrt{3}}{2\cdot2!}(x - \frac{\pi}{3})^2 - \frac{1}{2\cdot3!}(x - \frac{\pi}{3})^3 + \cdots$

3. (1) 0 (2) $\frac{1}{120}$

제 5 장

행렬과 행렬식

행렬은 여러 가지의 수리 정보를 하나의 기호를 사용하여 간단히 다룰 수 있다는 특성 때문에 수학, 통계학, 물리학, 공학 등 많은 분야에서 응용되고 있다. 특히 행렬을 사용하여 연립 방정식과 선형변환 등을 간단히 나타낼 수 있기 때문에 이론적으로도 매우 중요한 개념이다. 이 장에서는 행렬의 기본 개념에 대해 알아보겠다.

5.1 행렬과 그 연산

어떤 수들이 직사각형 모양의 배열을 이루고 있을 때 이를 **행렬**(matrix)이라 한다. 즉, $m \times n$ 개의 수 a_{ij} $(i = 1, 2, \ldots, m;\ j = 1, 2, \ldots, n)$를 세로로 m 개, 가로로 n 개씩 배열한

$$A = \begin{pmatrix} a_{11} & a_{12} & \cdots & a_{1n} \\ a_{21} & a_{22} & \cdots & a_{2n} \\ \vdots & \vdots & \vdots & \vdots \\ a_{m1} & a_{m2} & \cdots & a_{mn} \end{pmatrix}$$

을 $m \times n$ 행렬이라 하고, $m \times n$을 **행렬의 크기**(size of a matrix)라 한다. 또한 $m \times n$ 행렬 전체의 집합을 $M_{m\times n}$으로 나타낸다. 즉,

$$M_{m\times n} = \{\, A \mid A\text{는 } m \times n \text{ 행렬} \,\}$$

을 의미한다. 또한 앞서 언급한 행렬 A를 간단히 $A = (a_{ij})$와 같이 나타내고, 행렬의 크기를 같이 나타내려는 경우에는 $A = (a_{ij}) \in M_{m\times n}$와 같이 표현한다.

행렬에서 가로줄을 **행**(row), 세로줄을 **열**(column)이라 한다. 행렬 A에서 위에서 i 번째의 행을 A의 제 i 행이라 하고, 왼쪽에서 j 번째의 열을 A의 제 j 열이라 한다. 일반적으로 행렬을 A, B, C 등을 써서 나타내며, 수 a_{ij}는 제 i 행과 제 j 열이 만나는 위치에 있음을 말하며 이것을 A의 ij-**성분**(entry)이라고 한다. 특히 행의 개수와 열의 개수가 n 개인 정사각형 모양의 행렬을 n 차 **정사각행렬**(square matrix)이라 한다.

행렬 A의 i 행으로 만든

$$(a_{i1}\, a_{i2} \ldots a_{in})$$

을 A의 i 번째 **행벡터**(row vector)라 하고, 행렬 A의 j 열로 만든

$$\begin{pmatrix} a_{1j} \\ a_{2j} \\ \vdots \\ a_{mj} \end{pmatrix}$$

을 A의 j 번째 **열벡터**(column vector)라 한다.

예 제 1. 행렬 $A = \begin{pmatrix} 1 & 2 & 3 \\ 4 & 5 & 6 \end{pmatrix}$은 2×3 행렬이다. 이 행렬의 행벡터는 2개로서 $\begin{pmatrix} 1 & 2 & 3 \end{pmatrix}$, $\begin{pmatrix} 4 & 5 & 6 \end{pmatrix}$이고, 열벡터는 3개로서 $\begin{pmatrix} 1 \\ 4 \end{pmatrix}$, $\begin{pmatrix} 2 \\ 5 \end{pmatrix}$, $\begin{pmatrix} 3 \\ 6 \end{pmatrix}$ 등이다.

행렬의 모든 성분이 0 인 행렬을 **영행렬**(zero matrix)이라 하고 0 으로 나타낸다. 0 이 특히 $m \times n$ 행렬임을 나타낼 필요가 있을 때는 $0_{m \times n}$ 이라 쓴다. 또 n 차 정사각행렬인 영행렬은 0_n 이라 쓴다.

예 제 2. $\begin{pmatrix} 0 \end{pmatrix}$, $\begin{pmatrix} 0 & 0 \end{pmatrix}$, $\begin{pmatrix} 0 \\ 0 \end{pmatrix}$, $\begin{pmatrix} 0 & 0 \\ 0 & 0 \end{pmatrix}$, $\begin{pmatrix} 0 & 0 & 0 \\ 0 & 0 & 0 \end{pmatrix}$, $\begin{pmatrix} 0 & 0 & 0 \end{pmatrix}$ 등은 모두 영행렬이다.

정 의 1. 행렬 $A = (a_{ij})$ 와 $B = (b_{ij})$ 의 크기가 같고 모든 i, j 에 대하여 $a_{ij} = b_{ij}$ 인 경우에 두 행렬 A 와 B 는 **같다**(equal)고 하며, $A = B$ 로 나타낸다. 반면에 행렬 A, B 가 서로 같지 않을 때 $A \neq B$ 와 같이 표현한다.

예 제 3. $\begin{pmatrix} 0 & 2 & 6 & 1 \\ 2 & 2 & 4 & 9 \end{pmatrix} = \begin{pmatrix} a & b & c & d \\ e & f & g & h \end{pmatrix}$ 이면

$a = 0, b = 2, c = 6, d = 1, e = 2, f = 2, g = 4, h = 9$이다.

정 의 2. (1) 두 행렬 $A = (a_{ij})$, $B = (b_{ij})$ 가 $m \times n$ 행렬일 때 ij-성분이 $a_{ij} + b_{ij}$ 인 행렬을 A 와 B 의 **합**(sum)이라 하고 $A + B$ 로 나타낸다. 즉, $A + B = (a_{ij} + b_{ij})$ 를 의미한다.

(2) 행렬 $A = (a_{ij}) \in M_{m \times n}$ 와 임의의 스칼라 α 에 대하여 ij-성분이 αa_{ij} 인 행렬을 α 와 행렬 A 의 **스칼라 곱**(scalar multiplication)이라 하고 αA 로 나타낸다. 즉, $\alpha A = (\alpha a_{ij})$ 이다. 특히 $(-1)A$ 인 행렬을 $-A$ 로 나타낸다.

예 제 4. $A = \begin{pmatrix} 1 & -1 & 0 \\ 2 & 1 & 3 \end{pmatrix}$, $B = \begin{pmatrix} 2 & 3 & -1 \\ 1 & -1 & 2 \end{pmatrix}$ 에 대하여 $A + B$, $2A$, $-B$ 을 구하여라.

[풀이] $A + B = \begin{pmatrix} 1 & -1 & 0 \\ 2 & 1 & 3 \end{pmatrix} + \begin{pmatrix} 2 & 3 & -1 \\ 1 & -1 & 2 \end{pmatrix} = \begin{pmatrix} 3 & 2 & -1 \\ 3 & 0 & 5 \end{pmatrix}$,

$2A = \begin{pmatrix} 2 & -2 & 0 \\ 4 & 2 & 6 \end{pmatrix}$, $\quad -B = \begin{pmatrix} -2 & -3 & 1 \\ -1 & 1 & -2 \end{pmatrix}$.

정 리 **5.1.1.** A, B, C 가 임의의 $m \times n$ 행렬이고, α, β 가 스칼라일 때 다음 관계식이 성립한다.

(1) $A+B=B+A$　　(5) $\alpha(\beta A)=(\alpha\beta)A$

(2) $(A+B)+C=A+(B+C)$　　(6) $(\alpha+\beta)A=\alpha A+\beta A$

(3) $A+0=0+A=A$　　(7) $\alpha(A+B)=\alpha A+\alpha B$

(4) $A+(-A)=(-A)+A=0$　　(8) $1\cdot A=A$

[**증명**] $A=(a_{ij}),\ B=(b_{ij}),\ C=(c_{ij})\in M_{m\times n}$ 에 대하여

$$\begin{aligned}(2)\ (A+B)+C &= [(a_{ij})+(b_{ij})]+(c_{ij})=(a_{ij}+b_{ij})+(c_{ij})\\ &=([a_{ij}+b_{ij}]+c_{ij})=(a_{ij}+[b_{ij}+c_{ij}])\\ &=(a_{ij})+(b_{ij}+c_{ij})=(a_{ij})+[(b_{ij})+(c_{ij})]\\ &=A+(B+C).\end{aligned}$$

$$\begin{aligned}(5)\ (\alpha\beta)A &= (\alpha\beta)(a_{ij})=([\alpha\beta]a_{ij})=(\alpha[\beta\, a_{ij}])\\ &=\alpha(\beta\, a_{ij})=\alpha(\beta[a_{ij}])=\alpha(\beta\, A).\end{aligned}$$

$$\begin{aligned}(7)\ \alpha(A+B) &= \alpha[(a_{ij})+(b_{ij})]=\alpha(a_{ij}+b_{ij})=(\alpha a_{ij}+\alpha b_{ij})\\ &=(\alpha a_{ij})+(\alpha b_{ij})=\alpha(a_{ij})+\alpha(b_{ij})=\alpha A+\alpha B.\end{aligned}$$

나머지 경우에 대해서는 각자 해보자.

정 의 **3.** 행렬 $A=(a_{ij})$ 가 $m\times r$ 행렬이고, $B=(a_{ij})$ 가 $r\times n$ 행렬일 때

$$\sum_{k=1}^{r} a_{ik}b_{kj}=a_{i1}b_{1j}+a_{i2}b_{2j}+\cdots+a_{ir}b_{rj}$$

를 ij–성분으로 갖는 $m\times n$ 행렬을 A 와 B 의 **곱**(product)이라 하고 AB 로 나타낸다. 정사각행렬 A 에 대해서는 AA 대신에 A^2, AAA 대신에 A^3 등으로 나타낸다.

A의 열의 수와 B의 행의 수가 다를 때는 AB는 정의되지 않는다. 또, AB는 정의되나 BA는 정의되지 않을 수도 있으며, AB와 BA가 모두 정의되어도 다를 수가 있다.

예 제 5. 행렬 $A = \begin{pmatrix} 1 & 2 \\ 3 & 6 \end{pmatrix}$, $B = \begin{pmatrix} 2 & 4 \\ -1 & -2 \end{pmatrix}$에 대하여 AB와 BA를 구하여라.

[**풀이**] 주어진 A, B에 대하여

$$AB = \begin{pmatrix} 1 & 2 \\ 3 & 6 \end{pmatrix} \begin{pmatrix} 2 & 4 \\ -1 & -2 \end{pmatrix} = \begin{pmatrix} 1\cdot 2 + 2\cdot(-1) & 1\cdot 4 + 2\cdot(-2) \\ 3\cdot 2 + 6\cdot(-1) & 3\cdot 4 + 6\cdot(-2) \end{pmatrix} = \begin{pmatrix} 0 & 0 \\ 0 & 0 \end{pmatrix},$$

$$BA = \begin{pmatrix} 2 & 4 \\ -1 & -2 \end{pmatrix} \begin{pmatrix} 1 & 2 \\ 3 & 6 \end{pmatrix} = \begin{pmatrix} 14 & 28 \\ -7 & -14 \end{pmatrix}$$

이다.

예 제 6. $\begin{pmatrix} 1 & 2 \end{pmatrix} \begin{pmatrix} 3 \\ 4 \end{pmatrix} = (1\cdot 3 + 2\cdot 4) = (11)$

예 제 7. $\begin{pmatrix} 3 \\ 4 \end{pmatrix} \begin{pmatrix} 1 & 2 \end{pmatrix} = \begin{pmatrix} 3 & 6 \\ 4 & 8 \end{pmatrix}$

예 제 8. 행렬 A가 각 상점에서 감자와 양파의 kg 낭 가격을 나타내고, B가 사고자 하는 양(kg)이라 하자.

감자 양파

$$A = \begin{pmatrix} 1200 & 1100 \\ 1500 & 900 \\ 800 & 1400 \end{pmatrix} \begin{matrix} \text{상점 가} \\ \text{상점 나} \\ \text{상점 다} \end{matrix} \qquad B = \begin{pmatrix} 3 \\ 2 \end{pmatrix} \begin{matrix} \text{감자} \\ \text{양파} \end{matrix}$$

이 때 두 행렬의 곱

$$C = AB = \begin{pmatrix} 1200 \cdot 3 + 1100 \cdot 2 \\ 1500 \cdot 3 + 900 \cdot 2 \\ 800 \cdot 3 + 1400 \cdot 2 \end{pmatrix} = \begin{pmatrix} 5800 \\ 6300 \\ 5200 \end{pmatrix}$$

에서의 각 성분은 각 상점에서 구입할 경우에 지불할 금액을 의미한다.

예 제 9. 위 예제와 같은 상황에서 상은이와 정은이가 각각 아래와 같은 양을 사고자 한다.

상은 정은

$$B = \begin{pmatrix} 3 & 2 \\ 2 & 4 \end{pmatrix} \begin{matrix} \text{감자} \\ \text{양파} \end{matrix}$$

이 때 두 행렬의 곱

$$C = AB = \begin{pmatrix} 1200 \cdot 3 + 1100 \cdot 2 & 1200 \cdot 2 + 1100 \cdot 4 \\ 1500 \cdot 3 + 900 \cdot 2 & 1500 \cdot 2 + 900 \cdot 4 \\ 800 \cdot 3 + 1400 \cdot 2 & 800 \cdot 2 + 1400 \cdot 4 \end{pmatrix} = \begin{pmatrix} 5800 & 6800 \\ 6300 & 6600 \\ 5200 & 7200 \end{pmatrix}$$

에서의 1열의 각 성분은 상은이가 각 상점에서 구입할 경우에 지불할 금액을, 2열의 각 성분은 정은이가 각 상점에서 구입할 경우에 지불할 금액을 의미한다.

예 제 10. 다음 주어진 연립방정식을 행렬을 이용해서 표시하여라.

$$\begin{cases} a_{11}x_1 + a_{12}x_2 + \cdots + a_{1n}x_n = b_1 \\ a_{21}x_1 + a_{22}x_2 + \cdots + a_{2n}x_n = b_2 \\ \qquad\qquad\vdots \\ a_{m1}x_1 + a_{m2}x_2 + \cdots + a_{mn}x_n = b_m \end{cases}$$

[**풀이**] 위 연립방정식을 행렬을 이용하여 표현하면

$$\begin{pmatrix} a_{11} & a_{12} & \cdots & a_{1n} \\ a_{21} & a_{22} & \cdots & a_{2n} \\ \vdots & \vdots & \vdots & \vdots \\ a_{m1} & a_{m2} & \cdots & a_{mn} \end{pmatrix} \begin{pmatrix} x_1 \\ x_2 \\ \vdots \\ x_n \end{pmatrix} = \begin{pmatrix} b_1 \\ b_2 \\ \vdots \\ b_m \end{pmatrix}$$

와 같이 나타낼 수 있고 A를 $A = (a_{ij}) \in M_{m\times n}$ 인 행렬이라 하고

$$X = \begin{pmatrix} x_1 \\ x_2 \\ \vdots \\ x_n \end{pmatrix}, \qquad B = \begin{pmatrix} b_1 \\ b_2 \\ \vdots \\ b_m \end{pmatrix}$$

이라 하면 위의 연립방정식을 간단히 $AX = B$로 표시할 수 있다.

예 제 11. 어떤 도시의 2000년 용도별 토지 사용 비율이 아래와 같다.

I 주거지역 30%,

II 상업지역 20%,

III 생산지역 50%

이 도시의 토지 용도 변경이 지난 5년간 아래와 같은 추세로 일어났다고 하자.

	I 에서	II 에서	III 에서
I 로	0.8	0.1	0
II 로	0.1	0.7	0.1
III 으로	0.1	0.2	0.9

이와 같은 추세로 용도변경이 계속된다면 2005년도와 2010년도 이 도시의 용도

별 토지 사용 비율은 어떻게 되겠는가?

[**풀이**] 주어진 용도변경 추세에 따라 2005년도의 사용 비율을 구하면

$$\begin{array}{rl} \text{I 주거지역} & 0.8\cdot 30+0.1\cdot 20+0\cdot 50=26(\%) \\ \text{II 상업지역} & 0.1\cdot 30+0.7\cdot 20+0.1\cdot 50=22(\%) \\ \text{III 생산지역} & 0.1\cdot 30+0.2\cdot 20+0.9\cdot 50=52(\%) \end{array}$$

로서 100% 가 된다. 이것을 행렬의 곱셈으로 나타내면

$$B = TA = \begin{pmatrix} 0.8 & 0.1 & 0 \\ 0.1 & 0.7 & 0.1 \\ 0.1 & 0.2 & 0.9 \end{pmatrix} \begin{pmatrix} 30 \\ 20 \\ 50 \end{pmatrix}$$

와 같이 나타낼 수 있다. 2010년도의 토지 사용 비율은

$$C = T(TA) = T^2A = \begin{pmatrix} 23 \\ 23.2 \\ 53.8 \end{pmatrix}$$

이 된다. 따라서 2005년도 주거지역 26%, 상업지역 22%, 생산지역 52%이고, 2010년도는 주거지역 23%, 상업지역 23.2%, 생산지역 53.8% 이다.

정 리 **5.1.2.** 합과 곱이 가능한 행렬 A, B, C 와 스칼라 α 에 대하여 다음 관계식이 성립한다.

(1) $(AB)C = A(BC)$ (2) $A(B+C) = AB + AC$

(3) $(A+B)C = AC + BC$ (4) $\alpha(AB) = (\alpha A)B = A(\alpha B)$

[**증명**] 연습문제.

지금까지 행렬의 여러 성질을 살펴보았는데 행렬의 연산에서 영행렬은 실수 0과 같고, 항등행렬은 실수 1과 같은 성질을 가지고 있는 등 실수의 성질과 유사한 것을 알게 되었다. 그러나, 실수와 다른 성질도 갖고 있으므로 주의하여야 한다.

(1) 행렬의 곱셈에서는 교환법칙이 성립하지 않는다.

예 제 12. $A = \begin{pmatrix} -1 & 0 \\ -2 & 4 \end{pmatrix}$, $B = \begin{pmatrix} -2 & 6 \\ 1 & 3 \end{pmatrix}$ 일 때

$$AB = \begin{pmatrix} 2 & -6 \\ 8 & 0 \end{pmatrix}, \qquad BA = \begin{pmatrix} -10 & 24 \\ -7 & 12 \end{pmatrix}$$

이므로 $AB \neq BA$ 이다.

(2) **영인자**(zero divisor)를 갖는다. 즉, A와 B가 영행렬이 아니라도 AB는 영행렬이 되기도 한다.

예 제 13. $A = \begin{pmatrix} 2 & 3 \\ 4 & 6 \end{pmatrix}$, $B = \begin{pmatrix} 3 & -6 \\ -2 & 4 \end{pmatrix}$ 일 때 $AB = \begin{pmatrix} 0 & 0 \\ 0 & 0 \end{pmatrix} = 0.$

연습문제 5-1

1. $A = \begin{pmatrix} 3 & -1 \\ 3 & 4 \end{pmatrix}$, $B = \begin{pmatrix} 2 & -3 \\ 1 & 2 \end{pmatrix}$ 일 때 $A + B$, $3A$, B^2, B^3 을 구하여라.

2. 다음 조건을 만족하는 행렬 A를 구하여라.

   (1) $A = (a_{ij}) = (i + j) \in M_{2\times 3}$

(2) $A = (a_{ij}) = ((-1)^{i+j}) \in M_{3\times 3}$

(3) $A = (a_{ij}) = (i^{j+1}) \in M_{3\times 2}$

(4) $A = (a_{ij}) = (\delta_{ij}(i+j+1)) \in M_{3\times 3}$

3. 다음 각 경우에 대해 $(AB)C$ 와 $A(BC)$ 를 계산하여라.

(1) $A = \begin{pmatrix} 1 & 2 \\ 2 & 1 \end{pmatrix}$, $B = \begin{pmatrix} -1 & 1 & 2 \\ 1 & 2 & -2 \end{pmatrix}$, $C = \begin{pmatrix} 1 & 4 \\ 2 & 2 \\ -2 & 1 \end{pmatrix}$

(2) $A = \begin{pmatrix} 1 & 0 & 1 \\ 2 & 1 & -1 \end{pmatrix}$, $B = \begin{pmatrix} -1 & 1 & 2 \\ 1 & 2 & 1 \\ 3 & 2 & 1 \end{pmatrix}$, $C = \begin{pmatrix} 1 & 4 \\ 2 & 2 \\ -1 & 1 \end{pmatrix}$

4. $A \neq 0$ 이면서 $A^2 = 0$ 인 2×2 행렬의 예를 들어라.

5. $A = \begin{pmatrix} 1 & 0 & 1 \\ 2 & 1 & -1 \\ 1 & 2 & 5 \end{pmatrix}$, $B = \begin{pmatrix} x \\ y \\ z \end{pmatrix}$, $C = \begin{pmatrix} 1 \\ 0 \\ 0 \end{pmatrix}$ 일 때

(1) AB 를 구하여라.

(2) $AB = C$ 를 만족하는 x, y, z 를 구하여라.

6. 다음 행렬 A, B 에 대해 A^n, B^n 을 구하여라.

$$A = \begin{pmatrix} a & 2 \\ 0 & a \end{pmatrix}, \qquad B = \begin{pmatrix} a & 1 & 0 \\ 0 & a & 1 \\ 0 & 0 & a \end{pmatrix}$$

7. 다음 행렬 A 에 대해 $A+A$, $5A$, $\dfrac{1}{3}A$, A^n 을 구하여라.

$$A = \begin{pmatrix} \cos\theta & -\sin\theta \\ \sin\theta & \cos\theta \end{pmatrix}$$

8. $A = \begin{pmatrix} 1 & 3 \\ -2 & 0 \end{pmatrix}$, $B = \begin{pmatrix} 2 & 1 \\ -1 & 1 \end{pmatrix}$ 에 대해 $(A+B)(A-B) = A^2 - B^2$ 이 성립하는가?

9. $(A+B)^2 \neq A^2 + 2AB + B^2$ 인 행렬의 예를 들어라.

10. 행렬의 곱셈에서 좌소거법칙이 성립하지 않는다. 즉, A 가 영행렬이 아니고 $AB = AC$ 이지만 $B \neq C$ 일 수 있다는 예를 들어라.

11. 다음 행렬에 대해 $(5A)^{\intercal}$, $(\frac{1}{3}A)^{\intercal}$, $(A^n)^{\intercal}$ 을 구하여라.

$$A = \begin{pmatrix} \cos\theta & -\sin\theta \\ \sin\theta & \cos\theta \end{pmatrix}$$

12. 정리 5.1.2를 증명하여라.

5.2 여러가지 행렬

n차 정사각행렬 $A=(a_{ij})$에서 $a_{11}, a_{22}, \ldots, a_{nn}$를 **주대각성분**(main diagonal entries)이라 하고, 주대각성분의 아래 부분의 성분이 모두 0이거나 위 부분의 모든 성분이 0인 행렬을 **삼각행렬**(triangular matrix)이라 한다. 주대각성분을 제외한 모든 성분이 0인 경우에 A를 **대각행렬**(diagonal matrix)이라 한다.

특히 주대각성분이 모두 1인 대각행렬을 **단위행렬**(unit matrix) 또는 **항등행렬**(identity matrix)이라 하고, $n\times n$ 크기의 항등행렬을 I_n으로 나타낸다. 행렬 A가 $m\times n$ 행렬이면 $AI_n = A = I_m A$이 성립하기 때문에 행렬의 곱셈에서 항등원이 된다.

크로네커 델타(Kronecker delta)라 부르는 기호

$$\delta_{ij} = \begin{cases} 1, & i=j \text{ 일 때} \\ 0, & i \neq j \text{ 일 때} \end{cases}$$

를 생각하면 항등행렬을 $I=(\delta_{ij})$로 나타낼 수 있다.

예 제 **1.** 아래 행렬에서 삼각행렬, 대각행렬, 항등행렬을 찾아라.

$$A=\begin{pmatrix} -1 & 0 \\ 0 & 1 \end{pmatrix},\quad B=\begin{pmatrix} 1 & 0 \\ 0 & 1 \end{pmatrix},\quad C=\begin{pmatrix} 1 & 0 & 0 \\ 0 & 1 & 0 \\ 0 & 0 & 1 \end{pmatrix},\quad D=\begin{pmatrix} 1 & 2 & 3 \\ 0 & 1 & 4 \\ 0 & 0 & 1 \end{pmatrix}$$

[**풀이**] 모두 삼각행렬이고 A, B, C는 대각행렬, B, C는 항등행렬이다.

$m\times n$ 행렬 $A=(a_{ij})$에서 행과 열을 바꾸어서 생긴 $n\times m$ 행렬 즉, A의 i행을 i열로 하는 행렬을 A의 **전치행렬**(transpose matrix)이라 하고 A^{T}로 나타낸

다. $A^{\mathsf{T}} = (b_{ij})$ 이라 놓으면, $b_{ij} = a_{ji}$ 가 된다. 즉,

$$A^{\mathsf{T}} = \begin{pmatrix} a_{11} & a_{21} & \cdots & a_{m1} \\ a_{12} & a_{22} & \cdots & a_{m2} \\ \vdots & \vdots & & \vdots \\ a_{1n} & a_{2n} & \cdots & a_{mn} \end{pmatrix}$$

이다.

예 제 2. 행렬 $A = \begin{pmatrix} 0 & 4 & 3 \end{pmatrix}$의 전치행렬은 $A^{\mathsf{T}} = \begin{pmatrix} 0 \\ 4 \\ 3 \end{pmatrix}$이다.

예 제 3. 다음 행렬의 전치행렬을 구하여라.

$$A = \begin{pmatrix} 1 & 2 \\ -1 & 2 \end{pmatrix}, \quad B = \begin{pmatrix} 1 & 0 & 1 \\ 0 & 2 & 1 \\ 1 & 1 & 0 \end{pmatrix}, \quad C = \begin{pmatrix} 1 & 0 & 1 & 3 \\ 0 & 2 & 1 & 0 \\ 1 & 3 & 1 & 4 \end{pmatrix}$$

[풀이] 주어진 행렬의 전치행렬은

$$A^{\mathsf{T}} = \begin{pmatrix} 1 & -1 \\ 2 & 2 \end{pmatrix}, \quad B^{\mathsf{T}} = \begin{pmatrix} 1 & 0 & 1 \\ 0 & 2 & 1 \\ 1 & 1 & 0 \end{pmatrix}, \quad C^{\mathsf{T}} = \begin{pmatrix} 1 & 0 & 1 \\ 0 & 2 & 3 \\ 1 & 1 & 1 \\ 3 & 0 & 4 \end{pmatrix}$$

이다.

전치행렬에 대하여 다음 정리가 성립한다.

정 리 5.2.1. 임의의 행렬 A와 스칼라 α에 대해 다음이 성립한다.

(1) $(A^{\mathsf{T}})^{\mathsf{T}} = A$

(2) $(\alpha A)^{\mathsf{T}} = \alpha A^{\mathsf{T}}$

(3) $A, B \in M_{m\times n}$이면 $(A+B)^{\mathsf{T}} = A^{\mathsf{T}} + B^{\mathsf{T}}$

(4) $A \in M_{m\times n}$, $B \in M_{n\times r}$일 때 $(AB)^{\mathsf{T}} = B^{\mathsf{T}}A^{\mathsf{T}}$

[**증명**] 연습문제.

예 제 4. 다음 행렬에서 $(AB)^{\mathsf{T}}$와 $B^{\mathsf{T}}A^{\mathsf{T}}$을 구하고 $(AB)^{\mathsf{T}} = B^{\mathsf{T}}A^{\mathsf{T}}$이 되는지 알아보아라.

$$A = \begin{pmatrix} 2 & 0 & 1 \\ -1 & 0 & 4 \end{pmatrix}, \qquad B = \begin{pmatrix} -1 & 0 & 4 \\ 1 & 3 & 0 \\ -1 & 1 & 1 \end{pmatrix}$$

[**풀이**] 주어진 행렬 A와 B에 대하여

$$(AB)^{\mathsf{T}} = \begin{pmatrix} -3 & 1 & 9 \\ -3 & 4 & 0 \end{pmatrix}^{\mathsf{T}} = \begin{pmatrix} -3 & -3 \\ 1 & 4 \\ 9 & 0 \end{pmatrix},$$

$$B^{\mathsf{T}}A^{\mathsf{T}} = \begin{pmatrix} -1 & 1 & -1 \\ 0 & 3 & 1 \\ 4 & 0 & 1 \end{pmatrix}\begin{pmatrix} 2 & -1 \\ 0 & 0 \\ 1 & 4 \end{pmatrix} = \begin{pmatrix} -3 & -3 \\ 1 & 4 \\ 9 & 0 \end{pmatrix}$$

이므로 $(AB)^{\mathsf{T}} = B^{\mathsf{T}}A^{\mathsf{T}}$이다.

만약 $A^{\mathsf{T}} = A$이면 행렬 A를 **대칭행렬**(symmetric matrix)이라 한다. A가 대칭행렬이면 모든 a_{ij}가 a_{ji}와 같아야 하므로 주대각성분에 대해 대칭인 성분들이 같다.

또한 $A^{\mathsf{T}} = -A$이면 A를 **교대행렬**(skew-symmetric matrix)이라 한다. 정의에서 A가 교대행렬이면 임의에 ij에 대하여 $a_{ij} = -a_{ji}$이어야 하기 때문에 $a_{ii} = -a_{ii}$이므로 $a_{ii} = 0$이어야 한다. 즉, 대각성분 a_{ii}가 모두 0이어야 하고 주

대각성분에 대칭인 성분들의 부호가 다르다.

예 제 5. 다음 중에서 대칭행렬과 교대행렬을 찾아라.

(1) $\begin{pmatrix} 1 & 0 & 3 \\ 0 & 5 & -4 \\ 1 & 0 & -1 \end{pmatrix}$ (2) $\begin{pmatrix} 0 & 2 & 3 \\ 2 & 1 & 2 \\ 3 & 2 & 1 \end{pmatrix}$

(3) $\begin{pmatrix} 0 & 0 & 1 \\ 0 & 1 & 0 \\ 0 & 1 & 0 \end{pmatrix}$ (4) $\begin{pmatrix} 0 & 0 & -1 \\ 0 & 0 & 2 \\ 1 & -2 & 0 \end{pmatrix}$

[풀이] (2)는 대칭행렬이고 (4)는

$$A^{\mathsf{T}} = \begin{pmatrix} 0 & 0 & -1 \\ 0 & 0 & 2 \\ 1 & -2 & 0 \end{pmatrix}^{\mathsf{T}} = \begin{pmatrix} 0 & 0 & 1 \\ 0 & 0 & -2 \\ -1 & 2 & 0 \end{pmatrix} = -\begin{pmatrix} 0 & 0 & -1 \\ 0 & 0 & 2 \\ 1 & -2 & 0 \end{pmatrix} = -A$$

이므로 교대행렬이다.

예 제 6. 다음 행렬 A에 있어서 $A + A^{\mathsf{T}}$은 대칭행렬이고 $A - A^{\mathsf{T}}$은 교대행렬임을 보여라.

$$A = \begin{pmatrix} 1 & 4 & 0 \\ 2 & 5 & 0 \\ 3 & 6 & 1 \end{pmatrix}$$

[풀이] $A + A^{\mathsf{T}} = \begin{pmatrix} 1 & 4 & 0 \\ 2 & 5 & 0 \\ 3 & 6 & 1 \end{pmatrix} + \begin{pmatrix} 1 & 2 & 3 \\ 4 & 5 & 6 \\ 0 & 0 & 1 \end{pmatrix} = \begin{pmatrix} 2 & 6 & 3 \\ 6 & 10 & 6 \\ 3 & 6 & 2 \end{pmatrix},$

$$(A + A^{\mathsf{T}})^{\mathsf{T}} = \begin{pmatrix} 2 & 6 & 3 \\ 6 & 10 & 6 \\ 3 & 6 & 2 \end{pmatrix} = A + A^{\mathsf{T}}.$$

따라서, $A + A^{\mathsf{T}}$는 대칭행렬이다. 또한

$$A - A^{\mathsf{T}} = \begin{pmatrix} 1 & 4 & 0 \\ 2 & 5 & 0 \\ 3 & 6 & 1 \end{pmatrix} - \begin{pmatrix} 1 & 2 & 3 \\ 4 & 5 & 6 \\ 0 & 0 & 1 \end{pmatrix} = \begin{pmatrix} 0 & 2 & -3 \\ -2 & 0 & -6 \\ 3 & 6 & 0 \end{pmatrix},$$

$$(A - A^{\mathsf{T}})^{\mathsf{T}} = \begin{pmatrix} 0 & -2 & 3 \\ 2 & 0 & 6 \\ -3 & -6 & 0 \end{pmatrix} = -\begin{pmatrix} 0 & 2 & 3 \\ -2 & 0 & 6 \\ 3 & 6 & 0 \end{pmatrix} = -(A - A^{\mathsf{T}}).$$

따라서, $A - A^{\mathsf{T}}$은 교대행렬이다.

정 리 **5.2.2.** 모든 정사각행렬은 대칭행렬과 교대행렬의 합으로 유일하게 표시된다.

[증명] $A = (a_{ij}) \in M_{n \times n}$에 대하여

$$B = \frac{1}{2}(A + A^{\mathsf{T}}),\ \ C = \frac{1}{2}(A - A^{\mathsf{T}})$$

라 하자. 그러면

$$B^{\mathsf{T}} = \left(\frac{1}{2}(A + A^{\mathsf{T}})\right)^{\mathsf{T}} = \frac{1}{2}(A^{\mathsf{T}} + A) = B,$$

$$C^{\mathsf{T}} = \left(\frac{1}{2}(A - A^{\mathsf{T}})\right)^{\mathsf{T}} = \frac{1}{2}(A^{\mathsf{T}} - A) = -C,$$

$$B + C = \frac{1}{2}(A + A^{\mathsf{T}}) + \frac{1}{2}(A - A^{\mathsf{T}}) = A$$

이므로 행렬 A는 대칭행렬 B와 교대행렬 C의 합으로 표시된다.

이제 이런 행렬 B와 C가 유일함을 보이자. 만일 D와 E가 있어서

$$A = D + E,\ \ D^{\mathsf{T}} = D,\ \ E^{\mathsf{T}} = -E$$

라 하면

$$0 = A - A = (B + C) - (D + E) = (B - D) + (C - E)$$

가 되고 양변을 전치 시켜주면

$$\begin{aligned} 0 &= (B - D)^{\mathsf{T}} + (C - E)^{\mathsf{T}} \\ &= B^{\mathsf{T}} - D^{\mathsf{T}} + C^{\mathsf{T}} - E^{\mathsf{T}} \\ &= B - D + (-C) - (-E) \\ &= (B - D) - (C - E) \end{aligned}$$

가 된다. 따라서 위 두 식을 연립시켜 풀면

$$B - D = 0,\ \ C - E = 0$$

가 되고, 따라서 $B = D, C = E$.

예 제 7. 다음 행렬 A를 대칭행렬과 교대행렬의 합으로 나타내어라.

$$A = \begin{pmatrix} 0 & 3 \\ -1 & 1 \end{pmatrix}$$

[**풀이**] 행렬 A에서, $A+A^{\mathsf{T}}$, $A-A^{\mathsf{T}}$를 구하면

$$A+A^{\mathsf{T}} = \begin{pmatrix} 0 & 3 \\ -1 & 1 \end{pmatrix} + \begin{pmatrix} 0 & -1 \\ 3 & 1 \end{pmatrix} = \begin{pmatrix} 0 & 2 \\ 2 & 2 \end{pmatrix},$$

$$A-A^{\mathsf{T}} = \begin{pmatrix} 0 & 3 \\ -1 & 1 \end{pmatrix} - \begin{pmatrix} 0 & -1 \\ 3 & 1 \end{pmatrix} = \begin{pmatrix} 0 & 4 \\ -4 & 0 \end{pmatrix}.$$

그런데 $A = \frac{1}{2}(A+A^{\mathsf{T}}) + \frac{1}{2}(A-A^{\mathsf{T}})$이므로

$$\begin{aligned} \begin{pmatrix} 0 & 3 \\ -1 & 1 \end{pmatrix} &= \frac{1}{2}\begin{pmatrix} 0 & 2 \\ 2 & 2 \end{pmatrix} + \frac{1}{2}\begin{pmatrix} 0 & 4 \\ -4 & 0 \end{pmatrix} \\ &= \begin{pmatrix} 0 & 1 \\ 1 & 1 \end{pmatrix} + \begin{pmatrix} 0 & 2 \\ -2 & 0 \end{pmatrix}. \end{aligned}$$

n차 정사각행렬 A에 대하여 $AB = BA = I_n$을 만족시키는 n차 정사각행렬 B가 존재하면 A를 **가역행렬**(invertible matrix)이라 하고 B를 A의 **역행렬**(inverse matrix)이라 한다. A가 가역이면 A의 역행렬이 존재하고 하나밖에 없다. 왜냐하면, X, Y가 모두 A의 역행렬이라면

$$X = XI = X(AY) = (XA)Y = IY = Y$$

가 되기 때문이다. 이제 A의 역행렬을 A^{-1}로 표시하기로 하자. 즉, $AA^{-1} = A^{-1}A = I$이다.

정 리 **5.2.3.** 역행렬에 관해서 다음 성질이 성립한다.

(1) I_n은 가역이고 $I_n^{-1} = I_n$이다.

(2) A가 가역이면 A^{-1}도 가역이고 $(A^{-1})^{-1} = A$이다.

(3) A와 B가 가역이면 AB도 가역이고 $(AB)^{-1} = B^{-1}A^{-1}$이다.

(4) A가 가역이고 $\alpha \neq 0$이면 αA도 가역이고 $(\alpha A)^{-1} = \frac{1}{\alpha}(A^{-1})$이다.

[증명] (1) $I_n I_n = I_n$이므로 명백하다.

(2) $A^{-1}A = AA^{-1} = I_n$이므로 A^{-1}가 가역이고 $(A^{-1})^{-1} = A$가 된다.

(3) $(AB)(B^{-1}A^{-1}) = (A(BB^{-1}))A^{-1} = (AI_n)A^{-1} = AA^{-1} = I_n$이고, 같은 방법으로 $(B^{-1}A^{-1})(AB) = I_n$이다. 그러므로 AB는 가역이고, $(AB)^{-1} = B^{-1}A^{-1}$이다.

(4) $(\alpha A)(\frac{1}{\alpha}A^{-1}) = (\alpha \cdot \frac{1}{\alpha})(AA^{-1}) = AA^{-1} = I$이고, 마찬가지로 $(\frac{1}{\alpha}A^{-1})(\alpha A) = I$이므로 $(\alpha A)^{-1} = \frac{1}{\alpha}(A^{-1})$이다.

예 제 8. $a \neq 0$일 때 1×1 행렬 (a)의 역행렬은 $\left(\frac{1}{a}\right) \in M_{1\times1}$

정 리 5.2.4. [**역행렬**] 행렬 $A = \begin{pmatrix} a & b \\ c & d \end{pmatrix}$가 가역행렬이 될 필요충분조건은 $ad - bc \neq 0$이고,

$$A^{-1} = \frac{1}{ad - bc}\begin{pmatrix} d & -b \\ -c & a \end{pmatrix}$$

[증명] $ad - bc \neq 0$일 때, 행렬 A^{-1}을 아래와 같이 정의하자.

$$A^{-1} = \frac{1}{ad - bc}\begin{pmatrix} d & -b \\ -c & a \end{pmatrix}.$$

그러면 $AA^{-1} = A^{-1}A = I$를 만족한다. 따라서 A는 가역행렬이다.

역으로 A가 역행렬 $X = \begin{pmatrix} x & y \\ u & v \end{pmatrix}$를 가진다고 가정하자. 그러면 정의에 의해서

$$AX = \begin{pmatrix} a & b \\ c & d \end{pmatrix} \begin{pmatrix} x & y \\ u & v \end{pmatrix} = \begin{pmatrix} ax+bu & ay+bv \\ cx+du & cy+dv \end{pmatrix} = \begin{pmatrix} 1 & 0 \\ 0 & 1 \end{pmatrix} = I$$

이어야 한다. 즉,

$$\begin{cases} ax+bu=1 & (1) \\ ay+bv=0 & (2) \\ cx+du=0 & (3) \\ cy+dv=1 & (4) \end{cases}$$

을 얻는다. 따라서, 위 식들을 연립하여 풀어서 x, y, u, v를 구하면 된다. 만일 $ad-bc=0$이면 (1)∼(4)의 연립방정식을 푸는데 있어서 $a=b=c=d=0$이 되어 (1)과 (4)에 모순된다. 따라서 $ad-bc \neq 0$이다. 그러므로

$$x = \frac{d}{ad-bc}, \qquad y = \frac{-b}{ad-bc}, \qquad u = \frac{-c}{ad-bc}, \qquad v = \frac{a}{ad-bc}$$

로 되어

$$X = \begin{pmatrix} x & y \\ u & v \end{pmatrix} = \frac{1}{ad-bc} \begin{pmatrix} d & -b \\ -c & a \end{pmatrix}$$

이다. 또한 $AX = XA = I$가 성립하므로 $X = A^{-1}$이다.

예 제 **9.** $A = \begin{pmatrix} 1 & 2 \\ 3 & 4 \end{pmatrix}$의 역행렬이 존재하는가? 존재하면 그 역행렬을 구하여라.

[**풀이**] 위 예제에 의해서 $ad - bc = -2 \neq 0$ 이므로 역행렬이 존재하고

$$A^{-1} = \frac{1}{-2}\begin{pmatrix} 4 & -2 \\ -3 & 1 \end{pmatrix} = \begin{pmatrix} -2 & 1 \\ \frac{3}{2} & \frac{-1}{2} \end{pmatrix}$$

임을 알 수 있다.

일반적인 n 차 정사각행렬의 역행렬이 존재하는지에 대한 것은 나중에 다룰 것이다.

연습문제 5-2

1. 다음 행렬을 대칭행렬과 교대행렬의 합으로 표시하여라.

(1) $\begin{pmatrix} 1 & 2 & 0 \\ -1 & 0 & 1 \\ 4 & 5 & 6 \end{pmatrix}$ (2) $\begin{pmatrix} 1 & 2 & 3 \\ 0 & 1 & 1 \\ -1 & 2 & 4 \end{pmatrix}$ (3) $\begin{pmatrix} 2 & 3 & 4 \\ 0 & 5 & 6 \\ 0 & 1 & 1 \end{pmatrix}$

2. 다음 주어진 행렬의 역행렬이 존재하면 그 역행렬을 구하여라.

(1) $\begin{pmatrix} 3 & 2 \\ 5 & 4 \end{pmatrix}$ (2) $\begin{pmatrix} 3 & 6 \\ 1 & 2 \end{pmatrix}$ (3) $\begin{pmatrix} \cos\theta & -\sin\theta \\ \sin\theta & \cos\theta \end{pmatrix}$

3. 항등행렬이 아니면서 $A^2 = I$가 되는 2×2 행렬의 예를 가능한한 많이 들어라.

4. 항등행렬이 아니면서 $A^2 = A$가 되는 2×2 행렬의 예를 가능한한 많이 들어라.

5. 정리 5.2.1을 증명하여라.

5.3 행렬식

집합 $J_n = \{1, 2, \ldots, n\}$ 위의 전단사함수 $\sigma : J_n \to J_n$ 를 **치환**(permutation)이라 한다. J_n 위의 치환 전체의 집합을 S_n 으로 나타낸다. σ 가 전단사함수이므로 그 치역 $\{\sigma(1), \sigma(2), \ldots, \sigma(n)\}$ 은 집합 $\{1, 2, \ldots, n\}$ 와 같으며 단지 나열한 순서만이 다를 뿐이다. 따라서 σ 를 아래와 같이 대응 원소를 나열하여 나타낼 수 있다.

$$\sigma = \begin{pmatrix} 1 & 2 & \cdots & n \\ \sigma(1) & \sigma(2) & \cdots & \sigma(n) \end{pmatrix}$$

집합 $J_n = \{1, 2, \ldots, n\}$ 위의 치환 σ, δ 가 있을 때 치환의 **곱**(product) 또는 **합성**(composition)을 함수의 합성과 같이

$$(\sigma\delta)(i) = (\sigma \circ \delta)(i) = (\sigma(\delta(i))), \quad i = 1, 2, \ldots, n$$

로 정의한다. 치환의 역함수를 **역치환**(inverse permutation)이라 한다.

예 제 **1.** 집합 $\{1, 2, 3\}$ 위의 치환을 모두 구하여라.

[**풀이**] $\{1, 2, 3\}$ 에서 $\{1, 2, 3\}$ 으로 가는 전단사함수는 $3! = 6$ 개가 있다. 이를 모두 써보면 다음과 같다.

$$\begin{pmatrix} 1 & 2 & 3 \\ 1 & 2 & 3 \end{pmatrix}, \quad \begin{pmatrix} 1 & 2 & 3 \\ 2 & 3 & 1 \end{pmatrix}, \quad \begin{pmatrix} 1 & 2 & 3 \\ 3 & 1 & 2 \end{pmatrix},$$

$$\begin{pmatrix} 1 & 2 & 3 \\ 1 & 3 & 2 \end{pmatrix}, \quad \begin{pmatrix} 1 & 2 & 3 \\ 3 & 2 & 1 \end{pmatrix}, \quad \begin{pmatrix} 1 & 2 & 3 \\ 2 & 1 & 3 \end{pmatrix}.$$

예 제 **2.** 다음 치환의 합성을 계산하고 교환법칙이 성립하는지 알아보아라.

$$\sigma = \begin{pmatrix} 1 & 2 & 3 & 4 & 5 \\ 3 & 1 & 4 & 5 & 2 \end{pmatrix}, \qquad \delta = \begin{pmatrix} 1 & 2 & 3 & 4 & 5 \\ 4 & 1 & 5 & 3 & 2 \end{pmatrix}$$

[**풀이**] 치환의 합성 $\delta\sigma$ 와 $\sigma\delta$ 을 각각 구하면

$$\delta\sigma = \begin{pmatrix} 1 & 2 & 3 & 4 & 5 \\ 4 & 1 & 5 & 3 & 2 \end{pmatrix} \begin{pmatrix} 1 & 2 & 3 & 4 & 5 \\ 3 & 1 & 4 & 5 & 2 \end{pmatrix} = \begin{pmatrix} 1 & 2 & 3 & 4 & 5 \\ 5 & 4 & 3 & 2 & 1 \end{pmatrix},$$

$$\sigma\delta = \begin{pmatrix} 1 & 2 & 3 & 4 & 5 \\ 3 & 1 & 4 & 5 & 2 \end{pmatrix} \begin{pmatrix} 1 & 2 & 3 & 4 & 5 \\ 4 & 1 & 5 & 3 & 2 \end{pmatrix} = \begin{pmatrix} 1 & 2 & 3 & 4 & 5 \\ 5 & 3 & 2 & 4 & 1 \end{pmatrix}$$

이다. 따라서 치환의 합성은 교환법칙이 성립하지 않음을 알 수 있다.

치환을 좀더 간단히 표시하는 방법에 대해 알아보자. $i_1, i_2, \ldots, i_r \in J_n$ $(r \le n)$ 이 서로 다른 정수로서 치환 σ 가

$$\sigma(i_1) = i_2, \quad \sigma(i_2) = i_3, \quad \ldots, \quad \sigma(i_{r-1}) = i_r, \quad \sigma(i_r) = i_1$$

즉 $i_1 \to i_2 \to \cdots \to i_{r-1} \to i_r \to i_1$ 이고 $i_1, i_2, \ldots, i_r$ 을 제외한 J_n 의 정수는 치환 σ 에 의하여 변하지 않을 때, 이 치환 σ 를 길이가 r 인 **순환치환**(cycle permutation)이라 한다. 길이가 r 인 순환치환을

$$\sigma = (i_1 \ i_2 \ \cdots \ i_{r-1} \ i_r)$$

로 나타낸다. 항등치환은 길이가 1 인 순환치환이며, 이를 1 로 나타낸다.

예 제 3. 다음 치환을 순환치환으로 나타내어라.

$$(1)\ \sigma = \begin{pmatrix} 1 & 2 & 3 & 4 & 5 & 6 & 7 \\ 2 & 1 & 3 & 4 & 6 & 5 & 7 \end{pmatrix} \quad (2)\ \delta = \begin{pmatrix} 1 & 2 & 3 & 4 & 5 & 6 \\ 1 & 2 & 5 & 3 & 4 & 6 \end{pmatrix}$$

[**풀이**] (1) 3, 4, 7 은 변하지 않고 $1 \leftrightarrow 2$, $5 \leftrightarrow 6$ 이므로 순환치환으로 나타내면 $\sigma = (5\ 6)(1\ 2) = (1\ 2)(5\ 6)$ 이다.

(2) 1, 2, 6은 변하지 않고 $3 \to 5 \to 4 \to 3$ 이므로 순환치환으로 나타내면 $\delta = (3\ 5\ 4)$ 이다.

예 제 **4.** 위 예제 1의 치환은 각각 1, (1 2 3), (1 3 2), (2 3), (1 3), (1 2) 로 표시할 수 있다.

길이가 2인 순환치환을 **호환**(transposition)이라 한다. 숫자 i 와 j 만이 서로 바뀌고 나머지 숫자는 변하지 않는 호환을 $(i\ j)$ 로 나타낸다. 호환 $(i\ j)$ 의 역치환은 $(i\ j)$ 이고, $(i\ j)(i\ j) = 1$ 이다. 순환치환 $(i_1\ i_2\ \cdots\ i_{r-1}\ i_r)$ 는

$$(i_1\ \ i_2\ \ \cdots\ \ i_{r-1}\ \ i_r) = (i_1\ \ i_r)(i_1\ \ i_{r-1})\ \cdots\ (i_1\ \ i_2)$$

와 같이 호환의 곱으로 표시할 수 있다.

예 제 **5.** 다음 치환을 호환의 곱으로 나타내어라.

$$\sigma = \begin{pmatrix} 1 & 2 & 3 & 4 \\ 4 & 1 & 3 & 2 \end{pmatrix}, \qquad \delta = \begin{pmatrix} 1 & 2 & 3 & 4 & 5 & 6 \\ 2 & 4 & 1 & 3 & 6 & 5 \end{pmatrix}$$

[**풀이**] $\sigma = (1\ 4\ 2) = (1\ 2)(1\ 4)$. 치환 δ 를 순환치환의 곱으로 표시하면 $\delta = (1\ 2\ 4\ 3)(5\ 6)$ 이고 이것을 호환의 곱으로 표시하면 $\delta = (1\ 3)(1\ 4)(1\ 2)(5\ 6)$.

위의 예제에서 본 바와 같이 모든 치환은 호환의 곱으로 표시된다. 이 때 짝수 개의 호환의 곱으로 표시되는 치환을 **짝치환**(even permutation)이라 하고, 홀수 개의 호환의 곱으로 표시되는 치환을 **홀치환**(odd permutation)이라 한다. 항등치환 1은 짝치환으로 간주한다.

예 제 **6.** 예제 1의 치환을 짝치환과 홀치환으로 분류하여라.

[**풀이**] 짝치환은

$$\begin{pmatrix} 1 & 2 & 3 \\ 1 & 2 & 3 \end{pmatrix} = 1, \qquad \begin{pmatrix} 1 & 2 & 3 \\ 2 & 3 & 1 \end{pmatrix} = (1\ 2\ 3) = (1\ 3)(1\ 2),$$

$$\begin{pmatrix} 1 & 2 & 3 \\ 3 & 1 & 2 \end{pmatrix} = (1\ 3\ 2) = (1\ 2)(1\ 3)$$

이고, 홀치환은

$$\begin{pmatrix} 1 & 2 & 3 \\ 1 & 3 & 2 \end{pmatrix} = (2\ 3), \qquad \begin{pmatrix} 1 & 2 & 3 \\ 3 & 2 & 1 \end{pmatrix} = (1\ 3), \qquad \begin{pmatrix} 1 & 2 & 3 \\ 2 & 1 & 3 \end{pmatrix} = (1\ 2)$$

이다.

J_n 위의 치환 전체의 집합 S_n 에서 집합 $\{1, -1\}$ 로 가는 함수를 아래와 같이 정의한다.

$$\text{sgn} : S_n \longrightarrow \{1,\ -1\}$$

$$\text{sgn}(\sigma) = \begin{cases} 1, & \sigma \text{ 가 짝치환일 때} \\ -1, & \sigma \text{ 가 홀치환일 때} \end{cases}$$

이 함수를 **부호함수**(sign map)라 하고, $\text{sgn}(\sigma)$ 를 σ 의 **부호**(sign)라 한다. 부호함수에 대해 다음 성질이 성립한다.

(1) 항등치환 1 에 대하여 $\text{sgn}(\sigma) = 1$.

(2) σ 가 호환이면 $\text{sgn}(\sigma) = -1$.

(3) 치환 σ 의 역치환 σ^{-1} 에 대하여 $\text{sgn}(\sigma) = \text{sgn}(\sigma^{-1})$.

(4) 치환 σ, δ 에 대하여 $\text{sgn}(\sigma\delta) = \text{sgn}(\sigma)\,\text{sgn}(\delta)$.

정 의 **1.** 행렬 $A = (a_{ij}) \in M_{n\times n}$ 에 대하여

$$\sum_{\sigma\in S_n} \operatorname{sgn}(\sigma)\, a_{1\sigma(1)}\, a_{2\sigma(2)} \cdots a_{n\sigma(n)}$$

을 행렬 A의 **행렬식**(determinant)이라 하며 $\det A$ 또는 $|A|$로 나타낸다. 즉, 행렬 $A = (a_{ij}) \in M_{n\times n}$의 행렬식은

$$\det A = \begin{vmatrix} a_{11} & a_{12} & \cdots & a_{1n} \\ a_{21} & a_{22} & \cdots & a_{2n} \\ \vdots & \vdots & & \vdots \\ a_{n1} & a_{n2} & \cdots & a_{nn} \end{vmatrix} = \sum_{\sigma\in S_n} \operatorname{sgn}(\sigma)\, a_{1\sigma(1)}\, a_{2\sigma(2)} \cdots a_{n\sigma(n)}$$

와 같이 나타낸다.

예 제 **7.** 행렬식의 정의로부터 1차 정사각행렬 $A = (a_{11})$에 대하여 $\det A = a_{11}$ 이다.

예 제 **8.** 2차 정사각행렬 $A = \begin{pmatrix} a_{11} & a_{12} \\ a_{21} & a_{22} \end{pmatrix}$ 의 행렬식을 구하여라.

[풀이] $S_2 = \left\{1,\ \begin{pmatrix} 1 & 2 \\ 2 & 1 \end{pmatrix}\right\} = \{1,\ (1\ 2)\}$ 에 대해 부호함수의 값을 구하면,

$\operatorname{sgn}(1) = 1$, $\operatorname{sgn}((1\ 2)) = -1$ 이므로 행렬 A의 행렬식은

$$\det A = \begin{vmatrix} a_{11} & a_{12} \\ a_{21} & a_{22} \end{vmatrix} = \operatorname{sgn}(1)\, a_{11}a_{22} + \operatorname{sgn}((1\ 2))\, a_{12}a_{21} = a_{11}a_{22} - a_{12}a_{21}$$

이다.

예 제 **9.** 행렬식의 정의를 이용하여 3차 정사각행렬 $A = (a_{ij})$의 행렬식을 구하여라.

[풀이] $S_3 = \{1,\ (1\ 2\ 3),\ (1\ 3\ 2),\ (2\ 3),\ (1\ 3),\ (1\ 2)\}$ 이므로

$$\begin{aligned}\det A &= \sum_{\sigma \in S_3} \operatorname{sgn}(\sigma)\, a_{1\sigma(1)}\, a_{2\sigma(2)}\, a_{3\sigma(3)} \\ &= a_{11}\, a_{22}\, a_{33} + a_{12}\, a_{23}\, a_{31} + a_{13}\, a_{21}\, a_{32} \\ &\quad - a_{11}\, a_{23}\, a_{32} - a_{13}\, a_{22}\, a_{31} - a_{12}\, a_{21}\, a_{33}\end{aligned}$$

이다.

2차 및 3차 정사각행렬의 행렬식은 그림 5-1 에서와 같이 얻을 수도 있는데 이를 Sarrus 의 법칙이라 한다. Sarrus 의 법칙은 2차 및 3차 정사각행렬의 행렬

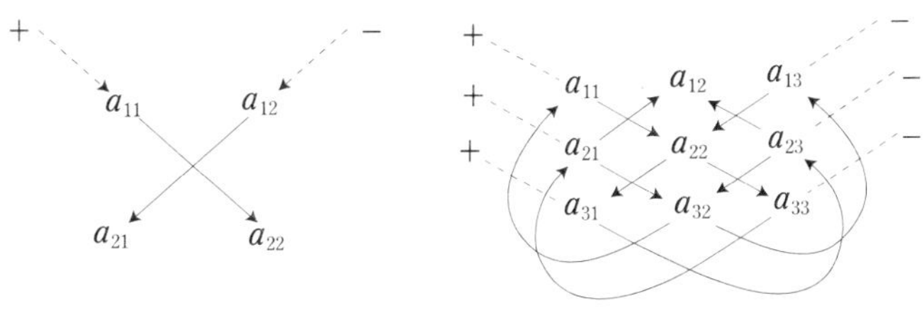

[그림 5-1]

식을 얻는데 효과적이다. 그러나 4차 이상의 정사각행렬에 대한 행렬식을 얻는 데에는 적용되지 않는다.

예 제 10. 예제 8 과 9 에서 행렬식의 정의에 따라 2차 및 3차 정사각행렬의 행렬식을 계산해 보았다. 이 결과를 이용하여 다음 행렬의 행렬식을 계산하고, 그 결과를 Sarrus 의 법칙을 이용하여 구한 결과와 비교해 보아라.

(1) $A = \begin{pmatrix} 1 & -1 \\ 0 & 1 \end{pmatrix}$ (2) $B = \begin{pmatrix} 1 & 4 & -7 \\ 2 & 5 & 8 \\ 3 & -6 & 9 \end{pmatrix}$

[풀이] (1) $\det A = 1 \cdot 1 - (-1) \cdot 0 = 1$

(2) $|B| = 1 \cdot 5 \cdot 9 + 2 \cdot (-6) \cdot (-7) + 3 \cdot 4 \cdot 8 - (-7) \cdot 5 \cdot 3 - 8 \cdot (-6) \cdot 1 - 9 \cdot 4 \cdot 2 = 306$

정 리 **5.3.1.** 행렬 $A \in M_{n\times n}$ 의 행렬식과 전치행렬 A^{T} 의 행렬식은 같다. 즉, $|A| = |A^{\mathsf{T}}|$ 이다.

[증명] 연습문제.

[참 고] 1. 위 정리에 의해, 행렬식에서는 행에 대한 모든 성질이 열에 대해서도 성립한다는 것을 알 수 있다.

예 제 **11.** 다음 행렬 A, B 에서 $|A| = |A^{\mathsf{T}}|$, $|B| = |B^{\mathsf{T}}|$ 가 성립함을 보여라.

$$A = \begin{pmatrix} 1 & 2 \\ 0 & -1 \end{pmatrix}, \qquad B = \begin{pmatrix} 1 & 2 & 3 \\ 2 & 1 & 1 \\ 3 & 3 & 2 \end{pmatrix}$$

[풀이] 주어진 행렬 A 에 대하여

$$|A| = \begin{vmatrix} 1 & 2 \\ 0 & -1 \end{vmatrix} = -1, \qquad |A^{\mathsf{T}}| = \begin{vmatrix} 1 & 0 \\ 2 & -1 \end{vmatrix} = -1$$

이므로 $|A| = |A^{\mathsf{T}}|$ 이 성립한다. 또한 행렬 B 에 대하여

$$|B| = \begin{vmatrix} 1 & 2 & 3 \\ 2 & 1 & 1 \\ 3 & 3 & 2 \end{vmatrix} = 6, \qquad |B^{\mathsf{T}}| = \begin{vmatrix} 1 & 2 & 3 \\ 2 & 1 & 3 \\ 3 & 1 & 2 \end{vmatrix} = 6$$

이므로 $|B| = |B^{\mathsf{T}}|$ 이 성립한다.

정 리 **5.3.2.** 행렬 $A = (a_{ij}) \in M_{n\times n}$ 가 삼각행렬일 때 A 의 행렬식은 주대각성분의 곱과 같다. 즉, $|A| = a_{11}\, a_{22} \cdots a_{nn}$ 이다.

[증명] 연습문제.

예 제 12. 아래 행렬에 대해 행렬식을 계산하여라.

$$A = \begin{pmatrix} 1 & 2 & 3 \\ 0 & 1 & 1 \\ 0 & 0 & 2 \end{pmatrix}, \qquad B = \begin{pmatrix} 2 & 0 & 0 & 0 \\ 2 & 1 & 0 & 0 \\ 4 & 7 & 3 & 0 \\ 5 & 1 & 6 & 4 \end{pmatrix}$$

[풀이] 삼각행렬이므로 주대각성분의 곱이 행렬식이 된다. 따라서 각 행렬의 행렬식은 $|A| = 1 \cdot 1 \cdot 2 = 2$, $|B| = 2 \cdot 1 \cdot 3 \cdot 4 = 24$ 이다.

정 리 5.3.3. [**행렬식의 성질**]

(1) 한 개의 행(또는 열)에 α 배를 한 행렬식은 원래 행렬식의 α 배와 같다.

(2) 두 개의 행(또는 열)을 교환한 행렬식은 원래 행렬식에서 부호만 변한다.

(3) 한 행(또는 열)에 α 배를 하여 다른 행(또는 열)에 더하여 만든 행렬식은 원래 행렬식과 같다.

[증명] 연습문제.

위 행렬식의 성질을 써서 주어진 행렬을 삼각행렬로 변환시키면 행렬식을 쉽게 구할 수 있다.

예 제 13. 행렬식의 성질을 이용하여 다음 행렬식을 구하여라.

(1) $\begin{vmatrix} 2 & 1 & 3 \\ 4 & 2 & 1 \\ 6 & -3 & 4 \end{vmatrix}$ (2) $\begin{vmatrix} 1 & 1 & 1 \\ a & b & c \\ a^2 & b^2 & c^2 \end{vmatrix}$

[풀이] (1) $\begin{vmatrix} 2 & 1 & 3 \\ 4 & 2 & 1 \\ 6 & -3 & 4 \end{vmatrix} = \begin{vmatrix} 2 & 1 & 3 \\ 4-4 & 2-2 & 1-6 \\ 6 & -3 & 4 \end{vmatrix} = \begin{vmatrix} 2 & 1 & 3 \\ 0 & 0 & -5 \\ 6 & -3 & 4 \end{vmatrix}$

$$= \begin{vmatrix} 2 & 1 & 3 \\ 0 & 0 & -5 \\ 6-6 & -3-3 & 4-9 \end{vmatrix} = \begin{vmatrix} 2 & 1 & 3 \\ 0 & 0 & -5 \\ 0 & -6 & -5 \end{vmatrix} = (-1) \begin{vmatrix} 2 & 1 & 3 \\ 0 & -6 & -5 \\ 0 & 0 & -5 \end{vmatrix}$$

$$= -2 \cdot (-6) \cdot (-5) = -60.$$

(2) $\begin{vmatrix} 1 & 1 & 1 \\ a & b & c \\ a^2 & b^2 & c^2 \end{vmatrix} = \begin{vmatrix} 1 & 1-1 & 1-1 \\ a & b-a & c-a \\ a^2 & b^2-a^2 & c^2-a^2 \end{vmatrix}$ 2열 − 1열, 3열 − 1열

$$= \begin{vmatrix} 1 & 0 & 0 \\ a & b-a & c-a \\ a^2 & (b+a)(b-a) & (c+a)(c-a) \end{vmatrix}$$

$= (b-a)(c-a) \begin{vmatrix} 1 & 0 & 0 \\ a & 1 & 1 \\ a^2 & a+b & a+c \end{vmatrix}$ 2열$/(b-a)$, 3열$/(c-a)$

$= (b-a)(c-a) \begin{vmatrix} 1 & 0 & 0 \\ a & 1 & 0 \\ a^2 & a+b & c-b \end{vmatrix}$ 3열 − 2열

$= (b-a)(c-a)(c-b)$ 삼각행렬

$= (a-b)(b-c)(c-a)$.

정 리 **5.3.4.** 행렬 $A = (a_{ij}), B = (b_{ij}) \in M_{n \times n}$ 의 곱 AB 에 대해 $|AB| = |A||B|$ 이다.

[**증명**] 생략.

예 제 **14.** 다음 행렬 A, B에 대하여 $|AB| = |A||B|$임을 보여라.

(1) $A = \begin{pmatrix} 1 & 2 \\ 3 & 0 \end{pmatrix}$ B= $\begin{pmatrix} -1 & 0 \\ 1 & 2 \end{pmatrix}$

(2) $A = \begin{pmatrix} -2 & 0 & 1 \\ 1 & 0 & -1 \\ 1 & 1 & -1 \end{pmatrix}$ $B = \begin{pmatrix} 1 & -1 & 1 \\ 0 & 1 & 1 \\ 1 & 0 & 1 \end{pmatrix}$

[**풀이**] (1) $|A| = -6, |B| = -2$이고

$$|AB| = \left| \begin{pmatrix} 1 & 2 \\ 3 & 0 \end{pmatrix} \begin{pmatrix} -1 & 0 \\ 1 & 2 \end{pmatrix} \right| = \begin{vmatrix} 1 & 4 \\ -3 & 0 \end{vmatrix} = 12.$$

따라서 $|AB| = |A||B|$.

(2) $|A| = -1, |B| = -1$이고

$$|AB| = \left| \begin{pmatrix} -2 & 0 & 1 \\ 1 & 0 & -1 \\ 1 & 1 & -1 \end{pmatrix} \begin{pmatrix} 1 & -1 & 1 \\ 0 & 1 & 1 \\ 1 & 0 & 1 \end{pmatrix} \right| = \begin{vmatrix} -1 & 2 & -1 \\ 0 & -1 & 0 \\ 0 & 0 & 1 \end{vmatrix} = 1.$$

따라서 $|AB| = |A||B|$.

연습문제 5-3

1. 다음 치환의 곱을 구하여라.

(1) (1 2)(1 3)(2 4)

(2) (1 4)(1 3)(2 1)

(3) $\begin{pmatrix} 1 & 2 & 3 & 4 & 5 \\ 4 & 3 & 2 & 5 & 1 \end{pmatrix} \begin{pmatrix} 1 & 2 & 3 & 4 & 5 \\ 2 & 3 & 4 & 5 & 1 \end{pmatrix}$

(4) $\begin{pmatrix} 1 & 2 & 3 & 4 & 5 \\ 2 & 3 & 4 & 5 & 1 \end{pmatrix} \begin{pmatrix} 1 & 2 & 3 & 4 & 5 \\ 4 & 3 & 2 & 5 & 1 \end{pmatrix}$

2. 다음 치환을 순환치환의 곱과 호환의 곱으로 나타내고 치환의 부호를 구하여라.

(1) $\begin{pmatrix} 1 & 2 & 3 & 4 & 5 & 6 \\ 2 & 3 & 4 & 5 & 1 & 6 \end{pmatrix}$ (2) $\begin{pmatrix} 1 & 2 & 3 & 4 & 5 & 6 \\ 4 & 3 & 2 & 5 & 1 & 6 \end{pmatrix}$

3. 행렬식의 정의를 사용하여 다음 행렬식을 계산하여라.

(1) $\begin{vmatrix} 0 & 6 & 2 \\ 8 & 6 & 8 \\ 3 & 2 & 2 \end{vmatrix}$ (2) $\begin{vmatrix} 1 & 3 & 7 \\ 2 & 0 & -8 \\ -1 & -3 & 4 \end{vmatrix}$

(3) $\begin{vmatrix} 1 & 1 & 1 \\ a & b & c \\ a^3 & b^3 & c^3 \end{vmatrix}$ (4) $\begin{vmatrix} b^2+c^2 & b^2 & c^2 \\ a^2 & a^2+c^2 & c^2 \\ a^2 & b^2 & a^2+b^2 \end{vmatrix}$

4. 행렬식의 성질을 이용하여 다음 행렬식을 간단히 나타내어라.

(1) $\begin{vmatrix} 1 & x & y & 1 \\ 1 & x & x & 1 \\ x & x & xy & 1 \\ x & 1 & xy & y \end{vmatrix}$ (2) $\begin{vmatrix} a & b-c & c+b \\ a+c & b & c-a \\ a-b & b+a & c \end{vmatrix}$

(3) $\begin{vmatrix} a+b+c & -c & -b \\ -c & a+b+c & -a \\ -b & -a & a+b+c \end{vmatrix}$ (4) $\begin{vmatrix} (b+c)^2 & a^2 & a^2 \\ b^2 & (c+a)^2 & b^2 \\ c^2 & c^2 & (a+b)^2 \end{vmatrix}$

5. A 가 n 차 정사각행렬이고 $\det A = 5$ 일 때 아래 행렬식을 계산하여라.

   (1) $\det(3A)$ (2) $\det(2A^{-1})$ (3) $\det((2A^{-1})^{-1})$ (4) $\det(A^3)$

6. 다음 식을 만족하는 x 의 값을 구하여라.

   (1) $\begin{vmatrix} x-1 & -2 \\ 1 & x-4 \end{vmatrix} = 0$ (2) $\begin{vmatrix} x+3 & -1 & 1 \\ 5 & x-3 & 1 \\ 6 & -6 & x+5 \end{vmatrix} = 0$

   (3) $\begin{vmatrix} 1 & 1 & 1 \\ 1 & x & 2 \\ 1 & x^2 & 4 \end{vmatrix} = 0$ (4) $\begin{vmatrix} 0 & 1 & \sin x \\ \cos x & 0 & \sin x \\ \cos x & 1 & 0 \end{vmatrix} = 0$

7. 행렬 $A = (a_{ij}) \in M_{n\times n}$ 에서 한 행(또는 열)의 성분이 모두 0 이면 행렬식은 $|A| = 0$ 임을 보여라.

8. 정사각행렬의 두 행(또는 열)의 성분이 같으면 행렬식은 $|A| = 0$ 임을 보여라.

9. 행렬 $A \in M_{n\times n}$ 와 수 α 에 대하여 $|\alpha A| = \alpha^n |A|$ 임을 보여리.

10. $A\,A^{\intercal} = I$ 인 정사각행렬 A 를 **직교행렬**(orthogonal matrix)이라 한다. 이때, $|A| = \pm 1$ 임을 보여라.

11. 정리 5.3.1을 증명하여라.

12. 정리 5.3.2을 증명하여라.

13. 정리 5.3.3을 증명하여라.

5.4 역행렬

이 절에서는 n 차 정사각행렬 $A = (a_{ij})$ 의 역행렬이 언제 존재하는지 알아보기로 하자.

행렬 $A = (a_{ij}) \in M_{n\times n}$ 에서 a_{ij} 가 속한 행과 열을 제거한 나머지 성분으로 이루어진 $n-1$ 차 행렬식을 a_{ij} 에 대한 **소행렬식**(minor)이라 하고 M_{ij} 로 나타낸다.

$$M_{ij} = \begin{vmatrix} a_{11} & \cdots & a_{1j-1} & a_{1j+1} & \cdots & a_{1n} \\ \vdots & & \vdots & \vdots & & \vdots \\ a_{i-11} & \cdots & a_{i-1j-1} & a_{i-1j+1} & \cdots & a_{i-1n} \\ a_{i+11} & \cdots & a_{i+1j-1} & a_{i+1j+1} & \cdots & a_{i+1n} \\ \vdots & & \vdots & \vdots & & \vdots \\ a_{n1} & \cdots & a_{nj-1} & a_{nj+1} & \cdots & a_{nn} \end{vmatrix}$$

소행렬식에 부호를 곱한 수

$$A_{ij} = (-1)^{i+j} M_{ij}$$

를 a_{ij} 의 **여인수**(cofactor)라 한다. 여인수 A_{ij} 를 $ji-$성분으로 갖는 행렬을 **수반**

행렬(adjoint matrix)이라 하고 $\operatorname{adj} A$로 나타낸다. 즉,

$$\operatorname{adj} A = (A_{ij})^{\mathsf{T}} = \begin{pmatrix} A_{11} & A_{21} & \cdots & A_{n1} \\ A_{12} & A_{22} & \cdots & A_{n2} \\ \vdots & \vdots & & \vdots \\ A_{1n} & A_{2n} & \cdots & A_{nn} \end{pmatrix}.$$

예 제 **1.** 다음 행렬의 소행렬식, 여인수, 수반행렬을 구하여라.

$$A = \begin{pmatrix} 1 & 2 & 3 \\ 4 & 5 & 6 \\ 7 & 8 & 0 \end{pmatrix}$$

[**풀이**] A의 소행렬식은

$$M_{11} = \begin{vmatrix} 5 & 6 \\ 8 & 0 \end{vmatrix} = -48, \qquad M_{12} = \begin{vmatrix} 4 & 6 \\ 7 & 0 \end{vmatrix} = -42, \qquad M_{13} = \begin{vmatrix} 4 & 5 \\ 7 & 8 \end{vmatrix} = -3,$$

$$M_{21} = \begin{vmatrix} 2 & 3 \\ 8 & 0 \end{vmatrix} = -24, \qquad M_{22} = \begin{vmatrix} 1 & 3 \\ 7 & 0 \end{vmatrix} = -21, \qquad M_{23} = \begin{vmatrix} 1 & 2 \\ 7 & 8 \end{vmatrix} = -6,$$

$$M_{31} = \begin{vmatrix} 2 & 3 \\ 5 & 6 \end{vmatrix} = -3, \qquad M_{32} = \begin{vmatrix} 1 & 3 \\ 4 & 6 \end{vmatrix} = -6, \qquad M_{33} = \begin{vmatrix} 1 & 2 \\ 4 & 5 \end{vmatrix} = -3$$

이고, A의 여인수는

$$A_{11} = M_{11} = -48, \qquad A_{12} = -M_{12} = 42, \qquad A_{13} = M_{13} = -3,$$

$$A_{21} = -M_{21} = 24, \qquad A_{22} = M_{22} = -21, \qquad A_{23} = -M_{23} = 6,$$

$$A_{31} = M_{31} = -3, \qquad A_{32} = -M_{32} = 6, \qquad A_{33} = M_{33} = -3$$

이다. 따라서 수반행렬은

$$\operatorname{adj} A = \begin{pmatrix} -48 & 24 & -3 \\ 42 & -21 & 6 \\ -3 & 6 & -3 \end{pmatrix}$$

이다.

여인수를 사용하면 모든 n 차 정사각행렬의 행렬식을 여인수의 곱으로 나타낼 수 있다.

정 리 **5.4.1.** [**여인수 전개**] 정사각행렬 $A = (a_{ij}) \in M_{n\times n}$ 에 대해 A 의 행렬식은 아래와 같이 전개된다.

$$|A| = a_{i1}A_{i1} + a_{i2}A_{i2} + \cdots + a_{in}A_{in}, \quad 1 \le i \le n \quad \text{[행에 관한 전개]}$$

$$|A| = a_{1j}A_{1j} + a_{2j}A_{2j} + \cdots + a_{nj}A_{nj}, \quad 1 \le j \le n \quad \text{[열에 관한 전개]}$$

[**증명**] 생략.

예 제 **2.** 행렬 $A = \begin{pmatrix} 1 & 2 & 3 \\ 4 & 5 & 0 \\ 0 & 1 & 2 \end{pmatrix}$ 에 대해 정리 5.4.1 가 성립함을 보여라.

[**풀이**] 행렬 A 의 행렬식은 6 이다. A 의 여인수 중에서 $A_{11} = 10$, $A_{12} = -8$, $A_{13} = 4$ 이다. 따라서 1행 전개에 따른 행렬식은

$$a_{11}A_{11} + a_{12}A_{12} + a_{13}A_{13} = 1\cdot 10 + 2\cdot(-8) + 3\cdot 4 = 6 = |A|$$

으로 정리 5.4.1 가 성립한다. 같은 방법으로 2행, 3행에 대하여 전개하여도 정리 5.4.1 가 성립함을 확인할 수 있다. 또한 열에 관한 전개에서도 마찬가지 사실을 얻을 수 있다.

예 제 **3.** 여인수로 전개하여 다음 행렬식의 값을 구하여라.

(1) $\begin{vmatrix} 2 & 8 & 7 \\ 1 & 1 & 2 \\ -3 & 5 & 1 \end{vmatrix}$ (2) $\begin{vmatrix} 1 & x & 1 \\ 1 & x & x \\ x & x & 1 \end{vmatrix}$

[풀이] (1) $$\begin{vmatrix} 2 & 8 & 7 \\ 1 & 1 & 2 \\ -3 & 5 & 1 \end{vmatrix} = 2 \cdot \begin{vmatrix} 1 & 2 \\ 5 & 1 \end{vmatrix} - 8 \cdot \begin{vmatrix} 1 & 2 \\ -3 & 1 \end{vmatrix} + 7 \cdot \begin{vmatrix} 1 & 1 \\ -3 & 5 \end{vmatrix} = -18\,.$$

(2) $$\begin{aligned} \begin{vmatrix} 1 & x & 1 \\ 1 & x & x \\ x & x & 1 \end{vmatrix} &= 1 \cdot \begin{vmatrix} x & x \\ x & 1 \end{vmatrix} - x \cdot \begin{vmatrix} 1 & x \\ x & 1 \end{vmatrix} + 1 \cdot \begin{vmatrix} 1 & x \\ x & x \end{vmatrix} \\ &= (x - x^2) - x(1 - x^2) + (x - x^2) \\ &= (1 - x)(x - x^2) \\ &= x(1 - x)^2\,. \end{aligned}$$

앞에서 여인수 전개를 사용하여 3차 정사각행렬 $A = (a_{ij})$ 의 행렬식은

$$|A| = a_{11}A_{11} + a_{12}A_{12} + a_{13}A_{13},$$

$$|A| = a_{21}A_{21} + a_{22}A_{22} + a_{23}A_{23},$$

$$|A| = a_{31}A_{31} + a_{32}A_{32} + a_{33}A_{33}$$

과 같이 표현된다는 것을 알아보았다. 위 식들은 전개식 $\sum_{j=1}^{3} a_{ij}A_{kj}\ (i, k = 1, 2, 3)$ 에서 $i = k$ 이면 $\sum_{j=1}^{3} a_{ij}A_{ij} = |A|$ 임을 나타낸다. 이 전개식에서 $i \neq k$ 일 때를 생각해 보자. 예를 들어 $i = 1$ 이고 $k = 2$ 이면

$$\sum_{j=1}^{3} a_{1j}A_{2j} = a_{11}A_{21} + a_{12}A_{22} + a_{13}A_{23}$$

$$= a_{11}((-1)^{2+1}M_{21}) + a_{12}((-1)^{2+2}M_{22}) + a_{13}((-1)^{2+3}M_{23})$$
$$= -a_{11}\begin{vmatrix} a_{12} & a_{13} \\ a_{32} & a_{33} \end{vmatrix} + a_{12}\begin{vmatrix} a_{11} & a_{13} \\ a_{31} & a_{33} \end{vmatrix} - a_{13}\begin{vmatrix} a_{11} & a_{12} \\ a_{31} & a_{32} \end{vmatrix}$$
$$= 0$$

이다. 나머지 경우에 대해서도 $i \neq k$ 이면 $\sum_{j=1}^{3} a_{ij}A_{kj} = 0$ 임을 알 수 있다. 일반적으로 n 차 정사각행렬에서도 이와 같은 성질이 성립한다.

정 리 5.4.2. 행렬 $A = (a_{ij}) \in M_{n\times n}$ 에서 다음의 전개식이 성립한다.

$$\sum_{j=1}^{n} a_{ij}A_{kj} = \begin{cases} |A|, & i = k \text{ 일 때} \\ 0, & i \neq k \text{ 일 때} \end{cases}$$

[증명] 생략.

예 제 4. 행렬 $A = \begin{pmatrix} 1 & 2 & 3 \\ 4 & 5 & 0 \\ 0 & 1 & 2 \end{pmatrix}$ 에 대해 정리 5.4.2 가 성립함을 보여라.

[풀이] A 의 여인수는

$$A_{11} = 10, \qquad A_{12} = -8, \qquad A_{13} = 4,$$
$$A_{21} = -1, \qquad A_{22} = 2, \qquad A_{23} = -1,$$
$$A_{31} = -15, \qquad A_{32} = 12, \qquad A_{33} = -3$$

이고 $|A| = 6$ 이다. 따라서 정리 5.4.2 에서 $i = k = 1$ 인 경우에

$$a_{11}A_{11} + a_{12}A_{12} + a_{13}A_{13} = 1 \cdot 10 + 2 \cdot (-8) + 3 \cdot 4 = 6 = |A|$$

이고, $i = k = 2$, $i = k = 3$ 인 경우에도 성립함을 확인 할 수 있다. 또한 $i = 1$, $k = 3$ 인 경우에

$$a_{11}A_{31} + a_{12}A_{32} + a_{13}A_{33} = 1 \cdot (-15) + 2 \cdot 12 + 3 \cdot (-3) = 0$$

이다. $i \neq k$ 인 나머지 경우에 대해서도 성립함을 확인할 수 있다.

행렬 $A = (a_{ij}) \in M_{n \times n}$ 의 행렬식이 0 이 아닐 때, A 를 **정칙행렬**(non-singular matrix)이라 하고, $|A| = 0$ 일 때, A 를 **특이행렬**(singular matrix)이라고 한다. 앞에서 우리는 역행렬을 가지는 행렬을 가역행렬이라 정의하였다. 다음 정리에서 가역행렬과 정칙행렬이 같은 개념임을 알 수 있다.

정 리 5.4.3. [**역행렬**] 행렬 $A = (a_{ij}) \in M_{n \times n}$ 가 가역행렬이기 위한 필요충분조건은 A 가 정칙행렬이 되는 것이다. 이 때 역행렬은 아래와 같이 주어진다.

$$A^{-1} = \frac{\operatorname{adj} A}{|A|}$$

[**증명**] 행렬 A 가 가역행렬이면 $AA^{-1} = A^{-1}A = I$ 인 A 의 역행렬 A^{-1} 이 단 하나 존재한다. 그런데 $|A||A^{-1}| = |AA^{-1}| = |I| = 1$ 이므로 $|A| \neq 0$ 즉, 정칙행렬이다.

역으로 $|A| \neq 0$ 이면 역행렬이 존재함을 보이자. A 와 수반행렬 $\operatorname{adj} A$ 의 곱을 계산하면

$$A \operatorname{adj} A = \begin{pmatrix} a_{11} & a_{12} & \cdots & a_{1n} \\ a_{21} & a_{22} & \cdots & a_{2n} \\ \vdots & \vdots & & \vdots \\ a_{n1} & a_{n2} & \cdots & a_{nn} \end{pmatrix} \begin{pmatrix} A_{11} & A_{21} & \cdots & A_{n1} \\ A_{12} & A_{22} & \cdots & A_{n2} \\ \vdots & \vdots & & \vdots \\ A_{1n} & A_{2n} & \cdots & A_{nn} \end{pmatrix}$$

$$= \begin{pmatrix} \sum_{k=1}^{n} a_{1k}A_{1k} & \sum_{k=1}^{n} a_{1k}A_{2k} & \cdots & \sum_{k=1}^{n} a_{1k}A_{nk} \\ \sum_{k=1}^{n} a_{2k}A_{1k} & \sum_{k=1}^{n} a_{2k}A_{2k} & \cdots & \sum_{k=1}^{n} a_{2k}A_{nk} \\ \vdots & \vdots & & \vdots \\ \sum_{k=1}^{n} a_{nk}A_{1k} & \sum_{k=1}^{n} a_{nk}A_{2k} & \cdots & \sum_{k=1}^{n} a_{nk}A_{nk} \end{pmatrix}$$

$$= \begin{pmatrix} |A| & 0 & \cdots & 0 \\ 0 & |A| & \cdots & 0 \\ \vdots & \vdots & & \vdots \\ 0 & 0 & \cdots & |A| \end{pmatrix} = |A| \begin{pmatrix} 1 & 0 & \cdots & 0 \\ 0 & 1 & \cdots & 0 \\ \vdots & \vdots & & \vdots \\ 0 & 0 & \cdots & 1 \end{pmatrix} = |A|I.$$

$|A| \neq 0$ 이므로

$$\frac{A \ \mathrm{adj}\, A}{|A|} = I, \quad 즉, \quad A\left(\frac{\mathrm{adj}\, A}{|A|}\right) = I$$

이다. 마찬가지로 $\left(\frac{\mathrm{adj}\, A}{|A|}\right) A = I$ 이다. 따라서 행렬 A의 역행렬이 존재하고 그 형태는

$$A^{-1} = \frac{\mathrm{adj}\, A}{|A|}$$

이다.

예 제 5. 다음 행렬 A의 역행렬을 구하여라.

$$A = \begin{pmatrix} 2 & 4 & 6 \\ -1 & 2 & 3 \\ 1 & 4 & 9 \end{pmatrix}$$

[**풀이**] 행렬 A의 소행렬식을 구하면

$$M_{11} = \begin{vmatrix} 2 & 3 \\ 4 & 9 \end{vmatrix} = 6, \qquad M_{12} = \begin{vmatrix} -1 & 3 \\ 1 & 9 \end{vmatrix} = -12, \qquad M_{13} = \begin{vmatrix} -1 & 2 \\ 1 & 4 \end{vmatrix} = -6,$$

$$M_{21} = \begin{vmatrix} 4 & 6 \\ 4 & 9 \end{vmatrix} = 12, \qquad M_{22} = \begin{vmatrix} 2 & 6 \\ 1 & 9 \end{vmatrix} = 12, \qquad M_{23} = \begin{vmatrix} 2 & 4 \\ 1 & 4 \end{vmatrix} = 4,$$

$$M_{31} = \begin{vmatrix} 4 & 6 \\ 2 & 3 \end{vmatrix} = 0, \qquad M_{32} = \begin{vmatrix} 2 & 6 \\ -1 & 3 \end{vmatrix} = 12, \qquad M_{33} - \begin{vmatrix} 2 & 4 \\ -1 & 2 \end{vmatrix} = 8$$

이다. 이를 이용하여 여인수를 계산하면

$$A_{11} = M_{11} = 6, \qquad A_{12} = -M_{12} = 12, \qquad A_{13} = M_{13} = -6,$$

$$A_{21} = -M_{21} = -12, \qquad A_{22} = M_{22} = 12, \qquad A_{23} = -M_{23} = -4,$$

$$A_{31} = M_{31} = 0, \qquad A_{32} = -M_{32} = -12, \qquad A_{33} = M_{33} = 8$$

이므로 수반행렬은

$$\operatorname{adj} A = \begin{pmatrix} 6 & -12 & 0 \\ 12 & 12 & -12 \\ -6 & -4 & 8 \end{pmatrix}$$

이다. 또한 행렬식을 계산하면

$$|A| = a_{11}A_{11} + a_{12}A_{12} + a_{13}A_{13} = 2 \cdot 6 + 4 \cdot 12 + 6 \cdot (-6) = 24$$

이므로 구하려는 행렬 A의 역행렬은

$$A^{-1} = \frac{1}{|A|}\operatorname{adj} A = \frac{1}{24}\begin{pmatrix} 6 & -12 & 0 \\ 12 & 12 & -12 \\ -6 & -4 & 8 \end{pmatrix}$$

이다.

예 제 6. 다음 행렬의 역행렬을 구하여라.

(1) $A = \begin{pmatrix} 1 & 1 & 0 \\ 1 & 1 & 1 \\ 0 & 2 & 1 \end{pmatrix}$ (2) $B = \begin{pmatrix} 1 & 0 & 1 \\ 2 & 1 & 2 \\ 0 & 4 & 6 \end{pmatrix}$

[**풀이**] (1) 주어진 행렬 A에 대하여 $|A| = -2$이고, 수반행렬과 이를 이용한 역행렬은 각각

$$\operatorname{adj} A = \begin{pmatrix} -1 & -1 & 1 \\ -1 & 1 & -1 \\ 2 & -2 & 0 \end{pmatrix}, \qquad A^{-1} = \frac{\operatorname{adj} A}{|A|} = \begin{pmatrix} \frac{1}{2} & \frac{1}{2} & -\frac{1}{2} \\ \frac{1}{2} & -\frac{1}{2} & \frac{1}{2} \\ -1 & 1 & 0 \end{pmatrix}$$

이다.

(2) 주어진 행렬 B에 대하여 $|B| = 6$이고, 수반행렬과 이를 이용한 역행렬은 각각

$$\operatorname{adj} B = \begin{pmatrix} -2 & 4 & -1 \\ -12 & -6 & 0 \\ 8 & -4 & 1 \end{pmatrix}, \qquad B^{-1} = \frac{\operatorname{adj} B}{|B|} = \frac{1}{6}\begin{pmatrix} -2 & 4 & -1 \\ -12 & 6 & 0 \\ 8 & -4 & 1 \end{pmatrix}$$

이다.

연습문제 5-4

1. 여인수 전개를 이용하여 다음 행렬식을 계산하여라.

(1) $\begin{vmatrix} 1 & 2 & 3 & 4 \\ 2 & 4 & 1 & 3 \\ 3 & 1 & 4 & 2 \\ 4 & 3 & 2 & 1 \end{vmatrix}$ (2) $\begin{vmatrix} 1 & 1 & 1 & 1 & 1 \\ -1 & 2 & 0 & 0 & 0 \\ 1 & -1 & 2 & 0 & 0 \\ 0 & 0 & -1 & 2 & 0 \\ 0 & 0 & 0 & -1 & 2 \end{vmatrix}$

(3) $\begin{vmatrix} 1 & 1 & 1 & 1 \\ a & x & a & a \\ b & b & x & b \\ c & c & c & x \end{vmatrix}$　　(4) $\begin{vmatrix} -1 & a & 0 & 0 \\ a & b & 0 & 1 \\ b & 0 & 1 & 0 \\ 0 & 1 & a & 0 \end{vmatrix}$

2. 적당한 방법을 사용하여 다음 정사각행렬의 행렬식을 계산하여라.

(1) $\begin{vmatrix} 1 & 2 & 3 & 4 & 5 \\ 1^2 & 2^2 & 3^2 & 4^2 & 5^2 \\ 1^3 & 2^3 & 3^3 & 4^3 & 5^3 \\ 1^4 & 2^4 & 3^4 & 4^4 & 5^4 \\ 1^5 & 2^5 & 3^5 & 4^5 & 5^5 \end{vmatrix}$　　(2) $\begin{vmatrix} 0 & 1 & 1 & \cdots & 1 \\ 1 & 0 & 1 & \cdots & 1 \\ 1 & 1 & 0 & \cdots & 1 \\ \vdots & \vdots & \vdots & & \vdots \\ 1 & 1 & 1 & \cdots & 0 \end{vmatrix}$ (n차)

3. 다음 행렬의 역행렬이 존재하면 구하여라.

(1) $A = \begin{pmatrix} 1 & 1 & 2 \\ 0 & 1 & 1 \\ 0 & 0 & 1 \end{pmatrix}$　　(2) $B = \begin{pmatrix} 1 & 2 & 3 \\ 2 & 5 & 3 \\ 1 & 0 & 8 \end{pmatrix}$

(3) $C = \begin{pmatrix} 1 & 1 & 2 \\ 1 & 2 & 3 \\ 1 & 2 & 4 \end{pmatrix}$　　(4) $D = \begin{pmatrix} \cos x & -\sin x & 0 \\ \sin x & \cos x & 0 \\ 0 & 0 & 1 \end{pmatrix}$

4. A가 가역행렬이면 $|A^{-1}| = |A|^{-1}$ 임을 증명하여라.

5. A가 가역행렬일 때 $(A^2)^{-1} = (A^{-1})^2$을 증명하여라.

5.5 연립방정식과 행렬

이 절에서는 행렬을 이용하여 연립방정식의 해를 구하는 여러가지 방법에 대해 알아 보겠다. 행렬을 이용하여 연립방정식의 해를 구하는 방법 중에는 역행렬 이용법, 가우스 소거법, 그리고 행렬식을 이용한 크래머의 법칙 등이 있다.

n 개의 미지수 $x_1, x_2, \ldots, x_n$ 에 대하여

$$a_1x_1 + a_2x_2 + \cdots + a_nx_n = b$$

를 **일차방정식**(linear equation)이라 한다. n 개의 미지수와 m 개의 일차방정식으로 이루어진 것을 **연립일차방정식**(system of linear equations) 또는 간단히 **연립방정식**(linear system)이라 하며 다음과 같이 나타낼 수 있다.

$$\begin{cases} a_{11}x_1 + a_{12}x_2 + \cdots + a_{1n}x_n = b_1 \\ a_{21}x_1 + a_{22}x_2 + \cdots + a_{2n}x_n = b_2 \\ \qquad\vdots \qquad\qquad\qquad \vdots \\ a_{m1}x_1 + a_{m2}x_2 + \cdots + a_{mn}x_n = b_m \end{cases}$$

$x_1, x_2, \ldots, x_n$ 을 이 연립방정식의 **변수**(variable) 또는 **미지수**(unknown)라 하고 a_{ij} 를 **계수**(coefficient), b_i 를 **상수**(constant)라 한다. 연립방정식의 계수를 성분으로 갖는 행렬 $A = (a_{ij}) \in M_{m\times n}$ 를 **계수행렬**(coefficient matrix), 상수를 성분으로 갖는 행렬 $B = (b_i) \in M_{m\times 1}$ 를 **상수행렬**(matrix of constants)이라 한다. 또한

$$A = \begin{pmatrix} a_{11} & a_{12} & \cdots & a_{1n} \\ a_{21} & a_{22} & \cdots & a_{2n} \\ \vdots & \vdots & & \vdots \\ a_{m1} & a_{m2} & \cdots & a_{mn} \end{pmatrix}, \quad B = \begin{pmatrix} b_1 \\ b_2 \\ \vdots \\ b_m \end{pmatrix}, \quad X = \begin{pmatrix} x_1 \\ x_2 \\ \vdots \\ x_n \end{pmatrix}$$

라 하면 주어진 연립방정식은

$$\begin{pmatrix} a_{11} & a_{12} & \cdots & a_{1n} \\ a_{21} & a_{22} & \cdots & a_{2n} \\ \vdots & \vdots & & \vdots \\ a_{m1} & a_{m2} & \cdots & a_{mn} \end{pmatrix} \begin{pmatrix} x_1 \\ x_2 \\ \vdots \\ x_n \end{pmatrix} = \begin{pmatrix} b_1 \\ b_2 \\ \vdots \\ b_m \end{pmatrix}$$

와 같이 표현될 수 있다. 즉 행렬방정식 $AX = B$ 로 표현된다. 상수행렬 $B = 0$ 인 연립방정식 $AX = 0$ 을 **동차연립방정식**(homogeneous system)이라 하고, $B \neq 0$ 인 연립방정식 $AX = B$ 를 **비동차연립방정식**(non-homogeneous system)이라 한다.

정 리 5.5.1. $AX = B$ 의 형태로 나타나는 연립방정식은 A 가 정칙행렬일 때 단 하나의 해를 가지며 그 해는

$$X = A^{-1}B$$

이다.

[**증명**] 행렬 A 가 정칙이므로 역행렬 A^{-1} 가 존재한다. 따라서 $AX = B$ 의 양변에 A^{-1} 를 곱하면

$$\begin{aligned} A^{-1}(AX) &= A^{-1}B \\ (A^{-1}A)X &= A^{-1}B \\ IX &= A^{-1}B \\ X &= A^{-1}B \end{aligned}$$

가 된다.

정 리 **5.5.2.** 정사각행렬 A에 대해 $AX=0$의 방정식은 항상 $X=0$인 **자명한 해**(trivial solution)를 가진다. 또한,

(1) $|A|=0 \quad \Longleftrightarrow \quad X \neq 0$ 인 해(non-trivial solution)를 가진다.

(2) $|A| \neq 0 \quad \Longleftrightarrow \quad X=0$ 이 유일한 해이다.

[**증명**] 생략.

예 제 **1.** 역행렬을 사용하여 다음 연립방정식의 해를 구하여라.

$$\begin{cases} 2x-5y+2z=7 \\ x+2y-4z=3 \\ 3x-4y-6z=5 \end{cases}$$

[**풀이**] 위의 연립방정식을 행렬로 나타내면 $AX=B$으로, 이 때 행렬 A, X, B은 각각

$$A=\begin{pmatrix} 2 & -5 & 2 \\ 1 & 2 & -4 \\ 3 & -4 & -6 \end{pmatrix}, \quad X=\begin{pmatrix} x \\ y \\ z \end{pmatrix}, \quad B=\begin{pmatrix} 7 \\ 3 \\ 5 \end{pmatrix}$$

이다. 또한 정리 5.4.3로부터 계수행렬 A의 역행렬은

$$A^{-1}=\frac{1}{|A|}\operatorname{adj} A=-\frac{1}{46}\begin{pmatrix} -28 & -38 & 16 \\ -6 & -18 & 10 \\ -10 & -7 & 9 \end{pmatrix}$$

이다. 그러므로

$$X=\begin{pmatrix} x \\ y \\ z \end{pmatrix}=A^{-1}B=-\frac{1}{46}\begin{pmatrix} -28 & -38 & 16 \\ -6 & -18 & 10 \\ -10 & -7 & 9 \end{pmatrix}\begin{pmatrix} 7 \\ 3 \\ 5 \end{pmatrix}=\begin{pmatrix} 5 \\ 1 \\ 1 \end{pmatrix}$$

이다. 따라서 구하는 해는 $(x, y, z) = (5, 1, 1)$ 이다.

다음 정리에서 계수행렬식을 이용하여 연립방정식의 해를 구하는 방법을 소개한다.

정 리 5.5.3. [**크래머의 법칙**(Cramer's Rule)] $A = (a_{ij}) \in M_{n\times n}$, $B = (b_i) \in M_{n\times 1}$ 인 연립방정식 $AX = B$ 는 $|A| \neq 0$ 이면 단 하나의 해를 가지며, 그 해는 각각의 $j = 1, 2, \ldots, n$ 에 대하여 다음과 같이 표현된다.

$$x_j = \frac{1}{|A|}\begin{vmatrix} a_{11} & \cdots & a_{1j-1} & b_1 & a_{1j+1} & \cdots & a_{1n} \\ a_{21} & \cdots & a_{2j-1} & b_2 & a_{2j+1} & \cdots & a_{2n} \\ \vdots & & \vdots & \vdots & & \vdots & \\ a_{n1} & \cdots & a_{nj-1} & b_n & a_{nj+1} & \cdots & a_{nn} \end{vmatrix}$$

$\uparrow$

j 열

[**증명**] 연습문제.

예 제 2. 크래머의 법칙으로 다음 연립방정식의 해를 구하여라.

$$\text{(1)} \begin{cases} x + 2y + z = 4 \\ x - y + z = 5 \\ 2x + 3y - z = 1 \end{cases} \qquad \text{(2)} \begin{cases} 2x + 4y + z = 7 \\ 3x + 2y + 3z = 7 \\ 5x - 4y + 4z = 9 \end{cases}$$

[**풀이**] (1) 주어진 연립방정식의 계수행렬을 A 라 놓으면

$$|A| = \begin{vmatrix} 1 & 2 & 1 \\ 1 & -1 & 1 \\ 2 & 3 & -1 \end{vmatrix} = 9$$

이므로

$$x = \frac{1}{9}\begin{vmatrix} 4 & 2 & 1 \\ 5 & -1 & 1 \\ 1 & 3 & -1 \end{vmatrix} = \frac{20}{9}, \quad y = \frac{1}{9}\begin{vmatrix} 1 & 4 & 1 \\ 1 & 5 & 1 \\ 2 & 1 & -1 \end{vmatrix} = -\frac{3}{9},$$

$$z = \frac{1}{9}\begin{vmatrix} 1 & 2 & 4 \\ 1 & -1 & 5 \\ 2 & 3 & 1 \end{vmatrix} = \frac{22}{9}\,.$$

(2) 주어진 연립방정식과 관련한 계수행렬을 A 라 놓으면 $|A| = 30$ 이므로

$$x = \frac{1}{30}\begin{vmatrix} 7 & 4 & 1 \\ 7 & 2 & 3 \\ 9 & -4 & 4 \end{vmatrix} = 3, \quad y = \frac{1}{30}\begin{vmatrix} 2 & 7 & 1 \\ 3 & 7 & 3 \\ 5 & 9 & 4 \end{vmatrix} = \frac{1}{2},$$

$$z = \frac{1}{30}\begin{vmatrix} 2 & 4 & 7 \\ 3 & 2 & 7 \\ 5 & -4 & 9 \end{vmatrix} = -1\,.$$

크래머의 공식은 간단해 보이지만 미지수가 많아지면 해를 구하는데 많은 시간이 필요하게 된다. 이러한 문제를 해결하기 위해, 기본행연산을 사용하여 해를 구하는 **가우스 소거법**(Gaussian elimination)이 등장하였다. 아래와 같은 연립방정식의 풀이 과정을 그에 대응하는 행렬과 비교하여 살펴보자.

$$\begin{cases} x + 3y + 3z = -2 \\ 2x + 7y + 8z = 0 \\ x + 5y + z = 0 \end{cases} \qquad \Longleftrightarrow \qquad \begin{pmatrix} 1 & 3 & 3 & \vdots & -2 \\ 2 & 7 & 8 & \vdots & 0 \\ 1 & 5 & 1 & \vdots & 0 \end{pmatrix} \tag{5.1}$$

첫 번째 식(1행)에 -2를 곱하여 두 번째 식(2행)에 더하고, 첫 번째 식(1행)에 -1을 곱하여 세 번째 식(3행)에 더하면

$$\begin{cases} x+3y+3z=-2 \\ y+2z=4 \\ 2y-2z=2 \end{cases} \iff \begin{pmatrix} 1 & 3 & 3 & \vdots & -2 \\ 0 & 1 & 2 & \vdots & 4 \\ 0 & 2 & -2 & \vdots & 2 \end{pmatrix} \tag{5.2}$$

두 번째 식(1행)에 -3을 곱하여 첫 번째 식(1행)에 더하고 두 번째 식(2행)에 -2를 곱하여 세 번째 식(3행)에 더하면

$$\begin{cases} x-3z=-14 \\ y+2z=4 \\ -6z=-6 \end{cases} \iff \begin{pmatrix} 1 & 0 & -3 & \vdots & -14 \\ 0 & 1 & 2 & \vdots & 4 \\ 0 & 0 & -6 & \vdots & -6 \end{pmatrix} \tag{5.3}$$

세 번째 식(3행)에 $-1/6$을 곱하면

$$\begin{cases} x-3z=-14 \\ y+2z=4 \\ z=1 \end{cases} \iff \begin{pmatrix} 1 & 0 & -3 & \vdots & -14 \\ 0 & 1 & 2 & \vdots & 4 \\ 0 & 0 & 1 & \vdots & 1 \end{pmatrix} \tag{5.4}$$

세 번째 식(3행)에 3을 곱하여 첫 번째 식(1행)에 더하고 세 번째 식(3행)에 -2를 곱하여 두 번째 식(2행)에 더하면

$$\begin{cases} x=-11 \\ y=2 \\ z=1 \end{cases} \iff \begin{pmatrix} 1 & 0 & 0 & \vdots & -11 \\ 0 & 1 & 0 & \vdots & 2 \\ 0 & 0 & 1 & \vdots & 1 \end{pmatrix} \tag{5.5}$$

이다. 위 연립방정식의 풀이 과정에서 보듯이 좌측은 모두 동치인 연립방정식이며 우측은 이 연립방정식에 대응하는 행렬이다. 이 대응 행렬은 계수행렬에 상수를 첨가하여 만든 행렬로서 **첨가행렬**(augmented matrix)이라 한다. 위에서 (5.1), (5.2), (5.3), (5.4), (5.5) 식이 모두 동치이므로 같은 해를 가지고 있다. 그리고 이런 동치인 방정식은 아래와 같은 조작을 하여 얻게 된다.

---

(1) 한 행(한 방정식)에 0이 아닌 상수 c를 곱한다.

(2) 두 행(연립방정식의 두 방정식)을 바꾼다.

(3) 한 행(한 방정식)을 $c(\neq 0)$ 배하여 다른 행(다른 방정식)에 더한다.

이 (1), (2), (3)의 연산을 **기본행연산**(elementary row operations)이라고 부른다. 또 연립방정식이 주어졌을 때 위와 같은 기본행연산으로 변수를 소거하여 해를 구하는 방법을 **가우스 소거법**(Gaussian elimination)이라고 부른다. 기본행연산을 사용하면 첨가행렬의 좌측 아래 부분에 계단 형태로 0이 모여있게 된다. 이와 같은 형태를 **행사다리꼴**(row echelon form)이라 한다.

예 제 3. 가우스 소거법으로 다음 연립방정식의 해를 구하여라.

$$\begin{cases} x + 2y + 3z = 6 \\ 2x - 3y + 2z = 14 \\ 3x + y - z = -2 \end{cases}$$

[**풀이**] 주어진 연립방정식에 대응하는 첨가행렬에 기본행연산을 적용하면

$$\begin{pmatrix} 1 & 2 & 3 & \vdots & 6 \\ 2 & -3 & 2 & \vdots & 14 \\ 3 & 1 & -1 & \vdots & -2 \end{pmatrix} \begin{matrix} 2\text{행} - 2\times 1\text{행}, \\ 3\text{행} - 3\times 1\text{행} \end{matrix} \cong \begin{pmatrix} 1 & 2 & 3 & \vdots & 6 \\ 0 & -7 & -4 & \vdots & 2 \\ 0 & -5 & -10 & \vdots & -20 \end{pmatrix} 3\text{행} \times (-\frac{1}{5})$$

$$\cong \begin{pmatrix} 1 & 2 & 3 & \vdots & 6 \\ 0 & -7 & -4 & \vdots & 2 \\ 0 & 1 & 2 & \vdots & 4 \end{pmatrix} 2, 3\text{행 교환} \cong \begin{pmatrix} 1 & 2 & 3 & \vdots & 6 \\ 0 & 1 & 2 & \vdots & 4 \\ 0 & -7 & -4 & \vdots & 2 \end{pmatrix} \begin{matrix} 3\text{행} + 7 \times 2\text{행}, \\ 1\text{행} - 2 \times 2\text{행} \end{matrix}$$

$$\cong \begin{pmatrix} 1 & 0 & -1 & \vdots & -2 \\ 0 & 1 & 2 & \vdots & 4 \\ 0 & 0 & 10 & \vdots & 30 \end{pmatrix} 3\text{행} \times \frac{1}{10} \cong \begin{pmatrix} 1 & 0 & -1 & \vdots & -2 \\ 0 & 1 & 2 & \vdots & 4 \\ 0 & 0 & 1 & \vdots & 3 \end{pmatrix} \begin{matrix} 2\text{행} - 2 \times 3\text{행}, \\ 1\text{행} + 3\text{행} \end{matrix}$$

$$\cong \begin{pmatrix} 1 & 0 & 0 & \vdots & 1 \\ 0 & 1 & 0 & \vdots & -2 \\ 0 & 0 & 1 & \vdots & 3 \end{pmatrix}$$

이다. 따라서 구하는 해는 $x = 1$, $y = -2$, $z = 3$ 이다.

역행렬을 이용하거나 크래머의 법칙으로 해를 구하는 것은 유일한 해를 가질 경우에만 적용할 수 있다. 그러나 가우스 소거법은 유일해가 아닐 경우에도 적용이 가능하다. 아래 예제를 살펴보자.

예 제 4. 가우스 소거법으로 다음 연립방정식의 해를 구하여라.

$$\begin{cases} x - z + 2u = 0 \\ 2x - 3y - 4u = 0 \\ y + 2z + 3u = 0 \\ 3x - 2y + z + u = 0 \end{cases}$$

[**풀이**] 주어진 연립방정식에 대응하는 첨가행렬에 기본행연산을 적용하면

$$\begin{pmatrix} 1 & 0 & -1 & 2 & \vdots & 0 \\ 2 & -3 & 0 & -4 & \vdots & 0 \\ 0 & 1 & 2 & 3 & \vdots & 0 \\ 3 & -2 & 1 & 1 & \vdots & 0 \end{pmatrix} \begin{matrix} 2\text{행} - 2 \times 1\text{행}, \\ 4\text{행} - 3 \times 1\text{행} \end{matrix}$$

$$\cong \begin{pmatrix} 1 & 0 & -1 & 1 & \vdots & 0 \\ 0 & -3 & 2 & -8 & \vdots & 0 \\ 0 & 1 & 2 & 3 & \vdots & 0 \\ 0 & -2 & 4 & -5 & \vdots & 0 \end{pmatrix} 2, 3\text{행 교환}$$

$$\cong \begin{pmatrix} 1 & 0 & -2 & 2 & \vdots & 0 \\ 0 & 1 & 2 & 3 & \vdots & 0 \\ 0 & -3 & 2 & -8 & \vdots & 0 \\ 0 & -2 & 4 & -5 & \vdots & 0 \end{pmatrix} \begin{matrix} 3\text{행} + 3 \times 2\text{행}, \\ 4\text{행} + 2 \times 2\text{행} \end{matrix}$$

$$\cong \begin{pmatrix} 1 & 0 & -1 & 2 & \vdots & 0 \\ 0 & 1 & 2 & 3 & \vdots & 0 \\ 0 & 0 & 8 & 1 & \vdots & 0 \\ 0 & 0 & 8 & 1 & \vdots & 0 \end{pmatrix} 4\text{행} - 3\text{행}$$

$$\cong \begin{pmatrix} 1 & 0 & -1 & 2 & \vdots & 0 \\ 0 & 1 & 2 & 3 & \vdots & 0 \\ 0 & 0 & 8 & 1 & \vdots & 0 \\ 0 & 0 & 0 & 0 & \vdots & 0 \end{pmatrix}$$

이다. 3행에서 $8z+u = 0$ 이므로 $z = k$ 로 놓으면 $u = -8k$, 2행에서 $y+2k-24k = 0$ 이므로 $y = 22k$, 1행에서 $x - k - 16k = 0$ 이다. 따라서 해는 임의의 수 k 에 대하여 $x = 17k$, $y = 22k$, $z = k$, $u = -8k$ 이다.

앞서 언급한 기본행연산은 역행렬을 구하는데도 매우 중요한 역할을 한다.

행렬 A에 기본행연산을 실시하여 항등행렬을 얻어내는 과정을 항등행렬에 적용하면 A^{-1}이 얻어진다. 이와 같은 조작을 동시에 하면 역행렬을 얻는데 아주 편리하다.

예 제 5. 기본행연산을 사용하여 다음 행렬의 역행렬을 구하여라.

$$A = \begin{pmatrix} 1 & 2 & 3 \\ 2 & 5 & 3 \\ 1 & 0 & 8 \end{pmatrix}$$

[**풀이**] 행렬 A의 우측에 항등행렬을 같이 써서 아래와 같은 하나의 행렬을 생각하자. 이제 이 행렬에 대해 기본행연산을 시행하여 좌측을 항등행렬로 만들면 우측에 얻어지는 행렬이 바로 A의 역행렬이 된다.

$$\begin{pmatrix} 1\,2\,3 & \vdots & 1\,0\,0 \\ 2\,5\,3 & \vdots & 0\,1\,0 \\ 1\,0\,8 & \vdots & 0\,0\,1 \end{pmatrix} \begin{matrix} 2\text{행} - 2\times 1\text{행}, \\ 3\text{행} - 1\text{행} \end{matrix} \cong \begin{pmatrix} 1 & 2 & 3 & \vdots & 1 & 0 & 0 \\ 0 & 1 & -3 & \vdots & -2 & 1 & 0 \\ 0 & -2 & 5 & \vdots & -1 & 0 & 1 \end{pmatrix} 3\text{행} + 2\times 2\text{행}$$

$$\cong \begin{pmatrix} 1 & 2 & 3 & \vdots & 1 & 0 & 0 \\ 0 & 1 & -3 & \vdots & -2 & 1 & 0 \\ 0 & 0 & -1 & \vdots & -5 & 2 & 1 \end{pmatrix} 3\text{행} \times (-1) \cong \begin{pmatrix} 1 & 2 & 3 & \vdots & 1 & 0 & 0 \\ 0 & 1 & -3 & \vdots & -2 & 1 & 0 \\ 0 & 0 & 1 & \vdots & 5 & -2 & -1 \end{pmatrix} \begin{matrix} 1\text{행} - 3\times 3\text{행}, \\ 2\text{행} + 3\times 3\text{행} \end{matrix}$$

$$\cong \begin{pmatrix} 1 & 2 & 0 & \vdots & -14 & 6 & 3 \\ 0 & 1 & 0 & \vdots & 13 & -5 & -3 \\ 0 & 0 & 1 & \vdots & 5 & -2 & -1 \end{pmatrix} 1\text{행} - 2\times 2\text{행} \cong \begin{pmatrix} 1 & 0 & 0 & \vdots & -40 & 16 & 9 \\ 0 & 1 & 0 & \vdots & 13 & -5 & -3 \\ 0 & 0 & 1 & \vdots & 5 & -2 & -1 \end{pmatrix}$$

따라서

$$A^{-1} = \begin{pmatrix} -40 & 16 & 9 \\ 13 & -5 & -3 \\ 5 & -2 & -1 \end{pmatrix}.$$

행렬을 행사다리꼴로 만들었을 때 영이 아닌 성분을 포함하는 행벡터의 갯수는 중요한 수학적 의미를 갖는데 이 수를 행렬의 **계수**(rank)라고 한다. 계수에 대해 다음과 같은 정리가 성립하는데 증명은 이 책의 수준을 넘어서므로 결과만 알아두기로 하자.

정 리 5.5.4. n차 정사각행렬 A에 대해 아래 문장은 모두 동치이다.

(1) A가 가역행렬이다.

(2) A는 정칙행렬이다, 즉 $|A| \neq 0$ 이다.

(3) $\operatorname{rank} A = n$ 이다.

[**증명**] 생략.

예 제 6. 다음 행렬 A의 계수를 구하고 역행렬이 존재하는지 알아보아라.

$$A = \begin{pmatrix} 3 & -3 & 0 \\ 1 & 4 & 5 \\ 4 & 4 & 8 \end{pmatrix}$$

[**풀이**] 주어진 행렬 A에 기본행연산을 적용하면

$$\begin{pmatrix} 3 & -3 & 0 \\ 1 & 4 & 5 \\ 4 & 4 & 8 \end{pmatrix} \text{1행과 3행 교환} \cong \begin{pmatrix} 4 & 4 & 8 \\ 1 & 4 & 5 \\ 3 & -3 & 0 \end{pmatrix} \text{1행} \times \tfrac{1}{4}$$

$$\cong \begin{pmatrix} 1 & 1 & 2 \\ 1 & 4 & 5 \\ 3 & -3 & 0 \end{pmatrix} \begin{matrix} \text{2행} - \text{1행}, \\ \text{3행} - 3 \times \text{1행} \end{matrix} \cong \begin{pmatrix} 1 & 1 & 2 \\ 0 & 3 & 3 \\ 0 & -6 & -6 \end{pmatrix} \text{3행} + 2 \times \text{2행}$$

$$\cong \begin{pmatrix} 1 & 1 & 2 \\ 0 & 3 & 3 \\ 0 & 0 & 0 \end{pmatrix}$$

이다. 따라서 영벡터가 아닌 행벡터가 2개이므로 행렬 A의 계수는 2 이다. 그러므로 정칙이 아니고 역행렬이 존재하지 않는다.

연습문제 5-5

1. 역행렬을 이용하여 다음 연립방정식의 해를 구하여라.

(1) $\begin{cases} 6x + 7y = 3 \\ 5x + 6y = 3 \end{cases}$ (2) $\begin{cases} 2x + 3y + 4z = 4 \\ 4x + 3y + z = 5 \\ x + 2y + 4z = 5 \end{cases}$

(3) $\begin{cases} x + 2y + 3z = 5 \\ 2x + 5y + 3z = 3 \\ x + 8z = 17 \end{cases}$ (4) $\begin{cases} 2x + y + z = 1 \\ 3x + 2y + z = -3 \\ y + z = 5 \end{cases}$

2. 크래머의 공식을 이용하여 다음 연립방정식의 해를 구하여라.

(1) $\begin{cases} 2x + y + z = 4 \\ x + 3y - 2z = 2 \\ 7x - 6y + z = 2 \end{cases}$ (2) $\begin{cases} 2x + 3y + 4z = 7 \\ 3x + y - z = 7 \\ -4x + 2y + 3z = -1 \end{cases}$

(3) $\begin{cases} 2x + 3y + 4z = 4 \\ 4x + 3y + z = -6 \\ x + 2y + 4z = 6 \end{cases}$ (4) $\begin{cases} 2x + y + z = 7 \\ 3x + 2y + z = -3 \\ y + z = 5 \end{cases}$

3. 가우스 소거법을 이용하여 다음 연립 방정식의 해를 구하여라.

(1) $\begin{cases} x + y + 2z = -1 \\ x - 2y + z = -5 \\ 3x + y + z = 3 \end{cases}$ (2) $\begin{cases} x + y + z = 1 \\ x + y - 2z = -2 \\ 2x + y + z = 3 \end{cases}$

(3) $\begin{cases} x - 3y + 2z = 2 \\ 5x - 15y + 7z = 10 \end{cases}$ (4) $\begin{cases} 3x - 6y - z - w = 0 \\ x - 2y + 5z - 3w = 0 \\ 2x - 4y + 3z - w = 3 \end{cases}$

4. 기본행연산을 사용하여 다음 행렬의 역행렬을 구하여라.

(1) $A = \begin{pmatrix} 1 & 1 & 2 \\ 0 & 1 & 1 \\ 0 & 0 & 1 \end{pmatrix}$ (2) $B = \begin{pmatrix} 1 & 2 & 3 \\ 2 & 5 & 3 \\ 1 & 0 & 8 \end{pmatrix}$

(3) $C = \begin{pmatrix} 1 & 1 & 2 \\ 1 & 2 & 3 \\ 1 & 2 & 4 \end{pmatrix}$ (4) $D = \begin{pmatrix} \cos x & -\sin x & 0 \\ \sin x & \cos x & 0 \\ 0 & 0 & 1 \end{pmatrix}$

5. 다음 행렬의 계수를 구하여라.

(1) $\begin{pmatrix} 7 & 1 & 0 \\ -14 & -2 & 0 \end{pmatrix}$ (2) $\begin{pmatrix} 3 & 1 & 2 \\ 4 & 0 & 6 \end{pmatrix}$

(3) $\begin{pmatrix} 3 & -3 & 0 \\ 1 & 4 & 5 \\ 4 & 4 & 8 \end{pmatrix}$ (4) $\begin{pmatrix} 6 & 1 & 8 & 3 \\ 2 & 3 & 0 & 2 \\ 4 & -1 & -8 & -3 \end{pmatrix}$

6. 정리 5.5.3을 증명하여라.

제 5 장 연습문제 풀이

연습문제 5-1 풀이

1. $A+B=\begin{pmatrix}5 & -4\\ 4 & 6\end{pmatrix}$, $3A=\begin{pmatrix}9 & -3\\ 9 & 12\end{pmatrix}$, $B^2=\begin{pmatrix}1 & -12\\ 4 & 1\end{pmatrix}$, $B^3=\begin{pmatrix}-10 & -27\\ 9 & -10\end{pmatrix}$

2. (1) $\begin{pmatrix}2 & 3 & 4\\ 3 & 4 & 5\end{pmatrix}$ (2) $\begin{pmatrix}1 & -1 & 1\\ -1 & 1 & -1\\ 1 & -1 & 1\end{pmatrix}$ (3) $\begin{pmatrix}1 & 1\\ 2^2 & 2^3\\ 3^2 & 3^3\end{pmatrix}$ (4) $\begin{pmatrix}3 & 0 & 0\\ 0 & 5 & 0\\ 0 & 0 & 7\end{pmatrix}$

3. (1) $(AB)C=A(BC)=\begin{pmatrix}15 & 12\\ 3 & 6\end{pmatrix}$ (2) $(AB)C=A(BC)=\begin{pmatrix}5 & 7\\ -4 & -8\end{pmatrix}$

4. $A=\begin{pmatrix}0 & 0\\ 1 & 0\end{pmatrix}$

5. $AB=\begin{pmatrix}x+z\\ 2x+y-z\\ x+2y+5z\end{pmatrix}$, $x=\dfrac{7}{10}$, $y=-\dfrac{11}{10}$, $z=\dfrac{3}{10}$

6. $A^n=\begin{pmatrix}a^n & 2na^{n-1}\\ 0 & a^n\end{pmatrix}$, $B^n=\begin{pmatrix}a^n & na^{n-1} & \frac{n(n-1)}{2}a^{n-2}\\ 0 & a^n & na^{n-1}\\ 0 & 0 & a^n\end{pmatrix}$

7. $A+A=\begin{pmatrix}2\cos\theta & -2\sin\theta\\ 2\sin\theta & 2\cos\theta\end{pmatrix}$, $5A=\begin{pmatrix}5\cos\theta & -5\sin\theta\\ 5\sin\theta & 5\cos\theta\end{pmatrix}$,

$\frac{1}{3}A=\begin{pmatrix}\frac{1}{3}\cos\theta & -\frac{1}{3}\sin\theta\\ \frac{1}{3}\sin\theta & \frac{1}{3}\cos\theta\end{pmatrix}$, $A^n=\begin{pmatrix}\cos n\theta & -\sin n\theta\\ \sin n\theta & \cos n\theta\end{pmatrix}$

8. $(A+B)(A-B)=\begin{pmatrix}-7 & 2\\ 2 & -7\end{pmatrix}$, $A^2-B^2=\begin{pmatrix}-8 & 0\\ 1 & -6\end{pmatrix}$ 이므로

$(A+B)(A-B) \neq A^2 - B^2$ 이다.

9. $A = \begin{pmatrix} 1 & 3 \\ -2 & 0 \end{pmatrix}, \quad B = \begin{pmatrix} 2 & 1 \\ -1 & 1 \end{pmatrix}$

10. $A = \begin{pmatrix} 1 & 1 \\ 3 & 3 \end{pmatrix}, B = \begin{pmatrix} 4 & 2 \\ 3 & 16 \end{pmatrix}, C = \begin{pmatrix} 2 & 7 \\ 5 & 11 \end{pmatrix}$ 일 때

$$AB = \begin{pmatrix} 7 & 18 \\ 21 & 54 \end{pmatrix} = AC$$

이지만 $B \neq C$ 이다.

11. $(5A)^{\mathsf{T}} = \begin{pmatrix} 5\cos\theta & 5\sin\theta \\ -5\sin\theta & 5\cos\theta \end{pmatrix}, \quad (\frac{1}{3}A)^{\mathsf{T}} = \begin{pmatrix} \frac{1}{3}\cos\theta & \frac{1}{3}\sin\theta \\ -\frac{1}{3}\sin\theta & \frac{1}{3}\cos\theta \end{pmatrix},$

$(A^n)^{\mathsf{T}} = \begin{pmatrix} \cos n\theta & \sin n\theta \\ -\sin n\theta & \cos n\theta \end{pmatrix}$

12. (1) 행렬 $A = (a_{ij}) \in M_{m\times n}$, $B = (b_{ij}) \in M_{n\times r}$, $C = (c_{ij}) \in M_{r\times s}$ 라 하자. 행렬 AB 의 $ik-$성분은 $\sum_{j=1}^{n} a_{ij}b_{jk}$. 행렬$(AB)C$ 의 $il-$성분은

$$\sum_{k=1}^{r}\left(\left(\sum_{j=1}^{n} a_{ij}b_{jk}\right)c_{kl}\right) = \sum_{k=1}^{r}\sum_{j=1}^{n}(a_{ij}b_{jk})c_{kl} = \sum_{k=1}^{r}\sum_{j=1}^{n} a_{ij}b_{jk}c_{kl}.$$

그런데 행렬 BC 의 $jl-$성분은 $\sum_{k=1}^{r} b_{jk}c_{kl}$ 이다. 따라서 행렬 $A(BC)$ 의 $il-$성분은

$$\sum_{j=1}^{n}\left(a_{ij}\left(\sum_{k=1}^{r} b_{jk}c_{kl}\right)\right) = \sum_{j=1}^{n}\sum_{k=1}^{r} a_{ij}(b_{jk}c_{kl}) = \sum_{k=1}^{r}\sum_{j=1}^{n} a_{ij}b_{jk}c_{kl}$$

으로 $(AB)C$ 와 $A(BC)$ 의 $il-$성분이 같으므로 $(AB)C = A(BC)$ 이다. 나머지 증명은 (1)과 유사한 방법으로 증명할 수 있으므로 생략한다.

연습문제 5-2 풀이

1. (1) $\begin{pmatrix} 1 & \frac{1}{2} & 2 \\ \frac{1}{2} & 0 & 3 \\ 2 & 3 & 6 \end{pmatrix} + \begin{pmatrix} 0 & \frac{3}{2} & -2 \\ -\frac{3}{2} & 0 & -2 \\ 2 & 2 & 0 \end{pmatrix}$ (2) $\begin{pmatrix} 1 & 1 & 1 \\ 1 & 1 & \frac{3}{2} \\ 1 & \frac{3}{2} & 4 \end{pmatrix} + \begin{pmatrix} 0 & 1 & 2 \\ -1 & 0 & -\frac{1}{2} \\ -2 & \frac{1}{2} & 0 \end{pmatrix}$

(3) $\begin{pmatrix} 2 & \frac{3}{2} & 2 \\ \frac{3}{2} & 5 & \frac{7}{2} \\ 2 & \frac{7}{2} & 1 \end{pmatrix} + \begin{pmatrix} 0 & \frac{3}{2} & 2 \\ -\frac{3}{2} & 0 & \frac{5}{2} \\ -2 & -\frac{5}{2} & 0 \end{pmatrix}$

2. (1) $\begin{pmatrix} 2 & -1 \\ -\frac{5}{2} & \frac{3}{2} \end{pmatrix}$

(2) 역행렬이 존재하지 않는다.

(3) $\begin{pmatrix} \cos\theta & \sin\theta \\ -\sin\theta & \cos\theta \end{pmatrix}$

3. $\begin{pmatrix} -1 & 0 \\ 0 & 1 \end{pmatrix}, \begin{pmatrix} 1 & 0 \\ 0 & -1 \end{pmatrix}, \begin{pmatrix} 1 & 1 \\ 0 & -1 \end{pmatrix}, \cdots$

4. $\begin{pmatrix} 0 & 0 \\ 0 & 0 \end{pmatrix}, \begin{pmatrix} \frac{1}{2} & \frac{1}{2} \\ \frac{1}{2} & \frac{1}{2} \end{pmatrix}, \begin{pmatrix} \frac{1}{2} & -\frac{1}{2} \\ -\frac{1}{2} & \frac{1}{2} \end{pmatrix}, \cdots$

힌트: $a \neq 0$일 때 예를 들어 $A = \begin{pmatrix} a & a \\ a & a \end{pmatrix}$ 형태의 행렬을 생각하면 $A^2 = A$로부터 $2a^2 = a$이므로 $a = \frac{1}{2}$이다. 기타 여러가지 형태의 행렬에 대해 계산할 수 있다. 실제로 다음 장에서 다루는 정리에 의하면 $A^2 = A$에서부터 $|A|^2 = |A|$이므로 $|A| = 1, 0$이다. $|A| = 1$이면 $A = A^2A^{-1} = AA^{-1} = I$이다. 따라서 $|A| = 0$인 2×2 행렬에 대해서만 조사하면 된다.

5. (1), (2), (3)은 명백하므로 (4)만 증명하자.

$A = (a_{ij}), B = (b_{ij}), AB = (c_{ij})$라 놓으면 AB의 $ik-$성분이 $c_{ik} = \sum_{j=1}^{n} a_{ij}b_{jk}$이

므로 $(AB)^\mathsf{T}$의 $ki-$성분은 $c_{ik} = \sum_{j=1}^{n} a_{ij}b_{jk}$이다. A^T의 $ji-$성분은 a_{ij}이고, B^T의 $kj-$성분은 b_{jk}이다. $B^\mathsf{T}A^\mathsf{T}$의 $ki-$성분은 $\sum_{j=1}^{n} b_{jk}a_{ij} = \sum_{j=1}^{n} a_{ij}b_{jk}$이므로 $(AB)^\mathsf{T}$의 $ki-$성분과 $B^\mathsf{T}A^\mathsf{T}$의 $ki-$성분과 같다. 따라서 $(AB)^\mathsf{T} = B^\mathsf{T}A^\mathsf{T}$.

연습문제 5-3 풀이

1. (1) $\begin{pmatrix} 1 & 2 & 3 & 4 \\ 3 & 4 & 2 & 1 \end{pmatrix}$=(1 3 2 4) (2) $\begin{pmatrix} 1 & 2 & 3 & 4 \\ 2 & 3 & 4 & 1 \end{pmatrix}$=(1 2 3 4)

(3) $\begin{pmatrix} 1 & 2 & 3 & 4 & 5 \\ 3 & 2 & 5 & 1 & 4 \end{pmatrix}$=(1 3 5 4) (4) $\begin{pmatrix} 1 & 2 & 3 & 4 & 5 \\ 5 & 4 & 3 & 1 & 2 \end{pmatrix}$=(1 5 2 4)

2. (1) $(1\ 2\ 3\ 4\ 5) = (1\ 5)(1\ 4)(1\ 3)(1\ 2)$, $\operatorname{sgn}((1\ 2\ 3\ 4\ 5)) = +1$

(2) $(1\ 4\ 5)(2\ 3) = (1\ 5)(1\ 4)(2\ 3)$, $\operatorname{sgn}((1\ 4\ 5)(2\ 3)) = -1$

3. (1) 44 (2) -66 (3) $(a-b)(b-c)(c-a)(a+b+c)$ (4) $4a^2b^2c^2$

4. (1) $(-1+x)(x-y)(-1+xy)$ (2) $(a+b+c)(a^2+b^2+c^2)$

(3) $2(a+b)(a+c)(b+c)$ (4) $2abc(a+b+c)^3$

5. (1) 3^n5 (2) $\frac{2^n}{5}$ (3) $\frac{5}{2^n}$ (4) 5^3

6. (1) 2, 3 (2) $\pm 2, -5$ (3) 1, 2 (4) $\frac{n}{2}\pi$ $(n = 0, 1, 2, \dots)$

7. A의 i 행이 모두 0 이라 하자. 행렬 B를 i 행이 모두 1 이고 나머지 행의 성분이 A와 같은 행렬이라 하면,

$$(0\quad 0\quad \cdots\quad 0) = (0\cdot 1\quad 0\cdot 1\quad \cdots\quad 0\cdot 1)$$

로 생각할 수 있으므로 행렬식의 성질에 의해서 $\det A = 0 \cdot \det B = 0$ 이 된다.

8. 행렬식의 성질에 의해 같은 행 중 어느 하나를 -1 배하여 다른 행에 더해주면 그 행이 전부 0 이 되므로 행렬식의 값은 $|A| = 0$ 이다.

9. n 차 정사각행렬에 스칼라 α 를 곱하면 n 개의 각 행에 α 배 한 것이 되고, 따라서 행렬식은 $\alpha^n|A|$ 이다.

10. $AA^\mathsf{T} = I$ 이므로 등식의 양변에 행렬식을 취하면 $1 = |I| = |AA^\mathsf{T}| = |A||A^\mathsf{T}| = |A|^2$ 이다. 따라서 $|A| = \pm 1$ 이다.

11. $A = (a_{ij})$, $A^\mathsf{T} = (b_{ij})$ 라 하면 $b_{ij} = a_{ji}$ 이다. $\operatorname{sgn}(\sigma) = \operatorname{sgn}(\sigma^{-1})$ 이고

$$b_{1\sigma(1)}\, b_{2\sigma(2)} \cdots b_{n\sigma(n)} = b_{\sigma^{-1}(1)1}\, b_{\sigma^{-1}(2)2} \cdots b_{\sigma^{-1}(n)n}$$

이므로

$$\begin{aligned}
|A^\mathsf{T}| &= \sum_{\sigma \in S_n} \operatorname{sgn}(\sigma)\, b_{1\sigma(1)}\, b_{2\sigma(2)} \cdots b_{n\sigma(n)} \\
&= \sum_{\sigma^{-1} \in S_n} \operatorname{sgn}(\sigma^{-1})\, b_{\sigma^{-1}(1)1}\, b_{\sigma^{-1}(2)2} \cdots b_{\sigma^{-1}(n)n} \\
&= \sum_{\delta \in S_n} \operatorname{sgn}(\delta)\, b_{\delta(1)1}\, b_{\delta(2)2} \cdots b_{\delta(n)n} \\
&= \sum_{\delta \in S_n} \operatorname{sgn}(\delta)\, b_{1\delta(1)}\, b_{2\delta(2)} \cdots b_{n\delta(n)} \\
&= |A|
\end{aligned}$$

이다. 따라서 $|A| = |A^\mathsf{T}|$ 이다.

12. 치환 $\sigma \in S_n$ 에 대하여 $a_{1\sigma(1)}\, a_{2\sigma(2)} \cdots a_{n\sigma(n)}$ 은 행렬 A 의 요소들 중에서 열이 중복되지 않도록 각 행에서 하나씩 택하여 곱한 것이다. 따라서 행렬 $A = (a_{ij})$ 가 삼각행렬일 때, $\sigma = 1$ 이면 $a_{1\sigma(1)}\, a_{2\sigma(2)} \cdots a_{n\sigma(n)}$ 는 주대각성분의 곱으로 $a_{11}\, a_{22} \cdots a_{nn}$ 이고 $\sigma \neq 1$ 이면

$a_{1\sigma(1)}\, a_{2\sigma(2)} \cdots a_{n\sigma(n)}$ 의 $a_{i\sigma(i)}$ 중에서 적어도 하나는 0 이므로

$$a_{1\sigma(1)}\, a_{2\sigma(2)} \cdots a_{n\sigma(n)} = 0$$

이다. 따라서

$$|A| = \sum_{\sigma \in S_n} \operatorname{sgn}(\sigma)\, a_{1\sigma(1)}\, a_{2\sigma(2)} \cdots a_{n\sigma(n)} = a_{11}\, a_{22} \cdots a_{nn}$$

이다.

13. (1) 행렬 $A = (a_{ij})$ 의 k 번째 행에 α 배한 행렬을 B 라 하자. 즉,

$$B = \begin{pmatrix} b_{11} & b_{12} & \cdots & b_{1n} \\ \vdots & \vdots & & \vdots \\ b_{k1} & b_{k2} & \cdots & b_{kn} \\ \vdots & \vdots & & \vdots \\ b_{n1} & b_{n2} & \cdots & b_{nn} \end{pmatrix} = \begin{pmatrix} a_{11} & a_{12} & \cdots & a_{1n} \\ \vdots & \vdots & & \vdots \\ \alpha a_{k1} & \alpha a_{k2} & \cdots & \alpha a_{kn} \\ \vdots & \vdots & & \vdots \\ a_{n1} & a_{n2} & \cdots & a_{nn} \end{pmatrix}$$

이다. 따라서 $b_{ij} = a_{ij}\ (i \neq k)$, $b_{kj} = \alpha a_{kj}$ 이므로

$$\begin{aligned} |B| &= \sum_{\sigma \in S_n} \operatorname{sgn}(\sigma)\, b_{1\sigma(1)}\, b_{2\sigma(2)} \cdots b_{k\sigma(k)} \cdots b_{n\sigma(n)} \\ &= \sum_{\sigma \in S_n} \operatorname{sgn}(\sigma)\, a_{1\sigma(1)}\, a_{2\sigma(2)} \cdots (\alpha a_{k\sigma(k)}), \cdots a_{n\sigma(n)} \\ &= \alpha \sum_{\sigma \in S_n} \operatorname{sgn}(\sigma)\, a_{1\sigma(1)}\, a_{2\sigma(2)} \cdots a_{k\sigma(k)} \cdots a_{n\sigma(n)} \\ &= \alpha |A| \end{aligned}$$

이다.

(2)와 (3)은 각자 해보기로 하자.

연습문제 5-4 풀이

1. (1) 0 (2) 17 (3) $-(a-x)(b-x)(c-x)$ (4) $1-a^2b$

2. (1) $2^8 3^3 5 = 34560$

(2) 삼각행렬로 만들면 $(-1)^{n-1}(n-1)$ 이 얻어진다.

3. (1) $A^{-1} = \begin{pmatrix} 1 & -1 & -1 \\ 0 & 1 & -1 \\ 0 & 0 & 1 \end{pmatrix}$ (2) $B^{-1} = \begin{pmatrix} -40 & 16 & 9 \\ 13 & -5 & -3 \\ 5 & -2 & -1 \end{pmatrix}$

(3) $C^{-1} = \begin{pmatrix} 2 & 0 & -1 \\ -1 & 2 & -1 \\ 0 & -1 & 1 \end{pmatrix}$ (4) $D^{-1} = \begin{pmatrix} \cos x & \sin x & 0 \\ -\sin x & \cos x & 0 \\ 0 & 0 & 1 \end{pmatrix}$

4. $AA^{-1} = I$ 이므로 각 변의 행렬식을 구하면 $1 = |I| = |A\,A^{-1}| = |A||A^{-1}|$ 이다. 따라서 $|A^{-1}| = |A|^{-1}$ 이다.

5. $A^2(A^{-1})^2 = AA(A^{-1})(A^{-1}) = A(AA^{-1})A^{-1} = AIA^{-1} = AA^{-1} = I$. 마찬가지로 $(A^{-1})^2A^2 = I$. 따라서 $(A^2)^{-1} = (A^{-1})^2$이다.

연습문제 5-5 풀이

1. (1) $x=-3,\ y=3$ (2) $x=5,\ y=-6,\ z=3$ (3) $x=1,\ y=-1,\ z=2$

(4) $x=-2,\ y=-2,\ z=7$

2. (1) $x=1,\ y=1,\ z=1$ (2) $x=1,\ y=3,\ z=-1$ (3) $x=-2,\ y=0,\ z=2$ (4) $x=1,\ y=-11,\ z=16$

3. (1) $x=1,\ y=2,\ z=-2$ (2) $x=2,\ y=-2,\ z=1$ (3) $x=3y+2,\ z=0$

(4) $x=2y+1,\ z=1,\ w=2$

4. (1) $A^{-1} = \begin{pmatrix} 1 & -1 & -1 \\ 0 & 1 & -1 \\ 0 & 0 & 1 \end{pmatrix}$ (2) $B^{-1} = \begin{pmatrix} -40 & 16 & 9 \\ 13 & -5 & -3 \\ 5 & -2 & -1 \end{pmatrix}$

(3) $C^{-1} = \begin{pmatrix} 2 & 0 & -1 \\ -1 & 2 & -1 \\ 0 & -1 & 1 \end{pmatrix}$ (4) $D^{-1} = \begin{pmatrix} \cos x & \sin x & 0 \\ -\sin x & \cos x & 0 \\ 0 & 0 & 1 \end{pmatrix}$

5. (1) 1 (2) 2 (3) 2 (4) 3

6. A의 역행렬 A^{-1}을 연립방정식 $AX = B$의 양변에 곱하면 $X = A^{-1}B$.
그런데 $A^{-1} = \dfrac{1}{|A|}\mathrm{adj}A$이므로

$$\begin{aligned} X &= \left(\frac{1}{|A|}\mathrm{adj}A\right)B = \frac{1}{|A|}\begin{pmatrix} A_{11} & A_{21} & \cdots & A_{n1} \\ A_{12} & A_{22} & \cdots & A_{n2} \\ \vdots & \vdots & & \vdots \\ A_{1n} & A_{2n} & \cdots & A_{nn} \end{pmatrix}\begin{pmatrix} b_1 \\ b_2 \\ \vdots \\ b_n \end{pmatrix} \\ &= \frac{1}{|A|}\begin{pmatrix} \sum_{k=1}^{n} b_k A_{k1} \\ \sum_{k=1}^{n} b_k A_{k2} \\ \vdots \\ \sum_{k=1}^{n} b_k A_{kn} \end{pmatrix}. \end{aligned}$$

그러므로

$$x_j = \frac{1}{|A|}\sum_{k=1}^{n} b_k A_{kj}.$$

그런데 아래 행렬식을 j열에 대해 여인수로 전개하면,

$$\begin{vmatrix} a_{11} & \cdots & a_{1j-1} & b_1 & a_{1j+1} & \cdots & a_{1n} \\ a_{21} & \cdots & a_{2j-1} & b_2 & a_{2j+1} & \cdots & a_{2n} \\ \vdots & & \vdots & \vdots & & \vdots & \\ a_{n1} & \cdots & a_{nj-1} & b_n & a_{nj+1} & \cdots & a_{nn} \end{vmatrix} = \sum_{k=1}^{n} b_k A_{kj}$$

가 된다. 따라서 $\sum_{k=1}^{n} b_k A_{kj}$는 행렬식 $|A|$의 제 j열의 성분 $a_{1j}, a_{2j}, \cdots, a_{nj}$를 각각 $b_1, b_2, \cdots, b_n$으로 바꾸어 넣었을 때 행렬식의 값이다. 결국

$$x_j = \frac{1}{|A|}\begin{vmatrix} a_{11} & \cdots & a_{1j-1} & b_1 & a_{1j+1} & \cdots & a_{1n} \\ a_{21} & \cdots & a_{2j-1} & b_2 & a_{2j+1} & \cdots & a_{2n} \\ \vdots & & \vdots & \vdots & & \vdots & \\ a_{n1} & \cdots & a_{nj-1} & b_n & a_{nj+1} & \cdots & a_{nn} \end{vmatrix}.$$

제 6 장

평면에서의 좌표기하

6.1 유향성분

직선 상에 한 점 O를 잡으면 이 직선은 두 개의 수직선으로 나누어지는데, 이에 방향을 붙인 것을 **유향직선**(directed line)이라 한다. 보통 직선이 좌우(또는 상, 하)로 놓여 있으면 O에서 왼쪽(또는 아래쪽)으로 향한 방향을 **음의 방향**(negative direction), 오른쪽(또는 위쪽)으로 향한 방향을 **양의 방향**(positive direction)이라 한다. O에서 양의 방향으로 향하는 반직선 상에서 한 점 E를 잡고 OE의 길이를 단위 길이로 잡자(그림 6-1).

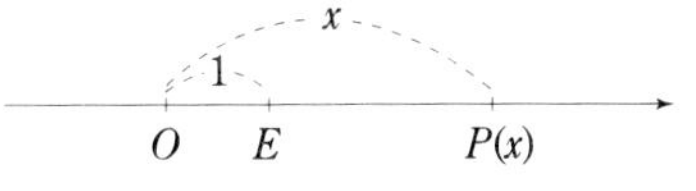

[그림 6-1]

지금 이 직선 상에 임의의 한 점 P를 잡았을 때 단위 길이로 OP의 길이를 잰 것에다 P가 O로부터 양의 방향(또는 음의 방향)에 있으면, 양의 부호(또는 음의 부호)를 붙인 수 x를 점 P에 대응시키면 이 직선 상의 임의의 한 점과 한 실수 x와의 사이에 1대 1의 대응이 된다. 이때 x를 점 P의 **좌표**(coordinate)라 하고, 이 사실을 $P(x)$로 표시하며, O를 **원점**(origin), E를 **단위점**(unit point)이라 하는데 원점의 좌표는 0, 단위점의 좌표는 1이다.

또한 이와 같이 직선 상에 직선 O와 단위점 E가 정하여져 있을 때 이 직선 상에는 **좌표계**(coordinate system)가 도입되었다고 한다.

지금 위의 사실을 벡터로 말하자. O로부터 E로 향하는 벡터를 $\mathbf{e}$, O로부터 P를 향하는 벡터를 $\mathbf{X}$로 표시하면, $\mathbf{X} = x\mathbf{e}$이다(그림 6-2).

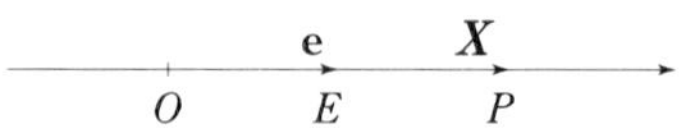

[그림 6-2]

지금 유향직선 상에 두 점 A, B가 있을 때, 그 두 점 사이의 길이에 방향을 생각한 선분을 **유향선분**(directed segment)이라 하고, 유향직선의 양의 방향이 A에서 B로 향하고 있으면 $\overrightarrow{AB}$로 표시한다. 이 때 A를 **시점**(initial point), B를 **종점**(terminal point)이라 한다. 특히 이 유향직선 상에 좌표계가 도입되어 있으면,

$$\overrightarrow{AB} = \lambda\overrightarrow{OE}$$

에 대응하는 실수를 이 좌표계에 관한 A, B의 유향거리라 하고, AB로 표시한다. 기호를 사용할 때 A에서 B로 향한 유향선분과 A에서 B까지의 유향거리를 기호 AB로 혼용하기도 한다.

좌표계가 도입된 유향직선 상의 한 점 P의 좌표를 x라 하면

$$OP = x$$

이다.

한편, 두 점 A, B에 대해서는 그들의 위치에 관계없이

$$OA + AB = OB, \quad \text{즉} \quad AB = OB - OA$$

가 되므로 A, B의 좌표를 각각 a, b라 하면 $OA = a$, $OB = b$이다(그림 6-3). 따

[그림 6-3]

라서

$$AB = b - a$$

를 얻는다. 그러므로 두 점 A, B 사이의 보통의 거리 $\overline{AB}$는

$$\overline{AB} = |b - a|$$

가 된다.

한 직선 상의 두 점 P_1, P_2에 대해서 다시 한 점 P를 이 직선상에 잡을 때, 점 P는 두 점 P_1, P_2 사이를

$$P_1P \; : \; PP_2 \; = \; m \; : \; n$$

으로 나눈다고 한다. 이때 $m : n$이 양이면 점 P는 두 점 P_1, P_2의 사이 있으므로 점 P는 두 점 P_1, P_2 사이를 **내분**(internal division)한다고 하고, $m : n$이 음이면 점 P는 두 점 P_1, P_2의 밖에 있으므로 점 P는 두 점 P_1, P_2 사이를 **외분**(external division)한다고 한다.

지금 두 점 $P_1(x_1)$, $P_2(x_2)$를 $m : n$으로 나누는 점 $P(x)$의 좌표는 $m+n \neq 0$일 때

$$x = \frac{nx_1 + mx_2}{m + n}$$

임을 알 수 있다. 특히 두 점 $P_1(x_1)$, $P_2(x_2)$의 중점 $P(x)$의 좌표는

$$x = \frac{x_1 + x_2}{2}$$

이다.

예 제 **1.** 선분 AB 를 $\frac{m}{n}$ 으로 나누는 점을 C, $-\frac{m}{n}$ 으로 나누는 점을 D 라 할 때, C, D 는 AB 를 조화로 나눈다고 한다. 이 때 다음의 사실을 보여라.

(1) A, B는 CD 를 또한 조화로 나눈다.

(2) $\frac{1}{AC} + \frac{1}{AD} = \frac{2}{AB}$

[**풀이**] 이들의 점의 좌표를 각각 $A(a)$, $B(b)$, $C(c)$, $D(d)$ 라 하면 가정에서

$$\frac{c-a}{b-c} = \frac{m}{n}, \qquad \frac{d-a}{b-d} = -\frac{m}{n}$$

이므로

$$\frac{c-a}{b-c} = -\frac{d-a}{b-d}$$

이다.

(1) 위의 식에서

$$\frac{c-a}{d-a} = -\frac{b-c}{b-d}, \quad \text{즉} \quad \frac{a-c}{d-a} = -\frac{b-c}{d-b}$$

따라서

$$\frac{CA}{AD} = -\frac{CB}{BD}$$

이다.

(2) 위의 식에서

$$(c-a)(b-d) = -(b-c)(d-a)$$

$$(c-a)\{(b-a)-(d-a)\} = -\{(b-a)-(c-a)\}(d-a)$$

따라서

$$(d-a)(b-a) + (c-a)(b-a) = 2(c-a)(d-a)$$

$$\frac{1}{c-a}+\frac{1}{d-a}=\frac{2}{b-a}$$

즉,

$$\frac{1}{AC}+\frac{1}{AD}=\frac{2}{AB}$$

이다.

연습문제 6-1

1. 한 직선상의 서로 다른 네 점 A, B, P, Q 가 $AP \cdot AQ = BP \cdot BQ$ 를 만족하면 선분 AB 의 중점과 선분 PQ 의 중점이 일치함을 보여라.

2. 한 유향직선상에 4점 A, B, C, D 가 있을 때,

   (1) $AB \cdot CD + AC \cdot DB + AD \cdot BC = 0$

   (2) $AB + BC + CA = 0$

   임을 증명하여라.

3. 한 직선 g 상에서 주어진 두 점 A, B의 좌표를 각각 x_1, x_2 라고 할 때, $AP : PB - m : n$이 되는 점 P의 좌표를 구하여라.

4. A, B, C, D 는 조화점열이고, A, B 의 좌표는 이차방정식 $ax^2+bx+c=0$ 의 두 근이고, C, D 의 좌표는 이차방정식 $a'x^2+b'x+c'=0$ 의 두 근일 때, $ac'+a'c=2bb'$ 임을 보여라.

6.2 평면에서의 좌표계

(1) 사교좌표와 직교좌표

평면상의 한 정점 O 에서 교각이 ω 인 두 유향직선 $X'OX$ 와 $Y'OY$ 를 잡고, 그 각각의 직선 상에 O 를 원점으로 하는 좌표계를 도입한다. 단 $X'OX$ 상의 양의 방향 OX 를 반 시계방향으로 각 ω 만큼 회전시켰을 때, $Y'OY$ 의 양의 방향 OY 에 포개어지도록 각 직선상의 양의 방향을 정한다. 이 때 이 직선들을 각각 x 축, y 축이라 하고, x 축, y 축을 합하여 **좌표축**(coordinate axes)이라 하며, 점 O 를 **원점**(origin), ω를 **축각**이라 한다.

지금 이 평면상의 한 점 P 를 지나고 y 축, x 축 각각에 평행한 직선을 긋고 x 축, y 축과의 교점을 A, B 라 하면 A, B 는 좌표축 상에서 x, y 인 좌표를 가지므로 이에 실수의 순서쌍(x, y) 가 정하여진다. 역으로 실수의 순서쌍(x, y) 가 주어지면 위에서와 반대과정을 거쳐 점 P 를 정할 수 있다. 즉 한 평면상의 모든 점과 실수의 순서쌍(x, y) 와의 사이에 **1대1대응**(one-to-one correspondence)이 있게 된다(그림 6-4). 이 때 x 를 점 P 의 x **좌표**, y 를 점 P 의 y **좌표**라 부르며,

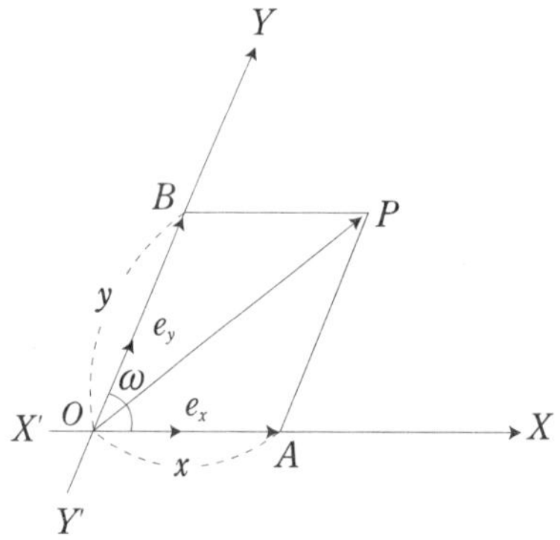

[그림 6-4]

(x, y)를 점 P 의 **좌표**라 하고, $P(x, y)$ 로 표시한다.

위에서처럼 평면상에 좌표축이 설정되어 있는 것을 평면상에 **좌표계가 도입**되었다고 한다. 이 좌표계를 축각이 ω 인 **사교좌표계**(oblique coordinate system)라 하고, 특히 $\omega = \pi/2$ 일 때 **직교좌표계**(rectangular coordinate system) 또는 **직각좌표계**라 한다.

여기서 원점 O 로부터 각 좌표축의 양의 방향으로 잡은 단위벡터를 각각 $\mathbf{e}_x$, $\mathbf{e}_y$ 라하고, O 로부터 점 $P(x,\ y)$ 로 향하는 벡터를 $\overrightarrow{OP}$ 라 하면 $\overrightarrow{OP} = x\mathbf{e}_x + y\mathbf{e}_y$ 이고, 또 $\mathbf{e}_x \cdot \mathbf{e}_x = 1, \mathbf{e}_y \cdot \mathbf{e}_y = 1, \mathbf{e}_x \cdot \mathbf{e}_y = \cos\omega$ 이다. 앞으로 특별한 말이 없는 한, 좌표계는 직교좌표계를 사용하는 것으로 약속한다.

지금 사교좌표계가 도입된 평면상에 두 점 $P_1(x_1,\ y_1)$, $P_2(x_2,\ y_2)$ 가 주어져 있을 때, 이들 두 점 사이의 거리를 구하자(그림 6-5). 이는 벡터 $\overrightarrow{P_1P_2}$ 의 길이로

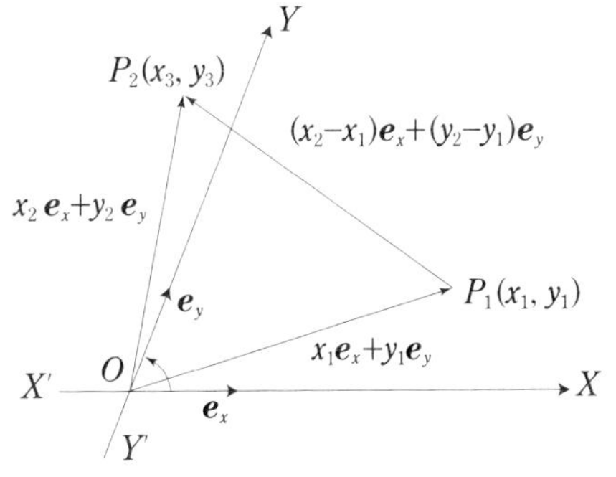

[그림 6-5]

주어지는데

$$\overrightarrow{OP_1} = x_1\mathbf{e}_x + y_1\mathbf{e}_y, \qquad \overrightarrow{OP_2} = x_2\mathbf{e}_x + y_2\mathbf{e}_y$$

이므로

$$\overrightarrow{P_1P_2} = \overrightarrow{OP_2} - \overrightarrow{OP_1} = (x_2 - x_1)\mathbf{e}_x + (y_2 - y_1)\mathbf{e}_y$$

이다. 따라서

$$\begin{aligned}\overline{P_1P_2} &= \sqrt{\{(x_2 - x_1)\mathbf{e}_x + (y_2 - y_1)\mathbf{e}_y\} \cdot \{(x_2 - x_1)\mathbf{e}_x + (y_2 - y_1)\mathbf{e}_y\}} \\ &= \sqrt{(x_2 - x_1)^2\mathbf{e}_x \cdot \mathbf{e}_x + (y_2 - y_1)^2\mathbf{e}_y \cdot \mathbf{e}_y + 2(x_2 - x_1)(y_2 - y_1)\mathbf{e}_x \cdot \mathbf{e}_y}\end{aligned}$$

이다. 한편

$$\mathbf{e}_x \cdot \mathbf{e}_x = 1, \qquad \mathbf{e}_y \cdot \mathbf{e}_y = 1, \qquad \mathbf{e}_x \cdot \mathbf{e}_y = \cos\omega$$

이므로

$$\overline{P_1P_2} = \sqrt{(x_2 - x_1)^2 + (y_2 - y_1)^2 + 2(x_2 - x_1)(y_2 - y_1)\cos\omega}$$

이다. 특히, 평면에 직교좌표계를 도입하면 $\cos\omega = 0$ 이므로

$$\overline{P_1P_2} = \sqrt{(x_2 - x_1)^2 + (y_2 - y_1)^2}$$

이 된다.

다음으로 사교좌표계가 도입된 평면상의 두 점 $P_1(x_1, y_1)$, $P_2(x_2, y_2)$ 사이를 $m : n$ $(m + n \neq 0)$의 비로 나눈 점을 $P(x, y)$라 하면(그림 6-6)

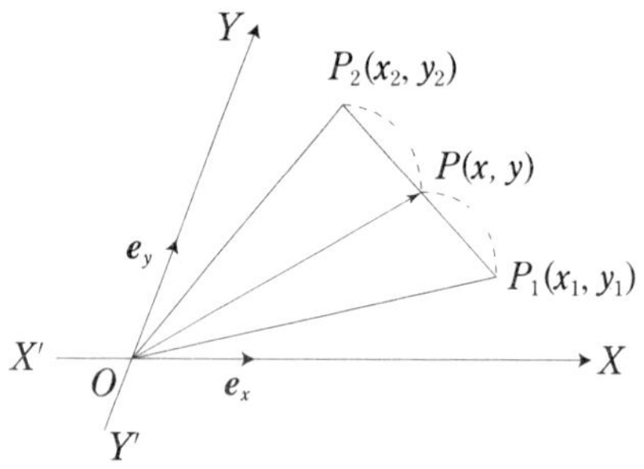

[그림 6-6]

$$\overrightarrow{P_1P} = \frac{m}{m+n}\overrightarrow{P_1P_2}, \qquad \overrightarrow{OP} - \overrightarrow{OP_1} = \frac{m}{m+n}(\overrightarrow{OP_2} - \overrightarrow{OP_1})$$

이다. 따라서

$$\overrightarrow{OP} = \frac{1}{m+n}(n\overrightarrow{OP_1} + m\overrightarrow{OP_2})$$

이다. 그런데

$$\overrightarrow{OP_1} = x_1\mathbf{e}_x + y_1\mathbf{e}_y, \quad \overrightarrow{OP_2} = x_2\mathbf{e}_x + y_2\mathbf{e}_y, \quad \overrightarrow{OP} = x\mathbf{e}_x + y\mathbf{e}_y$$

이므로

$$x\mathbf{e}_x + y\mathbf{e}_y = \frac{n}{m+n}(x_1\mathbf{e}_x + y_1\mathbf{e}_y) + \frac{m}{m+n}(x_2\mathbf{e}_x + y_2\mathbf{e}_y)$$

이다. 따라서

$$x = \frac{nx_1 + mx_2}{m+n}, \qquad y = \frac{ny_1 + my_2}{m+n}$$

를 얻는다. 이것이 두 점 $P_1(x_1, y_1)$, $P_2(x_2, y_2)$ 사이를 $m:n$ 의 비로 나누는 점 $P(x, y)$ 를 구하는 공식이다. 직교좌표에서도 이 공식은 변하지 않는다.

예 제 **1.** 꼭지점이 $P_1(x_1, y_1)$, $P_2(x_2, y_2)$, $P_3(x_3, y_3)$ 인 삼각형의 세 중선은 한 점 G 에서 만나고 G 의 좌표 (x, y) 는

$$x = \frac{1}{3}(x_1 + x_2 + x_3), \qquad y = \frac{1}{3}(y_1 + y_2 + y_3)$$

임을 보여라.

[**풀이**] 두 점 P_2, P_3 의 중점 M_1 의 좌표는 $M_1 = \left(\frac{x_2 + x_3}{2}, \frac{y_2 + y_3}{2}\right)$ 이므로 두 점 P_1, M_1 사이를 $2:1$ 로 내분하는 점의 좌표는

$$x = \frac{1x_1 + 2\frac{x_2 + x_3}{2}}{2+1}, \qquad y = \frac{1y_1 + 2\frac{y_2 + y_3}{2}}{2+1}$$

이므로

$$x = \frac{1}{3}(x_1 + x_2 + x_3), \qquad y = \frac{1}{3}(y_1 + y_2 + y_3)$$

이다.

예제 **??** 의 그림 6-7 에서 두 점 P_3, P_1 의 중점을 M_2, 두 점의 중점을 M_3 라 하면 두 점 P_2, M_2 사이를 $2:1$ 로 나누는 점과 두 점 P_3, M_3 사이를 $2:1$ 로 나누는 점은 모두 동일한 좌표를 가지므로 삼각형 P_1, P_2, P_3 의 세 중선은 한 점 G 서 만나고, 그 점의 좌표는 위의 식이 된다. 이 점을 삼각형의 **무게중심**(centroid)이라 한다.

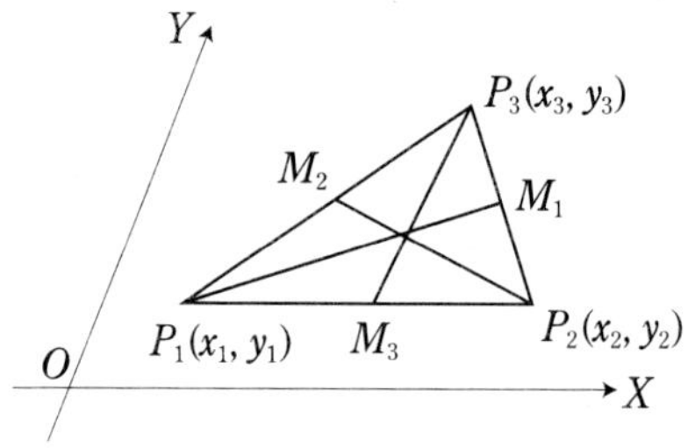

[그림 **6-7**]

(2) 극좌표

한 점 O로부터 출발하는 유향반직선 OX를 평면상에 정하여 두면 평면상의 임의의 점 P에 대하여 O에서 P까지의 거리 r과 OX와 OP가 이루는 각 θ가 결정된다(그림 6-8). (단, $0° < \theta < 360°$) 역으로 순서쌍 (r, θ)가 정해지면

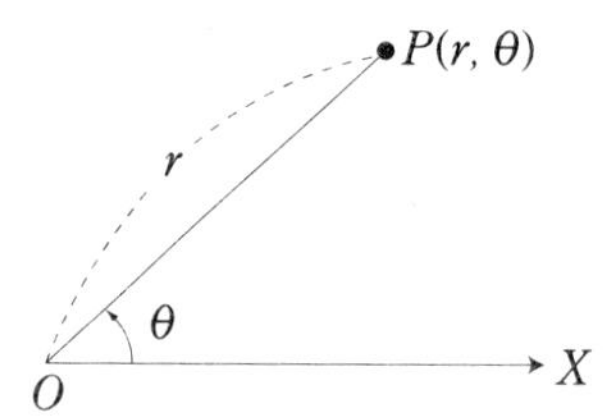

[그림 **6-8**]

OX를 O를 중심으로 각 θ만큼 회전한 유향반직선 상에 O로부터 거리가 r인 점 P가 정하여진다. 이 때 r를 점 P의 **동경**(radius vector), θ을 **편각** (r, θ)를 **극좌표**(polar coordinate)라 한다. 이것을 $P(r, \theta)$로 표시하며, 또한 OX를 **원선**(initial ray), O를 **극**(pole)이라 한다.

예 제 2. 극좌표계에 있어서 두 점 $P_1(r_1, \theta_1)$, $P_2(r_2, \theta_2)$ 사이의 거리는

$$\overline{P_1P_2} = \sqrt{r_1^2 + r_2^2 - 2r_1r_2\cos(\theta_1 - \theta_2)}$$

로 주어짐을 밝혀라(그림 6-9).

[**풀이**] 삼각형 OP_1P_2 에 코사인 제2법칙을 쓰면

$$\overline{P_1P_2}^2 = \overline{OP_1}^2 + \overline{OP_2}^2 - 2\overline{OP_1} \cdot \overline{OP_2}\cos(\theta_1 - \theta_2)$$

한편, $\overline{OP_1} = r_1$, $\overline{OP_2} = r_2$ 이므로 구하고자 하는 식이 얻어진다.

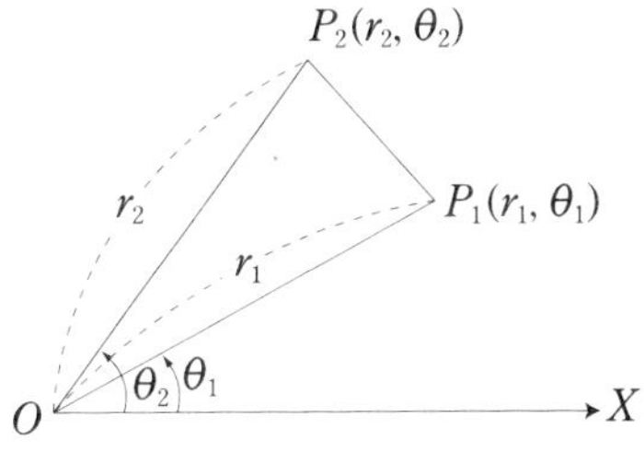

[**그림 6-9**]

(3) 좌표축의 변환

가) 좌표축의 평행이동

직교좌표축 XOY 를 얻고 그 원점 O 가 점 $\overline{O}(x_0, y_0)$ 에 오도록 평행 이동하여 직교좌표 $\overline{X}\ \overline{O}\ \overline{Y}$를 얻었다고 할 때, 동일점 P 의 직교좌표축 XOY 에 관한 좌표 (x, y) 와 직교좌표축 $\overline{X}\ \overline{O}\ \overline{Y}$ 에 관한 좌표 $(\overline{x}, \overline{y})$ 와의 관계를 구하자. 그림 6-10 에서 명백한 것처럼

$$\overrightarrow{OP} = \overrightarrow{O\overline{O}} + \overrightarrow{\overline{O}P}$$

이고, 또한

$$\overrightarrow{OP} = x\mathbf{e}_x + y\mathbf{e}_y, \quad \overrightarrow{O\overline{O}} = x_0\mathbf{e}_x + y_0\mathbf{e}_y, \quad \overrightarrow{\overline{O}P} = \overline{x}\mathbf{e}_x + \overline{y}\mathbf{e}_y$$

이므로

$$x\mathbf{e}_x + y\mathbf{e}_y = (\overline{x} + x_0)\mathbf{e}_x + (\overline{y} + y_0)\mathbf{e}_y$$

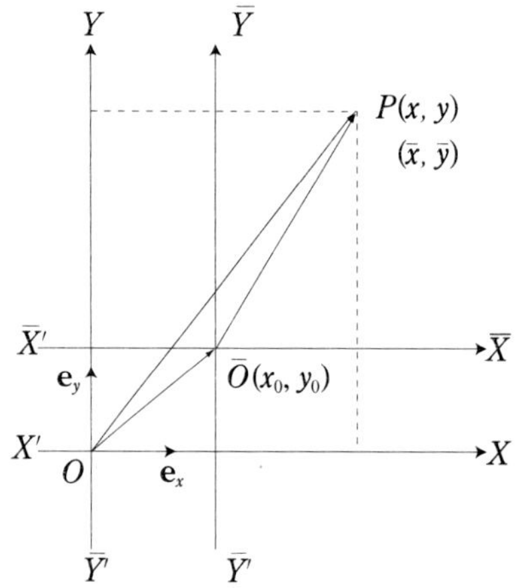

[그림 6-10]

이다. 즉,

$$\begin{cases} x = \overline{x} + x_0 \\ y = \overline{y} + y_0 \end{cases}$$

이다. 또한

$$\begin{cases} \overline{x} = x - x_0 \\ \overline{y} = y - y_0 \end{cases}$$

가 얻어진다. 따라서 한 도형 F 의 직교좌표축 XOY 에 관한 방정식이

$$f(x,\ y) = 0$$

이면, F 의 직교좌표축 $\overline{X}\ \overline{O}\ \overline{Y}$에 관한 방정식은

$$f(\overline{x} + x_0,\ \overline{y} + y_0) = 0$$

이 된다.

나) 좌표축의 회전이동

직교좌표축 XOY 를 각 θ 만큼 회전하여 직교좌표축 $\overline{X}O\overline{Y}$ 로 옮겨졌을 때

동일점 P의 이들 신구좌표축에 관한 좌표 (x, y)와 $(\overline{x}, \overline{y})$의 관계를 구하자(그림 6-11). 회전하여 얻어지는 좌표축 $\overline{X}O\overline{Y}$에 따라 단위 벡터 $\overline{\mathbf{e}}_x$, $\overline{\mathbf{e}}_y$를 잡을 때

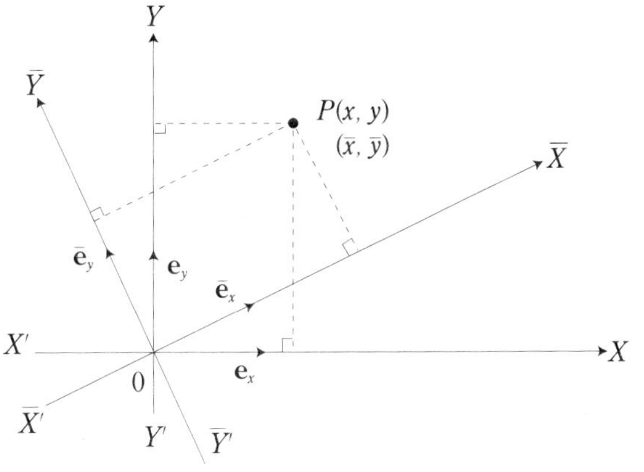

[그림 6-11]

이들의 방향코사인을 각각 (λ_1, μ_1), (λ_2, μ_2)라 하면

$$\begin{cases} \overline{\mathbf{e}}_x = \lambda_1 \mathbf{e}_x + \mu_1 \mathbf{e}_y \\ \overline{\mathbf{e}}_y = \lambda_2 \mathbf{e}_x + \mu_2 \mathbf{e}_y \end{cases}$$

이다. 그런데

$$\begin{cases} \overrightarrow{OP} = x\mathbf{e}_x + y\mathbf{e}_y \\ \overrightarrow{OP} = \overline{x}\ \overline{\mathbf{e}}_x + \overline{y}\ \overline{\mathbf{e}}_y \end{cases}$$

이므로

$$\begin{aligned} x\mathbf{e}_x + y\mathbf{e}_y &= \overline{x}\mathbf{e}_x + \overline{y}\mathbf{e}_y \\ &= \overline{x}(\lambda_1 \mathbf{e}_x + \mu_1 \mathbf{e}_y) + \overline{y}(\lambda_2 \mathbf{e}_x + \mu_2 \mathbf{e}_y) \\ &= (\lambda_1 \overline{x} + \lambda_2 \overline{y})\mathbf{e}_x + (\mu_1 \overline{x} + \mu_2 \overline{y})\mathbf{e}_y \end{aligned}$$

이다. 따라서

$$x = \lambda_1 \overline{x} + \lambda_2 \overline{y}, \qquad y = \mu_1 \overline{x} + \mu_2 \overline{y}$$

를 얻는다. 그런데

$$\begin{pmatrix} \lambda_1 & \lambda_2 \\ \mu_1 & \mu_2 \end{pmatrix} = \begin{pmatrix} \cos\theta & -\sin\theta \\ \sin\theta & \cos\theta \end{pmatrix}$$

이므로, 위 식은

$$\begin{cases} x = \overline{x}\cos\theta - \overline{y}\sin\theta \\ y = \overline{x}\sin\theta + \overline{y}\cos\theta \end{cases} \quad \text{또는} \quad \begin{cases} \overline{x} = x\cos\theta + y\sin\theta \\ \overline{y} = -x\sin\theta + y\cos\theta \end{cases}$$

라 쓸 수 있다. 이것이 동일점 P의 좌표축 XOY에 관한 좌표 (x, y)와, 좌표축 $\overline{X}O\overline{Y}$에 관한 좌표 $(\overline{x}, \overline{y})$와의 관계식이다.

예 제 3. 좌표축을 $45°$ 회전할 때, 방정식 $x^2 + 3xy + y^2 - 3 = 0$는 어떻게 변하겠는가?

[**풀이**] 좌표축의 회전변환공식에서

$$x = \overline{x}\cos 45° - \overline{y}\sin 45° = \frac{\overline{x} - \overline{y}}{\sqrt{2}}, \quad y = \overline{x}\sin 45° + \overline{y}\cos 45° = \frac{\overline{x} + \overline{y}}{\sqrt{2}}$$

이다. 이들을 $x^2 + 3xy + y^2 - 3 = 0$에 대입하면

$$\left(\frac{\overline{x} - \overline{y}}{\sqrt{2}}\right)^2 + 3\left(\frac{\overline{x} - \overline{y}}{\sqrt{2}}\right)\left(\frac{\overline{x} + \overline{y}}{\sqrt{2}}\right) + \left(\frac{\overline{x} + \overline{y}}{\sqrt{2}}\right)^2 - 3 = 0$$

이다. 이를 정리하면

$$5\overline{x}^2 - \overline{y}^2 - 6 = 0$$

이다.

연습문제 6-2

1. 직교좌표계에서 두 점 $(2, 1)$, $(5, 2)$ 로부터 같은 거리에 있는 x 축 상의 점을 구하여라.

2. 사각형의 대변의 중점을 이은 두 선분의 각 중점과 대각선의 중점을 잇는 선분의 중점, 이 세 점은 같은 점임을 보여라.

3. 세 점이 한 직선 상에 있으면 그 중의 한 점이 다른 두 점 사이를 어떤 비로 나눈 것이라는 사실을 이용하여 세 점 (x_1, y_1), (x_2, y_2), (x_3, y_3) 가 한 직선 상에 있기 위한 조건은

$$x_1(y_2 - y_3) + x_2(y_3 - y_1) + x_3(y_1 - y_2) = 0$$

임을 보여라.

4. 직교좌표축 XOY 를 그 원점이 $\overline{O}(1, 2)$ 가 되도록 평행 이동시키면 신 좌표축 $\bar{X}\bar{0}\bar{Y}$ 에 대하여 다음의 방정식은 어떻게 되겠는가?

$$x^2 + y^2 - 2x - 4y - 11 = 0$$

5. 좌표축을 평행 이동하여 $x^2 + y^2 - 4x - 6y - 12 = 0$ 를 $\overline{x}^2 + \overline{y}^2 = 25$ 가 되게 하려면 새로운 원점 $\overline{O}$ 를 어디에 잡아야 하는가?

6. 좌표축을 원점을 중심으로 $30°$ 회전할 때 $21x^2 - 10\sqrt{3}xy + 31y^2 - 144 = 0$ 는 어떻게 변하는가?

6.3 평면에서의 직선

(1) 직선의 방향

가) 방향비

원점을 지나는 한 유향직선 상에 점 $P(x, y)$를 잡았다면 $x : y$는 점 P의 위치에 관계없이 일정하다(그림 6-12). 즉, $x : y = u : v$ (일정)이 $u : v$를 이 직선의

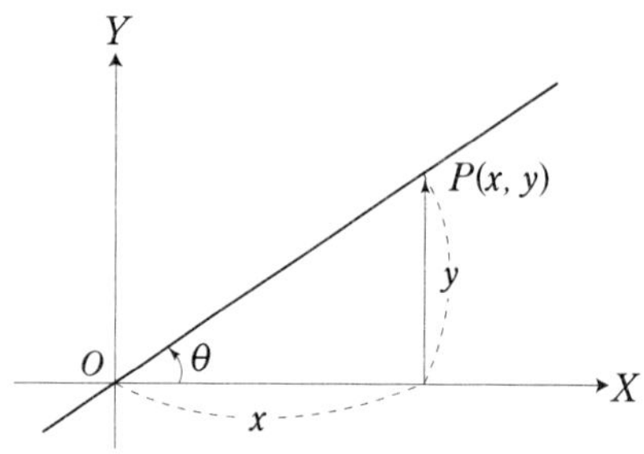

[그림 6-12]

방향비(direction ratio)라 한다. 즉, 이 직선의 방향비는 이 직선을 따라가는 임의의 벡터 $\overrightarrow{OP}$의 성분의 비이다. 이 직선과 반대인 방향을 갖는 직선의 방향비는 $-u : -v$이고 같은 방향으로 평행인 두 직선은 같은 방향비를 가진다는 사실을 알 수 있다. 이 때, 이 유향직선이 x축의 양의 방향과 이루는 각을 θ라 하면

$$m = \frac{v}{u} = \tan\theta$$

가 된다. 이 m을 이 직선의 **기울기**(slope) 또는 **방향계수**(direction coefficient)라고 한다.

나) 직선의 방향 코사인

앞에서 생각한 벡터 $\overrightarrow{OP}$가 단위벡터일 때의 성분을 생각하고 있는 직선의 방향코사인이라 한다. 이 때 이 직선의 방향코사인을 λ, μ라하고, 벡터 $\overrightarrow{OP}$ 가

x축, y축의 양의 방향과 이루는 각을 α, β라 하면,

$$\lambda = \cos\alpha, \qquad \mu = \cos\beta$$

이다.

이 정의로부터 유향직선의 방향코사인의 비는 그 직선의 방향비와 같고, 같은 방향으로 평행인 두 직선의 방향코사인은 서로 같으며, 반대 방향으로 평행인 두 직선의 방향코사인은 부호가 반대이다. 또한 방향코사인 λ, μ는 단위벡터의 성분이므로

$$\lambda^2 + \mu^2 = 1$$

이다.

다) 두 직선의 교각

두 직선 g_1, g_2와 그 방향코사인 (λ_1, μ_1), (λ_2, μ_2)가 주어질 때 이들이 이루는 각을 구해보자(그림 6-13). 직선 g_1의 방향코사인이 (λ_1, μ_1)이라 함은 한 점

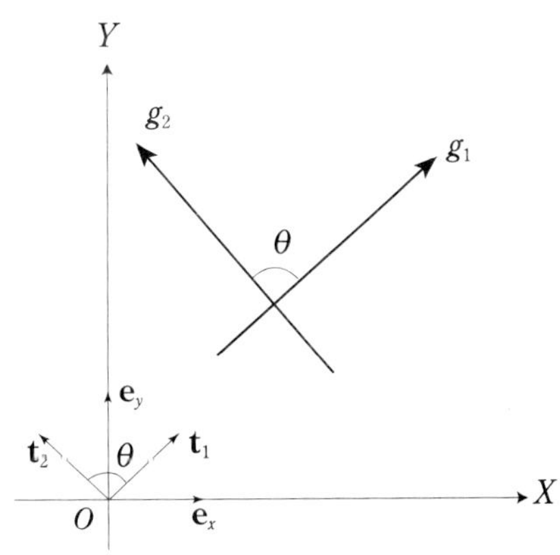

[그림 6-13]

을 지나 g_1의 양의 방향으로의 단위벡터 $\mathbf{t}_1$이

$$\mathbf{t}_1 = \lambda_1\mathbf{e}_x + \mu_1\mathbf{e}_y$$

마찬가지로 직선 g_2 의 방향코사인이 (λ_2, μ_2) 이라 함은 한 점을 지나 g_2 의 양의 방향으로의 단위벡터 $\mathbf{t}_2$ 가

$$\mathbf{t}_2 = \lambda_2 \mathbf{e}_x + \mu_2 \mathbf{e}_y$$

가 됨을 뜻한다.

한편 직선 g_1 과 g_2 가 이루는 각 θ 는 벡터 $\mathbf{t}_1$ 과 $\mathbf{t}_2$ 가 이루는 각 θ 와 같다. 그런데 $\mathbf{t}_1$ 과 $\mathbf{t}_2$ 는 모두 단위벡터이므로

$$\cos\theta = \mathbf{t}_1 \cdot \mathbf{t}_2$$

이다. 따라서

$$\cos\theta = \lambda_1\lambda_2 + \mu_1\mu_2$$

이다. 이것이 직선 g_1 과 g_2 의 교각에 대한 공식이다. 따라서 방향코사인이 (λ_1, μ_1), (λ_2, μ_2) 인 직선이 직교할 조건은

$$\lambda_1\lambda_2 + \mu_1\mu_2 = 0$$

이다. 여기서

$$\begin{aligned} \sin\theta &= \sqrt{1 - \cos^2\theta} \\ &= \sqrt{(\lambda_1^2 + \mu_1^2)(\lambda_2^2 + \mu_2^2) - (\lambda_1\lambda_2 + \mu_1\mu_2)^2} \\ &= |\lambda_2\mu_1 - \lambda_1\mu_2| \end{aligned}$$

이므로 평행할 조건은

$$\frac{\lambda_1}{\lambda_2} = \frac{\mu_1}{\mu_2}$$

이다. 또한

$$\tan = \frac{\sin\theta}{\cos\theta} = \frac{\lambda_2\mu_1 - \lambda_1\mu_2}{\lambda_1\lambda_2 + \mu_1\mu_2}$$

이 성립하므로 두 직선의 방향계수를 각각

$$m_1 = \frac{\mu_1}{\lambda_1}, \qquad m_2 = \frac{\mu_2}{\lambda_2}$$

라 하면, 이들이 이루는 각은

$$\frac{m_1 - m_2}{1 + m_1 m_2}$$

라 쓸 수 있다.

(2) 직선의 방정식

가) 점 $P_0(x_0, y_0)$를 지나 방향비가 $u : v$인 직선의 방정식

한 점 $P_0(x_0, y_0)$를 지나 방향비가 $u : v$인 직선상의 한 점 $P(x, y)$의 좌표는

$$\frac{x - x_0}{u} = \frac{y - y_0}{v}$$

를 만족한다(그림 6-14). 역으로 이 방정식을 만족하는 x, y를 좌표로 하는 점

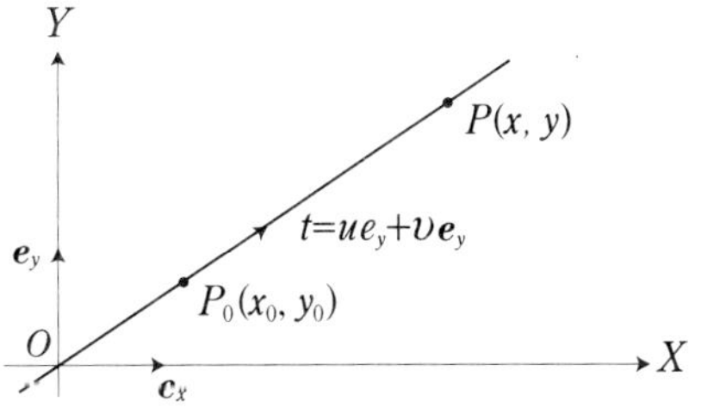

[그림 6-14]

$P(x, y)$는 점 $P_0(x_0, y_0)$를 지나 방향비가 $u : v$인 직선 상에 있다. 그러므로 위 식이 점 $P_0(x_0, y_0)$를 지나 방향비가 $u : v$인 직선의 방정식이다. 지금

$$\frac{x - x_0}{u} = \frac{y - y_0}{v} = t$$

라 두면 t는 한 매개변수이고

$$x = x_0 + tu, \qquad y = y_0 + tv$$

이다. 역으로, 이 식이 성립하면 이로부터 매개변수 t를 소거하여 최초의 직선의 방정식을 구할 수 있다. 이와 같은 의미에서 위 식을 점 $P_0(x_0, y_0)$를 지나고 방향비가 $u : v$인 직선의 **매개변수방정식**(parametric equation)이라 한다.

예 제 1. 점 $(2, -1)$를 지나고 방향비가 $5 : 3$인 직선의 방정식을 구하라.

[**풀이**] 공식에 따라 $\dfrac{x-2}{5} = \dfrac{y+1}{3}$, 즉 $3x - 5y = 11$이다.

예 제 2. 점 $P_1(x_1, y_1)$를 지나고 직선

$$\frac{x - x_0}{u} = \frac{y - y_0}{v}$$

에 평행인 직선과 수직인 직선을 구하라.

[**풀이**] 주어진 직선의 방향비는 $u : v$이므로 이에 평행인 직선의 방향비도 $u : v$이다. 따라서 점 $P_1(x_1, y_1)$을 지나 주어진 직선에 평행인 직선의 방정식은

$$\frac{x - x_1}{u} = \frac{y - y_1}{v}$$

이고, 주어진 직선에 수직인 직선의 방향비는 $v : -u$ 또는 $-v : u$이므로 점 $P_1(x_1, y_1)$을 지나 주어진 직선에 수직인 직선의 방정식은

$$\frac{x - x_1}{v} = \frac{y - y_1}{-u}$$

이다.

나) 두 점 $\mathbf{P_0(x_0, y_0)}$, $\mathbf{P_1(x_1, y_1)}$를 지나는 직선의 방정식

두 점 $P_0(x_0, y_0)$, $P_1(x_1, y_1)$ 을 지나는 직선의 방향비는

$$u : v = x_1 - x_0 : y_1 - y_0$$

이므로 구하는 직선의 방정식은

$$\frac{x - x_0}{x_1 - x_0} = \frac{y - y_0}{y_1 - y_0}$$

이다. 지금

$$\frac{x - x_0}{x_1 - x_0} = \frac{y - y_0}{y_1 - y_0} = t$$

라 하면

$$x = x_0 + (x_1 - x_0)t, \qquad y = y_0 + (y_1 - y_0)t$$

이다. 이것이 두 점 $P_0(x_0, y_0)$ 와 $P_1(x_1, y_1)$ 을 잇는 직선의 매개변수 방정식이다. 그러므로, $t = 0$ 에 대응하는 점은 $P_0(x_0, y_0)$ 이고, $t = 1$ 에 대응하는 점은 $P_1(x_1, y_1)$ 임을 확인할 수 있다.

예 제 **3.** 두 점 (3, 2) 와 (5, 1) 을 지나는 직선의 매개변수방정식을 구하라.

[**풀이**] 위의 공식으로부터

$$x = 3 + (5 - 3)t, \qquad y = 2 + (1 - 2)t$$

즉,

$$x = 3 + 2t, \qquad y = 2 - t$$

이다.

다) 점 $\mathbf{P_0(x_0, y_0)}$ 을 지나고 방향코사인이 (λ, μ) 인 직선의 방정식

이것은 (가)의 경우와 같게 생각하여

$$\frac{x-x_0}{\lambda}=\frac{y-y_0}{\mu}$$

를 얻을 수 있다(그림 6-15). 지금 이 직선이 x축, y축과 이루는 각을 각각 α,

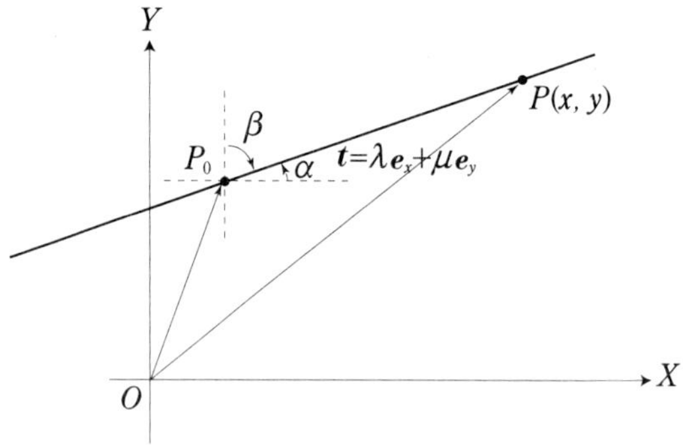

[그림 6-15]

β라 하면

$$\lambda=\cos\alpha, \qquad \mu=\cos\beta$$

또, 점 $P_0(x_0,\, y_0)$에서 이 직선상의 점 $P(x,\, y)$까지의 거리를 r이라 하면

$$\frac{x-x_0}{r}=\cos\alpha=\lambda, \qquad \frac{y-y_0}{r}=\cos\beta=\mu$$

이므로 직선의 방정식의 양변은 이 r과 같다. 따라서

$$x=x_0+r\lambda, \qquad y=y_0+r\mu$$

란 매개변수방정식이 얻어진다.

예 제 4. 두 직선 $g_1,\, g_2$의 방정식이 다음과 같이 주어질 때,

$$\frac{x-x_1}{\lambda_1}=\frac{y-y_1}{\mu_1}, \qquad \frac{x-x_2}{\lambda_2}=\frac{y-y_2}{\mu_2}$$

이 평형이 될 조건과 수직이 될 조건을 구하라. 단 (λ_1, μ_1), (λ_2, μ_2) 는 방향코사인이다.

[**풀이**] 두 직선이 평행일 조건은

$$\lambda_1 = \pm\lambda_2, \qquad \mu_1 \pm \mu_2 \qquad (\text{복호동순})$$

이고 수직일 조건은

$$\lambda_1\lambda_2 + \mu_1\mu_2 = 0$$

이다.

라) 점 $\mathbf{P_0(x_0, y_0)}$ 를 지나고 기울기가 m 인 직선의 방정식

점 $P_0(x_0, y_0)$ 를 지나고 방향코사인이 (λ, μ) 인 직선의 방정식은

$$\frac{x - x_0}{\lambda} = \frac{y - y_0}{\mu}$$

이므로 여기서 $m = \mu/\lambda$ 임을 사용하면 $y - y_0 = m(x - x_0)$ 을 얻는다. 이것이 점 $P_0(x_0, y_0)$ 를 지나고 기울기가 m 인 직선의 방정식이다. 따라서 점 $(0, b)$ 를 지나고 기울기가 m 인 직선의 방정식은 $y = mx + b$ 이다.

예 제 5. 두 직선

$$y = m_1x + b_1, \qquad y = m_2x + b_2$$

가 이루는 각 θ 를 구하고, 이로부터 평행이 될 조건과 수직이 될 조건을 구하라.

[**풀이**] 두 직선의 기울기는 각각 m_1, m_2 이므로, 이들이 이루는 각은

$$\tan\theta = \frac{m_1 - m_2}{1 + m_1m_2}$$

이 된다. 따라서 평행이 될 조건은 $m_1 = m_2$ 이고, 수직이 될 조건은 $1+m_1m_2 = 0$, 즉 $m_1m_2 = -1$ 이다.

(3) 1차 방정식과 직선

지금까지 나온 직선의 방정식은 모두

$$ax + by + c = 0$$

의 꼴로 변형된다. 즉 직선의 방정식은 변수와 x와 y에 관한 1차 방정식이다.

역으로 x와 y에 관한 1차 방정식은 직선을 표시하는가에 대해서 생각하자. 만일 $b = 0$이면 위 식은

$$ax + c = 0$$

이 된다. 여기서 $a \neq 0$이다. 왜냐하면 만일 $a = 0$이면 $c = 0$이 되어 주어진 식은 방정식이 아니고 $0 = 0$란 항등식이 되어 버리는 까닭이다. 따라서 위 식으로부터

$$x = -\frac{c}{a}$$

이다. 이것은 이미 알고 있는 것처럼 y축에 평행인 한 직선을 표시한다.

만일 $b \neq 0$이면 주어진 식으로부터

$$y = -\frac{a}{b}x - \frac{c}{b}$$

를 얻는다. 이것은 기울기가 $-\frac{a}{b}$이고 y축의 절편이 $-\frac{c}{b}$인 직선의 방정식이다.

따라서 직선의 방정식은 반드시 x, y의 1차 방정식이고 x, y의 1차 방정식이 표시하는 도형은 직선임을 알 수 있다.

예 제 6. 직선 $ax + by + c = 0$의 방향비를 구하라.

[**풀이**] 직선 $ax + by + c = 0$가 한 점 $P_0(x_0, y_0)$를 지난다면

$$ax_0 + by_0 + c = 0$$

이고, 위 식에서 아래 식을 빼면

$$a(x-x_0)+b(y-y_0)=0$$

이다. 따라서

$$\frac{x-x_0}{b}=\frac{y-y_0}{-a}, \quad \text{또는} \quad \frac{x-x_0}{-b}=\frac{y-y_0}{a}$$

이므로 직선 $ax+by+c=0$ 의 방향비는 $b:-a$ 또는 $-b:a$ 이다.

예 제 7. 직선 $ax+by+c=0$ 의 방향코사인을 구하라.

[**풀이**] 앞의 예로부터

$$\lambda=\frac{b}{\sqrt{a^2+b^2}}, \qquad \mu=\frac{-a}{\sqrt{a^2+b^2}}$$

또는

$$\lambda=\frac{-b}{\sqrt{a^2+b^2}}, \qquad \mu=\frac{a}{\sqrt{a^2+b^2}}$$

임을 알 수 있다.

예 제 8. 두 직선 $a_1x+b_1y+c_1=0$, $a_2x+b_2y+c_2=0$ 이 이루는 교각을 구하라. 또 이로부터 평행이 될 조건과 수직이 될 조건을 구하라.

[**풀이**] 이들 직선의 방향코사인은 각각

$$\lambda_1=\frac{\pm b_1}{\sqrt{a_1^2+b_1^2}}, \qquad \mu_1=\frac{\mp a_1}{\sqrt{a_1^2+b_1^2}}$$

또는

$$\lambda_2=\frac{\pm b_2}{\sqrt{a_2^2+b_2^2}}, \qquad \mu_2=\frac{\mp a_2}{\sqrt{a_2^2+b_2^2}} \qquad \text{(복호동순)}$$

가 되므로 두 직선의 교각 θ 는

$$\cos\theta = \frac{a_1a_2 + b_1b_2}{\sqrt{a_1^2+b_1^2}\sqrt{a_2^2+b_2^2}}$$

가 된다. 다시 평행이 되거나 또는 일치할 조건은

$$b_1 : a_1 = b_2 : a_2, \quad 즉 \quad \frac{a_1}{a_2} = \frac{b_1}{b_2}$$

이다. 또한 수직이 될 조건은

$$a_1a_2 + b_1b_2 = 0$$

이다.

연습문제 6-3

1. 방향계수가 m 인 직선의 방향코사인을 구하여라.

2. 방향비가 $a_1 : b_1$, $a_2 : b_2$ 인 두 직선의 이루는 각 θ 를 구하여라.

3. 점 $(2, 1)$ 을 지나고 방향비가 $4 : -3$ 인 직선의 방정식을 구하여라.

4. 점 $(3, 1)$ 을 지나고 방향비가 $2 : 3$ 인 직선의 매개변수방정식을 구하여라.

5. 두 점 (x_1, y_1) 과 (x_2, y_2) 를 지나는 직선의 방정식은

$$\begin{vmatrix} x & y & 1 \\ x_1 & y_1 & 1 \\ x_2 & y_2 & 1 \end{vmatrix} = 0$$

의 형태로 쓰여짐을 보여라.

6. 직선 $\dfrac{x-x_0}{x_1-x_0}=\dfrac{y-y_0}{y_1-y_0}$ 의 방향코사인을 구하여라.

7. 두 직선

$$\frac{x-x_0}{x_1-x_0}=\frac{y-y_0}{y_1-y_0}, \qquad \frac{x-x_0}{x_2-x_0}=\frac{y-y_0}{y_2-y_0}$$

가 이루는 각 θ를 구하시오.

8. 두 점 $(3, 1)$, $(5, 2)$를 잇는 직선의 기울기를 구하여라.

9. 다음 두 직선이 이루는 각 θ를 구하여라.

(1) $\sqrt{3}x-y-2=0, \qquad \sqrt{3x}+y+5=0$

(2) $3x-4y+5=0, \qquad 4x+3y-2=0$

6.4 점과 직선

(1) Hesse의 표준형

주어진 직선의 방정식을 구하기 위해서 원점으로부터 이 직선에 내린 수선의 발을 H라하고, OH의 길이를 p, OH가 x축의 양의 방향과 이루는 각을 θ라 하면 유향직선 OH의 방향코사인은 $(\cos\theta, \sin\theta)$이다. 이것은 O로부터 OH를 따라 잡은 단위벡터 $\mathbf{t}$가 $\mathbf{t}=(\cos\theta)\mathbf{e}_x+(\sin\theta)\mathbf{e}_y$로 쓰여짐을 의미한다(그림 6-16). 지금 주어진 직선 상에 한 점 $P(x, y)$를 잡아 O로부터 P로 향한 벡터를 $\mathbf{X}$라면 $\mathbf{X}=x\mathbf{e}_x+y\mathbf{e}_y$이다. 그런데 $\mathbf{X}$와 $\mathbf{t}$의 내적 $\mathbf{X}\cdot\mathbf{t}=x\cos\theta+y\sin\theta$는 OP를 OH상에 내린 정사영 p와 같으므로 $x\cos\theta+y\sin\theta=p$가 되는데 이것이 구하

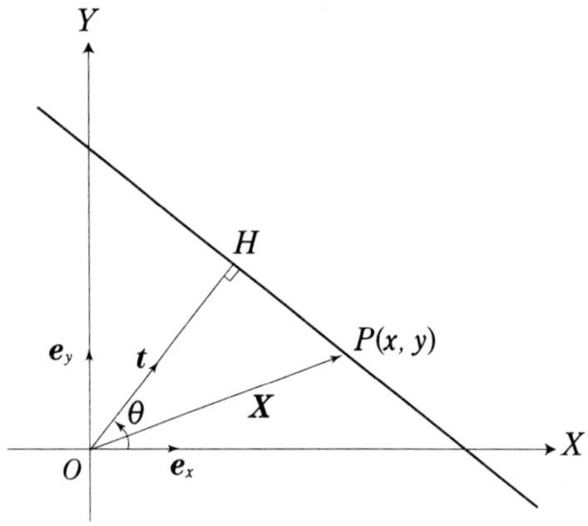

[그림 6-16]

고자 하는 직선의 방정식이다. 이것을 직선의 방정식의 **헤세의 표준형**(Hesse's normal form)이라 한다. 헤세의 표준형의 특징은 x, y의 계수가 원점으로부터 이 직선에 내린 수선의 방향코사인이 되고, 우변의 상수 p는 원점으로부터 이 직선에 내린 수선의 길이 이므로 양수 또는 0 이라는 것들이다.

예 제 1. 직선의 방정식 $ax + by + c = 0$를 헤세의 표준형으로 고쳐라.

[**풀이**] 주어진 방정식을 $ax + by = -c$로 고쳐 그 양변에 0 이 아닌 실수 k를 곱하였을 때

$$kax + kby = -kc$$

의 x, y의 계수의 제곱의 합이 1 이 되고, 우변의 $-kc$가 양 또는 0 이 되어야 하므로

$$(ka)^2 + (kb)^2 = 1$$

이 성립한다. 즉

$$k = \pm\frac{1}{\sqrt{a^2 + b^2}}$$

이다. 따라서 구하는 헤세의 표준형은

$$\pm\frac{a}{\sqrt{a^2 + b^2}}x \pm \frac{b}{\sqrt{a^2 + b^2}}y = \mp\frac{c}{\sqrt{a^2 + b^2}}$$

단, 복호는 우변이 양 또는 0이 되게 잡는다. 위의 결과에서 원점 O 로부터 직선 $ax + by + c = 0$ 에 내린 수선의 길이 h 는

$$h = \frac{|c|}{\sqrt{a^2 + b^2}}$$

이 된다.

(2) 한 점으로부터 한 직선에 이르는 거리

한 점 $P_0(x_0, y_0)$ 로부터 헤세의 표준형으로 쓰여진 직선

$$x\cos\theta + y\sin\theta = p$$

에 이르는 거리 h 를 구하기 위해서 원점을 P_0 에 오도록 좌표축을 평행이동 하자(그림 6-17).

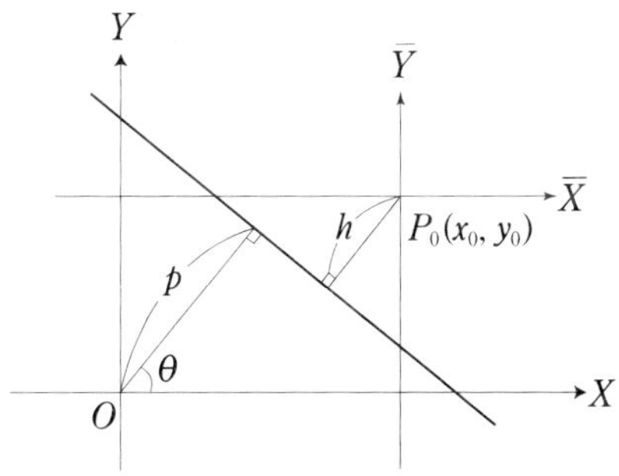

[그림 6-17]

$$x = \overline{x} + x_0, \qquad y = \overline{y} + y_0$$

를 위 식에 대입하여

$$\overline{x}\cos\theta + \overline{y}\sin\theta = -(x_0\cos\theta + y_0\sin\theta - p)$$

를 얻는다. 이것은 헤세의 표준형이거나 또는 그 양변의 부호를 바꾼 것이므로

새로운 원점 P_0 로부터 주어진 직선에 내린 수선의 길이는

$$h = |x_0 \cos\theta + y_0 \sin\theta - p|$$

가 된다.

만일 주어진 방정식이 일반형 $ax + by + c = 0$ 으로 주어진 경우에 헤세의 표준형으로 고치면

$$\pm\frac{ax + by + c}{\sqrt{a^2 + b^2}} = 0$$

이므로 점 $P_0(x_0, y_0)$ 로부터 직선 $ax + by + c = 0$ 에 내린 수선의 길이는

$$h = \frac{|ax_0 + by_0 + c|}{\sqrt{a^2 + b^2}}$$

가 된다.

예 제 **2.** 세 점 $P_1(x_1, y_1)$, $P_2(x_2, y_2)$, $P_3(x_3, y_3)$ 가 만드는 삼각형의 넓이를 구하여라.

[**풀이**] 두 점 P_2, P_3 사이의 거리는

$$P_2P_3 = \sqrt{(x_3 - x_2)^2 + (y_3 - y_2)^2}$$

이고, 이들 두 점을 잇는 직선의 방정식은

$$(y_3 - y_2)x - (x_3 - x_2)y + (x_3y_2 - x_2y_3) = 0$$

이므로 점 $P_1(x_1, y_1)$ 에서 직선 P_2P_3 에 내린 수선의 길이 h 는

$$h = \frac{|(y_3 - y_2)x_1 - (x_3 - x_2)y_1 + (x_3y_2 - x_2y_3)|}{\sqrt{(y_3 - y_2)^2 + (x_3 - x_2)^2}}$$

이다. 따라서 구하는 넓이 S는

$$S = \frac{1}{2}\overline{P_2P_3}\cdot h = \frac{1}{2}|x_1(y_2 - y_3) + x_2(y_3 - y_1) + x_3(y_1 - y_2)|$$

이다.

(3) 두 직선의 교점

두 직선

$$a_1x + b_1y + c_1 = 0, \qquad a_2x + b_2y + c_2 = 0$$

의 교점이 있으면 그 교점 P의 좌표 (x, y)는 이들 두 식을 동시에 만족한다.

역으로 연립방정식

$$\begin{cases} a_1x + b_1y + c_1 = 0 \\ a_2x + b_2y + c_2 = 0 \end{cases}$$

의 해 (x, y)가 있으면 그것은 이들이 표시하는 두 직선의 교점의 좌표이다. 지금 이들 두 직선이 일치하지도 평행하지도 않다면, 즉

$$\frac{a_1}{a_2} \neq \frac{b_1}{b_2}$$

이면 교점은 오직 하나 뿐이다. 이것은 위의 연립방정식이 단 하나의 해를 갖는 경우이다. 만일, 이들 두 직선이 평행하다면, 즉

$$\frac{a_1}{a_2} = \frac{b_1}{b_2} \neq \frac{c_1}{c_2}$$

이면 이들 두 직선의 교점은 없다. 이것은 위의 연립방정식이 불능인 경우이다.

만일 이들 두 직선이 겹쳐진다면, 즉

$$\frac{a_1}{a_2} = \frac{b_1}{b_2} = \frac{c_1}{c_2}$$

이면 교점이 무수히 많다고 생각할 수 있다. 이것은 위의 연립방정식이 부정인 경우이다.

예 제 3. 세 직선 $x-2y-1=0$, $3x+y-10=0$, $4x-5y-k=0$가 한 점에서 만나도록 k의 값을 정하라.

[**풀이**] 두 직선 $x-2y-1=0$, $3x+y-10=0$의 교점은 두 방정식의 해 $x=3$, $y=1$이므로, 점 (3, 1)이 세 번째 직선 상에 있어야 하므로

$$4\cdot 3-5\cdot 1-k=0 \quad \text{즉,} \quad k=7$$

이다.

(4) 두 직선의 교점을 지나는 직선군

두 직선 $a_1x+b_1y+c_1=0$, $a_2x+b_2y+c_2=0$이 한 점 $P_0(x_0,\, y_0)$에서 만나면

$$a_1x_0+b_1y_0+c_1=0, \qquad a_2x_0+b_2y_0+c_2=0$$

이다. 지금 k_1, k_2를 임의의 상수라 두고 1차방정식

$$k_1(a_1x+b_1y+c_1)+k_2(a_2x+b_2y+c_2)=0$$

을 만들면 이것은 직선을 표시하고 또한 이 직선은 최초의 두 직선의 교점 $P_0(x_0,\, y_0)$를 지난다.

위 식에서 문제가 되는 것은 $k_1 : k_2$이므로 위 식은

$$k(a_1x+b_1y+c_1)+(a_2x+b_2y+c_2)=0$$

또는

$$k_1(a_1x+b_1y+c_1)+k_2(a_2x+b_2y+c_2)=0$$

의 꼴로 쓸 수 있다.

이들에 있어서 k에 여러 값을 대입한 것은 두 직선

$$a_1x + b_1y + c_1 - 0, \qquad a_2x + b_2y + c_2 = 0$$

의 교점을 지나는 여러 직선을 표시하게 된다.

예 제 4. 두 직선 $x - y - 1 = 0$과 $2x + 3y - 7 = 0$의 교점과 점 $(3, -2)$를 지나는 직선의 방정식을 구하라.

[**풀이**] 직선 $x - y - 1 = 0$과 $2x + 3y - 7 = 0$의 교점을 지나는 직선은

$$(x - y - 1) + k(2x + 3y - 7) = 0$$

의 꼴로 쓰여진다. 이것이 점 $(3, -2)$를 지나므로

$$(3 + 2 - 1) + k(6 - 6 - 7) = 0$$

으로부터 $k = 4/7$을 얻는다. 이 k의 값을 위 식에 대입하여 정돈하면, 구하려는 식은

$$3x + y - 7 = 0$$

이다.

연습문제 6-4

1. 다음 직선의 방정식을 헤세의 표준형으로 고쳐라.

(1) $\sqrt{3}x - y - 2 = 0$ (2) $5x + 12y + 26 = 0$

(3) $x = 3$ (4) $y = -4$

2. 원점으로부터 다음의 직선에 내린 수선의 길이를 구하여라.

(1) $3x - 4y - 15 = 0$ (2) $12x + 5y - 26 = 0$

3. 세 점 $(0, 0)$, (x_1, y_1), (x_2, y_2) 이 만드는 삼각형의 넓이를 구하여라.

4. 두 직선 $x + y - 3 = 0$, $3x - 4y - 1 = 0$ 의 교점을 지나 x 축과 $45°$ 를 이루는 직선의 방정식을 구하여라.

5. 두 직선 $x+y-4 = 0$, $5x-y+14 = 0$ 의 교점을 지나고 직선 $x-2y-8 = 0$ 에 평형인 직선의 방정식을 구하여라.

6. 두 직선 $a_1x + b_1y + c_1 = 0$, $a_2x + b_2y + c_2 = 0$ 의 교점과 원점을 지나는 직선의 방정식은

$$c_2(a_1x + b_1y) - c_1(a_2x + b_2y) = 0$$

임을 보여라.

7. 삼각형의 세 꼭지점에서 대변에 내린 세 수선은 한 점에서 만남을 증명하여라.

8. 삼각형의 세 중선은 한 점에서 만남을 증명하여라.

6.5 원의 방정식

(1) 원의 방정식

평면상에서 $P_0(x_0, y_0)$를 중심으로 하고 반경 r인 원을 그려 그 위의 임의의 한 점을 $P(x, y)$라 하면

$$(x - x_0)^2 + (y - y_0)^2 = r^2$$

이다(그림 6-18). 역으로 이 방정식을 만족하는 (x, y)를 좌표로 가지는 점 $P(x, y)$는

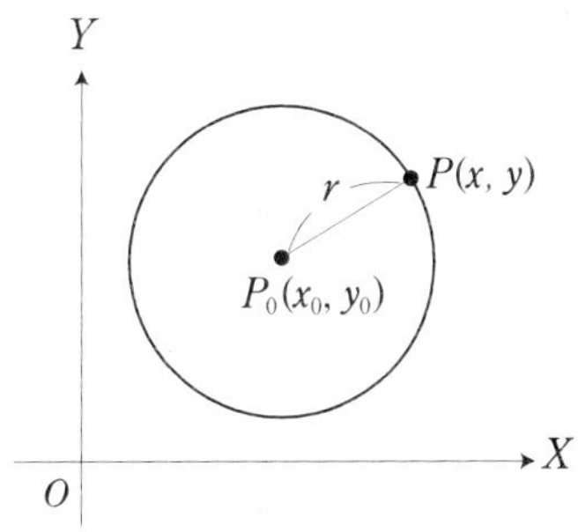

[그림 6-18]

명백히 점 $P_0(x_0, y_0)$를 중심으로 하고 반경 r인 원주 상에 있다. 따라서 위 식이 점 $P_0(x_0, y_0)$를 중심으로 하고 반경 r인 원의 방정식이다. 특히 원점을 중심으로 하고 반경이 r인 원의 방정식은

$$x^2 + y^2 = r^2$$

이다.

(2) 2차 방정식이 원을 표시하기 위한 조건

위의 원의 방정식을 전개하면

$$x^2 + y^2 - 2x_0x - 2y_0y + x_0^2 + y_0^2 - r^2 = 0$$

이다. 이제 일반적인 2차 방정식

$$ax^2 + 2hxy + by^2 + 2gx + 2fy + c = 0$$

이 원을 표시하기 위한 조건을 구하자. 먼저 이들의 두 식을 비교하여

$$a = b \neq 0, \qquad h = 0$$

이 얻어진다. 다음에 이 조건은 만족되었다 하고, 위 식을 변형하면

$$x^2 + y^2 + \frac{2g}{a}x + \frac{2f}{a}y + \frac{c}{a} = 0$$

$$\left(x + \frac{g}{a}\right)^2 + \left(y + \frac{f}{a}\right)^2 = \frac{g^2 + f^2 - ac}{a^2}$$

이다. 따라서, 이 식은 다음과 같은 세 가지의 경우로 해석될 수 있다.

가) $g^2 + f^2 - ac > 0$ 이면, $(-g/a, -f/a)$를 중심, $\sqrt{(g^2 + f^2 - ac)/a^2}$를 반경으로 하는 원을 표시하고,

나) $g^2 + f^2 - ac = 0$ 이면, 단 한 점 $(-g/a, -f/a)$를 표시하며,

다) $g^2 + f^2 - ac < 0$ 이면, 아무 것도 표시하지 않는다.

나)의 경우는 점 $(-g/a, -f/a)$를 중심으로 반경 0인 원을 표시하고, 다)의 경우는 점 $(-g/a, -f/a)$를 중심으로 허수 $\sqrt{(g^2 + f^2 - ac)/a^2}$를 반경으로 하는 원을 표시하는 것으로 해석할 수도 있다. 여기서 가)인 경우의 원을 **실원**, 나)인 경우의 원을 **점원**(point circle), 다)인 경우의 원을 **허원**(imaginary circle)이라 한다. 이와 같이 생각하면 주어진 2차 방정식이 원을 표시하기 위한 필요충분조건은

$$a = b \neq 0, \qquad h = 0$$

이 성립하는 것이라 할 수 있다.

(3) 원의 매개변수 방정식

점 $P_0(x_0, y_0)$를 중심으로 하고 반경 r인 원주 상에 한 점 $P(x, y)$를 잡아 P_0P 가 x축과 이루는 각을 θ라 하면

$$x = x_0 + \cos\theta, \qquad y = y_0 + r\sin\theta$$

이다(그림 6-19). 이것이 θ를 매개변수로 하는 원의 매개변수방정식이다. 특히

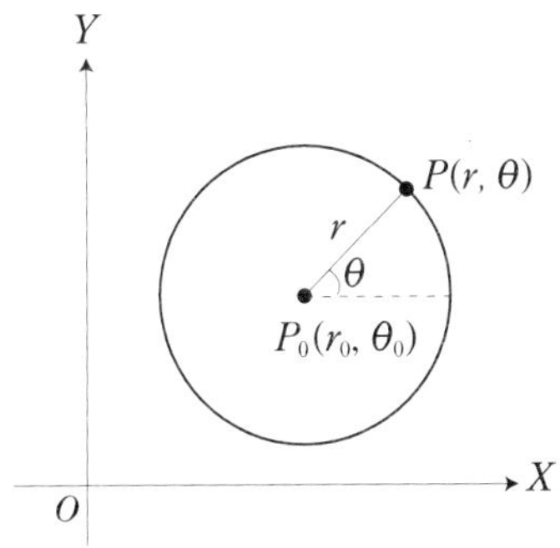

[그림 6-19]

원점을 중심으로 하는 원의 매개변수방정식은 $x_0 = 0$, $y_0 = 0$인 경우로서

$$x = r\cos\theta, \qquad y = r\sin\theta$$

가 된다.

(4) 원의 극방정식

극좌표계에 있어서 점 $P_0(r_0, \theta_0)$를 중심으로 하고 반경 ρ인 원주 상에 한 점 $P(r, \theta)$를 잡으면 $r^2 + r_0^2 - 2rr_0\cos(\theta - \theta_0) = \rho^2$ 이다(그림 6-20). 역으로 이 방정식을 만족하는 (r, θ)를 좌표로 갖는 점은 이 원주 상에 있다. 따라서 위 식이 극좌표계에 있어서 점 $P_0(r_0, \theta_0)$를 중심으로 하고 반경 ρ인 원의 방정식이다. 특

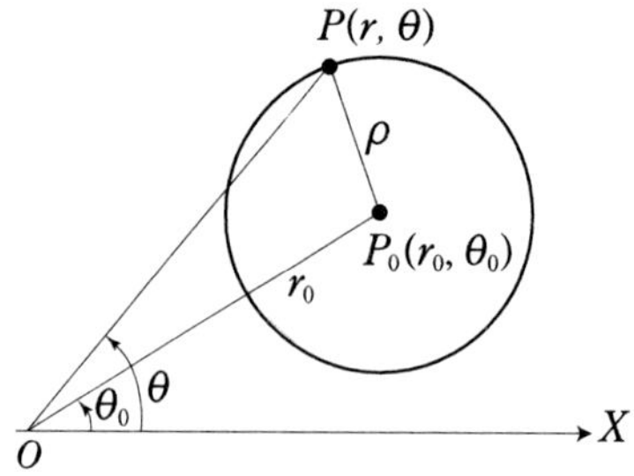

[그림 6-20]

히, 이 원이 극을 지날 때에는 $r_0 = \rho$ 이므로 위식은

$$r = 2r_0 \cos(\theta - \theta_0)$$

가 된다. 다시 $\theta_0 = 0$ 인 때에는

$$r = 2r_0 \cos\theta$$

이다(그림 6-21).

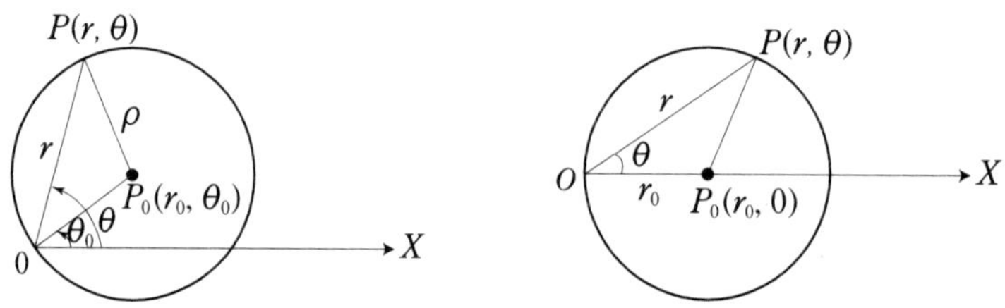

[그림 6-21]

앞에서의 원의 방정식 $r^2 + r_0^2 - 2rr_0\cos(\theta - \theta_0) = \rho^2$ 을 전개하면

$$\begin{aligned} r^2 - 2rr_0(\cos\theta\cos\theta_0 + \sin\theta\sin\theta_0) + r_0^2 - \rho^2 = 0 \\ r^2 + 2r(g\cos\theta + f\sin\theta) + c = 0 \end{aligned} \tag{6.1}$$

인 꼴의 방정식이 된다. 역으로 이와 같은 꼴의 방정식이 주어졌을 경우에는 위

의 두 식의 계수를 비교하여

$$-r_0 \cos\theta_0 = g, \qquad -r_0 \sin\theta_0 = f, \qquad r_0^2 - \rho^2 = c$$

즉,

$$r_0 = \sqrt{g^2 + f^2}, \qquad \cos\theta_0 = \frac{-g}{\sqrt{g^2 + f^2}}$$

$$\sin\theta_0 = \frac{-f}{\sqrt{g^2 + f^2}}, \qquad \rho = \sqrt{g^2 + f^2 - c}$$

를 만족하는 (r_0, θ_0), ρ 를 알아낼 수 있으므로 주어진 방정식을

$$r^2 + r_0^2 - 2rr_0 \cos(\theta - \theta_0) = \rho^2$$

의 꼴로 바꾸어 쓸 수 있다. 즉 식 (6.1) 은 중심이 (r_0, θ_0) 이고, 반경이 ρ 인 원을 표시한다.

예 제 1. 원 $r^2 - 2r(\sqrt{3}\cos\theta + \sin\theta) + 3 = 0$ 의 중심과 반경을 구하라.

[**풀이**] 식 (6.1) 과 비교하면

$$g = -\sqrt{3}, \qquad f = -1, \qquad c = 3$$

이므로

$$r_0 = 2, \qquad \cos\theta_0 = \frac{\sqrt{3}}{2}, \qquad \sin\theta_0 = \frac{1}{2}, \qquad \rho = 1$$

이다. 따라서 $\theta_0 = \pi/6$ 이므로 중심은 $(2, \pi/6)$이고, 반경은 1 이다.

연습문제 6-5

1. 두 점 (x_1, y_1), (x_2, y_2)를 지름으로 하는 원의 방정식을 구하여라.

2. 다음 원의 방정식으로부터 중심과 반지름을 구하여라.

(1) $x^2 + y^2 - 2x - 4y - 20 = 0$ (2) $x^2 + y^2 + 8x - 6y = 0$

(3) $x^2 + y^2 + 6x + 2y = 0$ (4) $x^2 + y^2 - 2x - 6y - 26 = 0$

3. 다음 세 점을 지나는 원의 방정식을 구하여라.

(1) $(2, 2)$, $(5, 3)$, $(3, -1)$ (2) $(3, 0)$, $(-3, 0)$, $(4, 1)$

4. 주어진 두 점에 이르는 거리의 비가 같은 점들이 만드는 도형의 방정식을 구하여라.

5. 주어진 두 점 A, B를 지나는 임의의 원 C가 주어진 한 원 D와 만나는 두 교점을 잇는 직선은 고정된 점을 지나거나 또는 서로 평행임을 보여라.

6. 한 원 C의 밖의 한 점 $P_1(x_1, y_1)$에서 원 C에 그은 접선의 두 접점을 지나는 직선의 방정식을 구하여라.

6.6 이차곡선

(1) 포물선

한 정점 F 와 정직선 g 에 이르는 거리가 같은 점 P 의 자취를 **포물선**(parabola)이라 한다. 이 때 점 F 를 포물선의 **초점**(focus), 직선 g 를 **준선**(directrix)이라 한다.

지금 그 방정식을 구하자. F 로부터 g 에 내린 수선 FG 를 x 축, FG 의 수직이등분선을 y 축으로 잡으면 F 의 좌표는 $F(p,\ 0)$, g 의 방정식은 $x+p=0$ 의 꼴이 된다(그림 6-22). (단, $p>0$) 따라서 조건을 만족하는 점을 $P(x,\ y)$ 라 하면

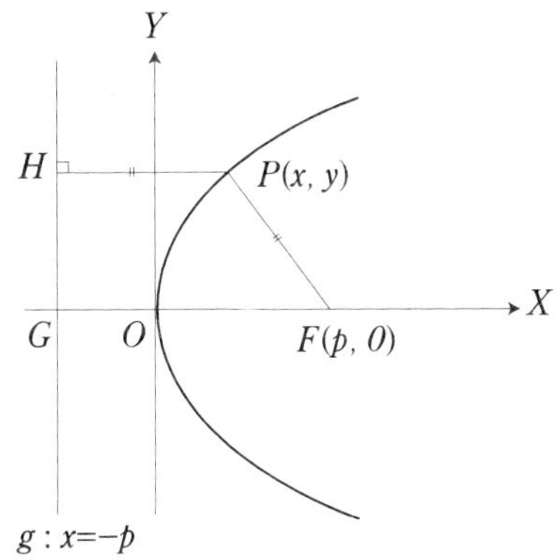

[그림 6-22]

$$\sqrt{(x-p)^2+y^2}=|x+p|$$

이다. 제곱하여 간단히 하면

$$y^2=4px \tag{6.2}$$

을 얻는다. 역으로, 이 방정식을 만족하는 $x,\ y$ 를 좌표로 하는 점을 $P(x,\ y)$ 라 하면 $x\geq 0$ 임에 주의하여

$$PF=\sqrt{(x-p)^2+y^2}=\sqrt{(x-p)^2+4px}=\sqrt{(x+p)^2}=x+p$$

이다. 그러므로 P 로부터 F 에 이르는 거리는, P 로부터 직선 $x+p=0$ 에 이르는 거리와 같다. 따라서 식 (6.2) 는 구하는 포물선의 방정식이다.

포물선의 방정식은 $y^2 = 4px$ 이므로 $x \geq 0$ 이다. 따라서 이 포물선은 y축의 왼편에는 존재하지 않는다. 다시 y에 대한 2차의 항은 y^2 뿐이므로 x축에 관해서 대칭이다.

$y^2 = 4px$ 를 y에 대해서 풀면

$$y = \pm 2\sqrt{px}$$

가 되므로 제1상한에 있는 부분은 그림 6-22 와 같이 x의 증가에 따라 y도 증가한다. 이 때 원점을 포물선의 **꼭지점**(vertex), x축을 포물선의 **축**(axis), 또는 **주축**(principal axis)이라 한다. 한편 포물선 $y^2 = 4px$ 위의 임의의 점 $P(x, y)$ 와 초점 $F(p, 0)$ 와의 거리

$$PF = x + p$$

를 **초점거리**(focal distance)라 한다.

예 제 1. $x = pt^2$, $y = 2pt$ 는 포물선의 매개변수 방정식임을 밝혀라.

[**풀이**] $x = pt^2$, $y = 2pt$ 에서 t를 소거하면 $y^2 = 4px$ 가 얻어진다.

(2) 타원의 쌍곡선

가) 타원

두 정점에 이르는 거리의 합이 일정한 점의 자취를 **타원**(ellipse)이라 하고 이들 두 정점을 타원의 **초점**이라 한다.

지금 이들의 방정식을 구하자. 두 정점을 F', F 라하고 이들을 잇는 직선을 x축, 그 F', F 의 수직이등분선을 y축으로 잡으면 F', F 의 좌표는 각각 $F'(-c, 0)$, $F(c, 0)$ 의 꼴이 된다. 조건에 적합한 점을 $P(x, y)$ 라 하고 일정한 길이를 $2a$ 라 하자(그림 6-23). 그러면

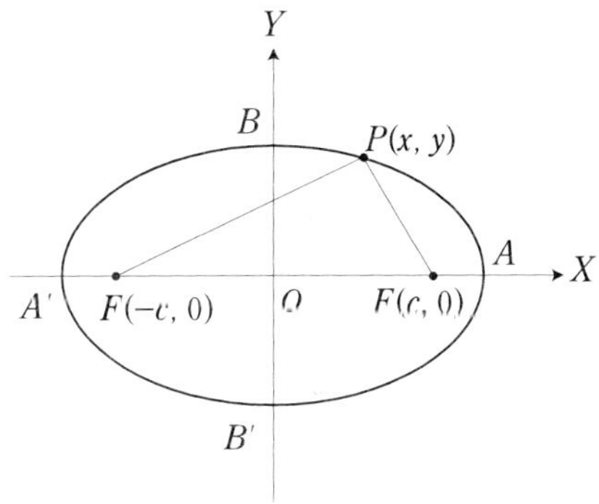

[그림 6-23]

$$\sqrt{(x+c)^2+y^2}+\sqrt{(x-c)^2+y^2}=2a$$

이므로

$$\sqrt{(x+c)^2+y^2}-\sqrt{(x-c)^2+y^2}=\frac{2cx}{a}$$

이다. 각 변끼리 합하여 2로 나누면

$$\sqrt{(x+c)^2+y^2}=a+\frac{cx}{a}$$

이고, 양변을 제곱하여 정돈하면

$$\frac{(a^2-c^2)x^2}{a^2}+y^2=a^2-c^2$$

이다. 그런데 $c<a$ 이므로 $a^2-c^2=b^2$ 이라 두면 위 식은

$$\frac{x^2}{a^2}+\frac{y^2}{b^2}=1 \tag{6.3}$$

이 된다. 지금

$$\frac{c}{a}=\frac{\sqrt{a^2-b^2}}{a}=e$$

즉 $c=ae$ 이라 두면

$$0<e<1$$

이다. 따라서 $a^2 - c^2 = b^2$ 으로부터 $a^2(1-e^2) = b^2$ 을 얻는다. 역으로 식 (6.3) 를 만족하는 $(x,\, y)$ 를 좌표로 가지는 점 $P(x,\, y)$ 를 선택하면 식 (6.3) 에서

$$\frac{b^2}{a^2}x^2 + y^2 = b^2$$
$$(1-e^2)x^2 + y^2 = a^2(1-e^2)$$
$$x^2 + y^2 + a^2e^2 = a^2 + e^2x^2$$

을 얻는다. 따라서

$$\begin{aligned} PF' &= \sqrt{(x+c)^2 + y^2} = \sqrt{(x+ae)^2 + y^2} \\ &= \sqrt{x^2 + y^2 + a^2c^2 + 2aex} = \sqrt{a^2 + e^2x^2 + 2aex} \\ &= \sqrt{(a+ex)^2} \end{aligned}$$

이다. 그러므로

$$PF' = a + ex$$

이다. 같은 방법으로

$$PF = a - ex$$

을 얻을 수 있다. 따라서

$$PF' + PF = 2a$$

이다. 그러므로 점 P 는 타원 위에 있다. 그리하여 식 (6.3) 은 타원의 방정식이다. 여기서 초점의 좌표는 $F(ae,\, 0)$, $F'(-ae,\, 0)$ 이 되고 이것에 표시되는 $0 < e < 1$ 를 타원의 **이심율**(eccentricity)이라 한다. 그리고

$$PF' = a + ex, \qquad PF = a - ex$$

를 각각 **초점거리**라 하며, 또한 타원의 방정식은

$$\frac{x^2}{a^2} + \frac{y^2}{b^2} = 1$$

이므로 타원은 x축, y축의 어느 것에 관해서도 대칭이다. 그러므로 원점에 관해서도 대칭이 되며, x축을 $A(a,\ 0)$, $A'(-a,\ 0)$에서 끊고, y축을 $B(0,\ b)$, $B'(0,\ -b)$에서 끊는다. 점 $A,\ A'$; $B,\ B'$를 타원의 꼭지점이라 하며, AA'; BB'를 **장축**(major axis), BB'를 **단축**(minor axis)이라 하고 이들을 합하여 축이라 한다. 또한 타원의 방정식으로부터

$$-a \le x \le a, \qquad -b \le y \le b$$

가 얻어지므로 타원은 이 범위 안에 있지 않으면 안 된다. 타원의 방정식을 y에 대해 풀면

$$y = \pm\frac{b}{a}\sqrt{a^2 - x^2}$$

이다. 여기에 $\pm$가 나타나는 것은 타원이 x축에 관해서 대칭인 까닭이다. 여기서 x가 $-a$로부터 증가하여 가면 그것에 따라 y의 양의 증분은 0에서부터 증가하여 $x = 0$에서 최대값 b를 갖고 다음으로 감소하여 에서 0이 된다. 지금 타원 위에 한 점 $P(x,\ y)$를 잡아 P로부터 x축에 내린 수선을 PM이라 하고, MP가 AA'를 직경으로 하는 원과 만나는 점을 Q, $\angle MOQ = \varphi$라 하면(그림 6-24), $OQ = a$, $OM = x$이므로

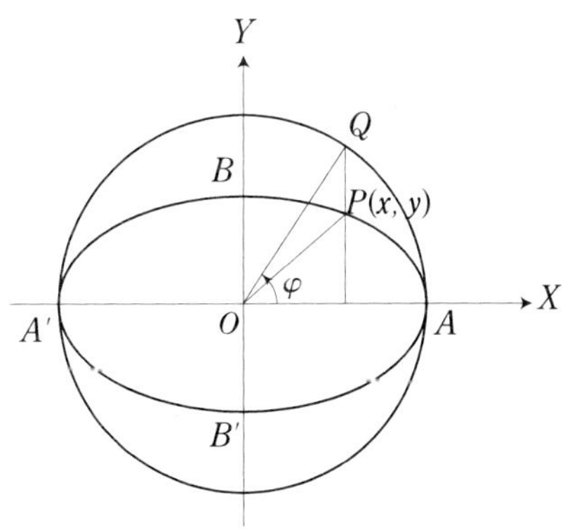

[그림 6-24]

$$x = a\cos\varphi$$

가 된다. 이것을 타원의 방정식에 대입하여 부호를 고려하면

$$y = b\cos\varphi$$

가 얻어진다. 이 방정식

$$x = a\cos\varphi, \qquad y = b\sin\varphi$$

을 타원의 **매개변수방정식**(parametric equation)이라 하며, 이 때 φ를 점 P의 **이심각**(eccentric angle)이라 한다.

나) 쌍곡선

두 정점에 이르는 거리의 차가 일정한 점의 자취를 **쌍곡선**(hyperbola)이라 하고 이들 두 정점을 쌍곡선의 **초점**이라 한다.

지금 이들의 방정식을 구하자. 두 정점을 F', F 라하고 이들을 잇는 직선을 x축, 그 F', F 의 수직이등분선을 y축으로 잡으면 F', F 의 좌표는 각각

$$F'(-c,\,0), \qquad F(c,\,0)$$

의 꼴이 된다(그림 6-25). 조건에 적합한 점을 $P(x,\,y)$ 라하고 일정한 길이를 $2a$ 라

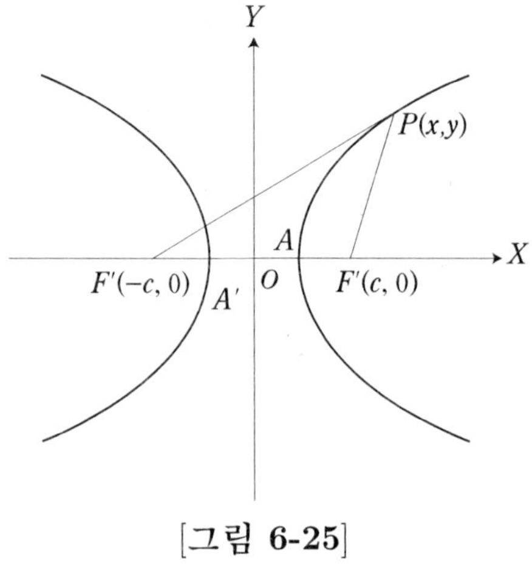

[그림 6-25]

하자. 그러면

$$\sqrt{(x+c)^2+y^2}-\sqrt{(x-c)^2+y^2}=\pm 2a$$

이므로

$$\sqrt{(x+c)^2+y^2}+\sqrt{(x-c)^2+y^2}=\pm\frac{2cx}{a}$$

이다. 각 변끼리 합하여 2로 나누면

$$\sqrt{(x+c)^2+y^2}=\pm\left(a+\frac{cx}{a}\right)$$

을 얻는다. 다시 양변을 제곱하여 정리하면

$$\frac{(a^2-c^2)x^2}{a^2}-y^2=c^2-a^2$$

이다. 그런데 $c>a$ 이므로 $c^2-a^2=b^2$ 이라 두면 위 식은

$$\frac{x^2}{a^2}-\frac{y^2}{b^2}=1 \tag{6.4}$$

이 된다. 지금

$$\frac{c}{a}=\frac{\sqrt{a^2+b^2}}{a}=e \quad 즉, \quad c=ae$$

라 두면 $1<e$ 이다. 따라서 $c^2-a^2=b^2$ 으로부터 $a^2(e^2-1)=b^2$ 을 얻는다. 역으로 (6.4)를 만족하는 $(x,\,y)$를 좌표로 가지는 점 $P(x,\,y)$를 선택하면 식 (6.4)에서

$$\frac{b^2}{a^2}x^2-y^2=b^2$$

$$(e^2-1)x^2-y^2=a^2(e^2-1)$$

$$x^2+y^2+a^2e^2=a^2+e^2x^2$$

이다. 따라서

$$\begin{aligned} PF' &= \sqrt{(x+c)^2+y^2} = \sqrt{(x+ae)^2+y^2} \\ &= \sqrt{x^2+y^2+a^2c^2+2aex} = \sqrt{a^2+e^2x^2+2aex} \\ &= \sqrt{(ex+a)^2} \end{aligned}$$

이므로

$$PF' = \pm(ex+a)$$

이다. 같은 방법으로

$$PF = \pm(ex-a)$$

을 얻을 수 있다. 따라서

$$PF' - PF = \pm 2a$$

이다. 그러므로 점 P는 쌍곡선 위에 있다. 그리하여 (6.4)는 쌍곡선의 방정식이다. 그런데 초점의 좌표는 $F(ae,\,0)$, $F'(-ae,\,0)$이 되고 이것에 표시되는 $1<e$를 쌍곡선의 **이심율**이라 한다. 또한

$$PF' = \pm(ex+a), \qquad PF = \pm(ex-a)$$

를 각각 **초점거리**라 한다. 다시 쌍곡선의 방정식은

$$\frac{x^2}{a^2} - \frac{y^2}{b^2} = 1$$

이므로 쌍곡선도 x축, y축의 어느 것에 관해서도 대칭이다. 그러므로 원점에 관해서도 대칭이 되며 x축을 $A(a,\,0)$, $A'(-a,\,0)$에서 끊고, y축과는 만나지 않는다. 이 때, A와 A'를 쌍곡선의 **꼭지점**이라 한다. 또한 AA'를 **주축** AA' 의 수직이등분선을 **공액축**이라 하고 이를 합하여 **축**이라 한다.

다시 쌍곡선의 방정식으로부터

$$x \leq -a, \quad \text{또는} \quad a \leq x$$

가 얻어지므로 타원은 이 범위 안에 있지 않으면 안 된다.

쌍곡선의 방정식을 y에 대해 풀면

$$y = \pm\frac{b}{a}\sqrt{x^2 - a^2}$$

이다. 여기에 $\pm$가 나타나는 것은 쌍곡선이 x축에 관해서 대칭인 까닭이다.

여기서 x가 $-\infty$로부터 증가하여가면 그것에 따라 y의 양의 증분은 $+\infty$로부터 감소하여 $x = -a$에서 0이 된다. 다시 x가 $+a$로터 증가하여 가면 y의 양의 증분은 그것에 따라 증가하고 x와 함께 계속적으로 커져 간다.

지금 쌍곡선 위에 한 점 $P(x, y)$를 잡아 P로부터 x축에 내린 수선을 PM이라 하고, M가 AA'를 직경으로 하는 원에 그은 접선을 MT라하고 $\angle MOT = \varphi$라 하면(그림 6-26), $OT = a$, $OM = x$이므로

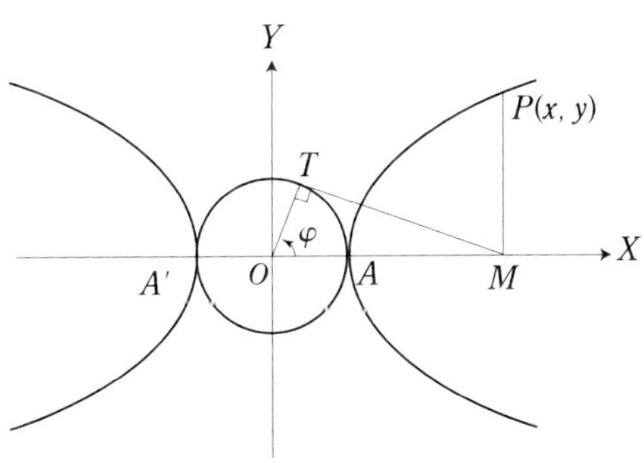

[그림 6-26]

$$x = a\sec\varphi$$

가 된다. 이것을 쌍곡선의 방정식에 대입하여 부호를 고려하면

$$y = b\tan\varphi$$

가 얻어진다. 이 방정식

$$x = a\sec\varphi, \qquad y = b\tan\varphi$$

을 쌍곡선의 **매개변수방정식**이며, 이 때 φ를 점 P의 **이심각**이라 한다.

예 제 2. 중심이 O인 타원에 있어서 $POQ = \pi/2$가 되는 임의의 두 점 $P4, Q$를 그 위에 잡으면 $1/OP^2 + 1/OQ^2$은 일정함을 밝혀라.

[**풀이**] 타원의 방정식 $x^2/a^2 + y^2/b^2 = 1$를 $x = r\cos\theta$, $y = r\sin\theta$라 두고 그 좌표계에 있어서의 방정식으로 고치면

$$\frac{1}{r^2} = \frac{\cos^2\theta}{a^2} + \frac{\sin^2\theta}{b^2}$$

가 된다. 따라서 $P(r_1, \theta)$, $Q\left(r_2, \theta + \frac{\pi}{2}\right)$ 라 두면

$$\begin{aligned}
\frac{1}{OP^2} &= \frac{1}{r_1^2} = \frac{\cos^2\theta}{a^2} + \frac{\sin^2\theta}{b^2} \\
\frac{1}{OQ^2} &= \frac{1}{r_2^2} \\
&= \frac{\cos^2\left(\theta + \frac{\pi}{2}\right)}{a^2} + \frac{\sin^2\left(\theta + \frac{\pi}{2}\right)}{b^2} \\
&= \frac{\sin^2\theta}{a^2} + \frac{\cos^2\theta}{b^2}
\end{aligned}$$

이다. 그러므로

$$\frac{1}{OP^2} + \frac{1}{OQ^2} = \frac{1}{a^2} + \frac{1}{b^2} \quad (\text{일정})$$

이다.

연습문제 6-6

1. 다음 포물선의 초점의 좌표와 준선의 방정식을 구하여라.

   (1) $y^2 = -2x$ (2) $y = 3x^2$

   (3) $y = x^2 - 4x + 6$

2. 다음 각 타원의 장축, 단축, 이심률 및 초점의 좌표를 구하여라.

   (1) $x^2 + 5y^2 = 3$ (2) $x^2 + \frac{16}{4}y^2 = 16$

   (3) $9x^2 + 4y^2 = 144$

3. 다음 각 쌍곡선의 꼭지점 및 초점의 좌표, 이심률을 구하여라.

   (1) $9x^2 - 4y^2 = 144$ (2) $x^2 - 2y^2 = 36$

   (3) $x^2 - y^2 = 9$

제 6 장 연습문제 풀이

연습문제 6-1 풀이

1. 힌트: 네 점에 좌표를 부여하여 해결함

2. 1번 문제와 동일함

3. $\frac{mx_2+nx_1}{m+n}$

4. 힌트: A, B, C, D 의 좌표를 각각 x_1, x_2, x_3, x_4 라 하면, $\frac{x_3-x_1}{x_2-x_3} = -\frac{x_4-x_1}{x_2-x_4}$ 이고, 여기서 $(x_1+x_2)(x_3+x_4) = 2(x_1x_2+x_3x_4)$ 를 유도한 후, 근과 계수의 관계를 이용한다.

연습문제 6-2 풀이

1. (4, 0)

2. 힌트: 선분의 중점의 좌표를 구하는 공식을 사용

3. 힌트: $\frac{(y_3-y_1)}{(x_3-x_1)} = \frac{(y_2-y_1)}{(x_2-x_1)}$ 을 유도

4. $\bar{x}^2+\bar{y}^2 = 16$

5. $\bar{O}(2,\, 3)$

6. 신 좌표축의 좌표를 $(\bar{x},\, \bar{y})$라 하면, $16\bar{x}^2+36\bar{y}^2 = 144$

연습문제 6-3 풀이

1. $\pm\frac{1}{\sqrt{1+m^2}} : \pm\frac{m}{\sqrt{1+m^2}}$ (복호동순)

2. $\cos\theta = \frac{(a_1a_2+b_1b_2)}{\sqrt{a_1^2+b_1^2}\sqrt{a_2^2+b_2^2}}$

3. $3x + 4y - 10 = 0$

4. $x = 3 + 2t,\ y = 1 + 3t$

5. 힌트: 직선의 방정식을 이용

6. $\left(\frac{\pm(x_1-x_0)}{\sqrt{(x_1-x_0)^2+(y_1-y_0)^2}}, \frac{\pm(y_1-y_0)}{\sqrt{(x_1-x_0)^2+(y_1-y_0)^2}}\right)$ (복호동순)

7. $\cos\theta = \frac{(x_1-x_0)(x_2-x_0)+(y_1-y_0)(y_2-y_0)}{\sqrt{(x_1-x_0)^2+(y_1-y_0)^2}\sqrt{(x_2-x_0)^2+(y_2-y_0)^2}}$

8. $m = \frac{1}{2}$

9. 힌트: 6.3 절의 예제 8 을 이용

연습문제 6-4 풀이

1. (1) $\frac{\sqrt{3}}{2}x - \frac{1}{2}y = 1$ (2) $\frac{-5}{13}x - \frac{12}{13}y = 2$ (3) $x = 3$ (4) $-y = 4$

2. (1) 3 (2) 2

3. $\frac{1}{2|x_1y_2-x_2y_1|}$

4. $7x - 7y - 5 = 0$

5. $x - 2y + 13 = 0$

6. $k_1(a_1x+b_1y+c_1)+k_2(a_2x+b_2y+c_2) = 0$ 가 원점을 지나므로 $k_1c_1+k_2c_2 = 0$ 이다. 따라서 $k_1 : k_2 = c_1 : -c_2$

7. 힌트: $\triangle ABC$ 의 BC 가 x 축, A 가 y 위에 놓이도록 좌표축을 설정하면 A 에서 BC 에 내린 수선이 y 축이 된다. 점B 에서 변 AC 에 내린 수선과 y 축과의 교점을 구하여 H 라하고 CH 가 변 AB 와 수직임을 보이면 된다.

8. 힌트: 좌표를 도입하여 $\triangle ABC$ 에 대하여 $A(a, b)$, $B(-c, 0)$, $C(c, 0)$ 이 되게 한다 (단 $a > 0$, $c > 0$). A 와 B 에서 각각 대변에 내린 중선의 교점 G 를 구한 후 CG 가 변AB 와 중점을 지나감을 보이면 된다.

연습문제 6-5 풀이

1. $(x-\frac{x_1+x_2}{2})^2+(y-\frac{y_1+y_2}{2})^2=\frac{1}{4}\{(x_2-x_1)^2+(y_2-y_1)^2\}$

2. (1) $C(1,2)$, $r=5$ (2) $C(-4,3)$, $r=5$ (3) $C(-3,1)$, $r=3$ (4) $C(1,3)$, $r=6$

3. 힌트: 구하려는 원의 방정식을 $x^2+y^2+2gx+2fy+c=0$ 라하고 세 점을 대입하여 연립방정식을 푼다.

4. 두 점을 $A(a,0)$, $B(b,0)$ $(a<b)$라 가정하고, $P(x,y)$ 까지의 거리의 비를 $m:n$ 이라 하면, $\bar{AP}:\bar{PB}=m:n$ 이므로 $m\neq n$ 이면 x 축 위에 중심을 가지는 원 $(n^2-m^2)(x^2+y^2)-2(an^2-bM^2)x+(n^2a^2-m^2b^2)=0$, $m=n$ 이면 x 축에 수직인 직선 $x=(a+b)/2$ 이다.

5. 원 C 의 방정식을 $x^2+y^2=r^2$ 라 하면 구하려는 직선의 방정식은 $x_1x+y_1y=r^2$

연습문제 6-6 풀이

1. (1) $(-1/2,0)$, $x=1/2$ (2) $(0,\frac{1}{12})$, $y=-\frac{1}{12}$ (3) $(0,\frac{9}{4})$, $y=\frac{7}{4}$

2. (1) $2\sqrt{3}$, $\frac{2}{5}\sqrt{15}$, $2\sqrt{5}/5$, $(\pm\frac{2}{5}\sqrt{15},0)$ (2) 8, 4, $\frac{\sqrt{3}}{2}$, $(\pm2\sqrt{3},0)$ (3) 12, 8, $\frac{\sqrt{5}}{3}$, $(0,\pm\frac{4}{3}\sqrt{15})$

3. (1) $(\pm4,0)$, $(\pm2\sqrt{13},0)$, $\frac{\sqrt{13}}{2}$ (2) $(\pm6,0)$, $(\pm3\sqrt{6},0)$, $\frac{\sqrt{6}}{2}$ (3) $(\pm3,0)$, $(\pm3\sqrt{2},0)$, $\sqrt{2}$

찾아보기

【ㅈ】

저자명 (가나다순)

금상호·김영희·김원규·김정심
오원태·윤재헌·윤주한·은광식
이석종·이승온·정환엽·조완영
지운식·최대호

[개정판]
대학일반수학

2009년 2월 2일 초 판 발행
2011년 3월 2일 개정판 발행

저 자 / 수학교재편찬위원회
발행자 / 오판근
발행처 / 교우사

주 소 / 서울 동대문구 제기2동 148-19
전 화 / 925-2861(代), 편집부 / 925-2825
팩 스 / 925-2860
E-mail / kyowoo @ kyowoo.co.kr
http: // www. kyowoo. co. kr
등록 / 1994. 3. 24 제6-0256호

ISBN 978-89-8172-782-6 (93410)

값 **17,000**원